우리가 과학을 사랑하는 법

우리가 과학을 사랑하는 법

원자에서 우주까지,
세상의 모든 것을 밝힌
여성 과학자들 이야기

곽재식 지음 | 여치 그림

위즈덤하우스

일러두기

1. 외국 인명과 지명, 작품명 등 모든 외래어는 '외래어 표기법'을 따르되, 표기법과 다르지만 대다수 매체에서 통용되는 표기법일 경우 그에 따랐다. 국내에 소개되지 않은 인명이나 지명의 경우는 원어를 병기했다.

2. 이 책에 수록된 작품의 우리말 제목은 국내 번역본에 따르는 것을 원칙으로 하되, 번역되지 않은 경우 내용에 맞게 번역했다.

3. 신문, 잡지 등의 매체명은 《 》, 그림이나 노래, 영화 등 예술 작품의 제목은 〈 〉, 책 제목은 「 」, 단편소설이나 책의 형태가 아닌 인쇄물은 「 」로 묶었다. 웹사이트와 국내에 출간되지 않은 참고 문헌의 표기는 원서에 따랐다.

과학 이야기와 과학 하는 사람들의
진짜 사는 이야기

재미있는 과학자 이야기라고 하는 것 중에 진짜 재미있는 게 얼마나 될까? 예를 들어, 리처드 파인만이 금고를 따는 데 기발한 재주가 있었다거나, 노벨상을 수상하게 되었다는 소식에도 너무나 초연했다는 이야기는 신기하게 들린다. 재미있다고 생각하는 사람도 충분히 있을 수 있다.

  그렇지만 이런 짤막하고 신기한 이야기가 과학자들의 삶이나 과학을 이해하는 데 과연 얼마나 좋은 수단일까? 위대한 과학자들은 다들 노벨상 수상 같은 일에 초연한가? 혹은 초연해야만 하나? 물리학자 에드워드 위튼은 원래 언어학과 역사학을 전공한 사람이었는데, 문득 물리학과에 다시 진학하고 그 후 대학원 진학 2년 만에 박사 학위를 받은 천재로 유명하다. 역시 신기한 이야기다. 그런데 그렇다고 물리학은 2년 만에 박사 학위를 받은 사람들에 의해서만 발전되고 있나?

2017년 초여름에 나는 서대문자연사박물관에서 내가 쓴 SF소설집에 대해 강연을 하게 되었다. 김창규 작가님과 함께 강연을 하는 시간이었다. 그런데 그날 청중 중에 최진영 팀장님이란 분이 계셨다. 한 번도 본 적이 없었는데, 강연이 끝난 후에 갑자기 연락을 주셨다. 최진영 팀장님은 자신의 회사가 팟캐스트를 하나 진행하고 있는데 나더러 거기에 출연할 생각이 없느냐고 물어보셨다.

　"작가님 글은 예전부터 재밌게 읽어왔는데요. 말씀은 어떻게 하시나 싶어서 강연에 한번 와본 거였어요."

　다행히 최 팀장님은 내 강연이 적어도 웃기기는 하다고 생각하셨다고 한다. 심지어 내가 먼 옛날 녹음했던 영화에 관한 팟캐스트를 전부 다 들으셨다고 한다. 그래서 그만하면 그럭저럭 내가 팟캐스트에 나와도 괜찮겠다는 결론을 내리고 제안을 하신 거라는 이야기였다.

　그렇게 해서 나는 〈파토의 과학하고 앉아 있네〉라는 프로그램에 출연진으로 합류하게 되었다. 한 달에 한 번 출연하는데, 거기에서 '격동 500년'이라는 시간을 맡고 있다. '격동 500년'은 매회 과학자 한 사람의 일생을 돌아보면서 거기에 얽힌 이런저런 잡담을 같이 나누는 시간이다. 운이 좋아서 청취자 반응이 괜찮았기에 다행히 폐지되지 않고 지금까지도 출연을 이어가고 있다.

　이 팟캐스트에 참여하면서 나는 직업인, 직장인, 사회인으로서 과학자의 모습을 생생하게 전달해보자고 생각했다. 처음 과학자에 대한 이야기를 찾아보면, 천재적인 과학자들이 해괴한 버릇을 갖고 있었다거나, 기이한 성품의 과학자가 놀라운 성취를 이루기 위해 보통 사람은 상상도 할 수 없는 초인적인 노력을 기울였다거나 하는 이야기들이 주로 나왔다. 그런 이야기들이 흥밋거리가 될 수는 있겠지만 과학을 직업으로 삼고 있는 사람들의 많은 부분을 알려줄 수 있는 중요한 이야기는 아니라고 여겼다.

과학자는 보통 사람과 정신 상태부터가 다른 사람들이고 괴이한 취향을 갖고 있다는 식의 이야기는 동물원에서 특이한 동물을 구경하는 것과 비슷한 느낌 아닌가? 그 나름의 재미는 있겠지만 과학자들을 깊이 이해하는 데는 오히려 방해가 될 수도 있다는 생각이 들었다. 사람들의 흥미를 끌 수는 있어도 과학기술의 세계가 사회 곳곳에 스며든 아주 가까운 것이라고 느끼게 하는 데에는 도리어 장애물이 될 것 같았다.

나는 우리와 똑같은 사람, 다 같이 사회에서 살아가는 같은 시민으로 과학자의 삶을 다루어보려고 애썼다. 일자리를 찾기 위해 고민하고, 빚을 갚고 돈을 벌기 위해 걱정하고, 사회생활과 직장에서 인간관계 때문에 고생도 하는 평범한 사람이 과학자, 기술인이 되어 일하던 모습을 보여주고 싶었다. 그러면 한두 명의 위대한 천재 과학자뿐만 아니라, 과학기술의 발전을 위해 다양한 방향에서 여러 가지 방법으로 기여하고 있는 많은 종사자들의 모습을 좀 더 생생하게 전할 수도 있을 거라고 생각했다. 이렇게 여러 시점에서 많은 과학기술계 종사자들의 삶을 이해할 때, 과학이 어떤 식으로 발전해가는지 그 진짜 모습도 더 선명하게 보일 것이라고 믿었다.

이 책은 내가 그 팟캐스트를 진행하면서 그동안 조사하고 정리한 자료를 바탕으로 쓴 것이다.

나는 가능한 한 과학 전반에 대해 모든 것을 조금씩 다루어보려고 했다. 원자가 이루고 있는 아주 미세한 세계에서부터 우주 전체를 따지는 이야기까지, 작은 것에서 큰 것 순서대로 과학기술의 세계에는 무엇이 있고, 여러 시대에 걸쳐 과학자들이 무엇을 해왔는지 어렴풋하게라도 많은 것을 보여주고 싶었다. 또한 예로부터 이어진 세계의 과학 발전이 지금 한국 사회와 어떻게 연결되는지도 기회가 될 때마다 밝혀 썼다. 그렇게 해서 막연한 신화 같은 위인전 느낌이 아니라 좀 더 와닿는 현실 속의 과학계 이야기를 풀어놓고 싶었다. 그러다보니 과학기술 정책이나 과학과 사회의 관계에 대해 이야기하고 싶은 내용도 조금씩 곁들이게 되었다.

팟캐스트를 처음 시작할 때 최 팀장님과 나는 한 달은 여성 과학자, 그다음 달은 남성 과학자를 소개하는 식으로 언제나 남녀 동수의 과학자를 다루어보겠다고 의기투합했다. 이 책에서는 여성 과학자들의 이야기를 다루었으며, 각 챕터의 제목도 여성 과학자들의 이름과 업적을 따서 붙였다. 여성 과학자들의 삶을 통해서 과학자들의 삶, 과학자들의 사회를 새로운 시각으로 볼 수 있지 않을까 생각한다.

다양한 시대, 다양한 사람, 다양한 과학을 다루는 책인 만큼, 평소에 관심이 적었던 낯선 과학 분야에 대해 관심을 갖게 되는 계기가 된다면 글쓴이로서 무척 기쁜 일이겠다. 혹은 세상을 살면서 고민하는 문제에 대해 이 책에 담긴 인생의 어느 한 순간이 힌트가 된다면 그 또한 큰 보람이겠다.

내용 중 인용부호("")로 표시한 대화나 혼잣말은 별도의 언급이 없는 한 이해를 돕기 위해 임의로 창작하여 끼워 넣은 것임을 밝힌다. 그 밖의 내용은 최대한 객관적인 자료와 기록을 조사하여 쓰고자 노력하였으나, 추측한 사항이나 의견을 이야기한 부분은 그렇다는 점이 드러나도록 썼다. 워낙에 다양한 분야의 주제를 다루는 책을 쓰다보니, 내 지식이 얕아 서술이 부족한 대목이 있었을 수도 있다고 생각한다. 이러한 내용에 대해서는 주저 없이 독자님들께서 지적해주시면 감사하겠다.

끝으로 새로운 일을 해볼 기회를 주신 최진영 팀장님, 원종우 선생님, 같이 일하며 수고해주시는 이용 기자님께도 감사의 말씀을 다시 드리고자 한다. 이 모든 일의 계기를 만들어주신 이강환 관장님께도 감사의 말씀을 드린다.

- 2019년, 테헤란로에서

❶ 0.000000001mm의 세계

원자와
마리아 스크워도프스카 퀴리

: 과학을 현대로 이끈 기관차

한 나라를 대표하는 위대한 인물로 내세우고 존경할 만한 사람들을 꼽아놓은 것을 보면 보통 그 나라의 옛날 임금이나 정치인, 혹은 장군들인 경우가 많다. 그런데 주한 폴란드 대사관의 홈페이지에서 폴란드를 소개하는 내용은 약간 독특하다. 폴란드 대사관 홈페이지의 '폴란드 소개' 항목에서 '위인' 항목을 보면, 제일 첫 줄에 실려 있는 말은 이러하다.

　"마리아 스크워도프스카 퀴리: 폴란드의 뛰어난 물리학자이자 화학자이다."

　이 대목을 보면, 주한 폴란드 대사관은 폴란드를 대표할 수 있는 가장 중요한 인물로, 역사상의 어떤 다른 인물들보다도 과학자인 마리아 스크워도프스카 퀴리를 꼽았다는 느낌이 든다.

　결혼 후에 사용한 프랑스식 이름인 마리 퀴리로도 많이 알려져 있는 마리아 스크워도프스카 퀴리는 19세기 말과 20세기 초에 활약한 과학자다. 퀴리는 학문 분야에서 최고의 영예로 알려져 있는 노벨상을 두 번이나 수상한 대학자로도 유명하다. 노벨상을 두 번 받은 기록은 퀴리가 모든 노벨상 수상자 중에 최초이다. 물리학상을 한 번, 그리고 화학상을 한 번 받았는데, 한 사람이 물리학상과 화학상을 동시에 받은 경우는 지금까지도 없다. 게다가 남편인 피에르 퀴리와 노벨상을 공동 수상했고, 나중에 딸과 사위까지도 노벨상을 받는 놀라운 기록을 남기기도 했다. 그러니까 남편, 딸, 사위, 그리고 본인이 각각 노벨상을 받았고 자신은 하나 더 노벨상을 받았다는 것인데, 이것은 가족들의 노벨상만 모아도 다섯 개가 된다는 이야기다.

노벨상이 꼭 과학이나 문화에 대한 결정적인 지표인 것은 아니다. 그렇다고 해도 2018년까지 한국인이 수상한 노벨상은 하나뿐이라는 사실과 비교해보면, 마리아 스크워도프스카 퀴리 가족이 보여준 이 노벨상 숫자는 매우 놀라워 보인다.

어두운 시절, 더 깊이 공부할 기회는 보이지 않고

마리아 스크워도프스카 퀴리는 1867년생으로 현재 폴란드의 수도인 바르샤바에서 태어났다. 퀴리가 태어났을 때만 해도,

바르샤바는 과학의 중심지나 첨단 기술의 도시라고는 하기 어려운 곳이었다. 당시 폴란드는 나라의 땅이 셋으로 나뉘어 러시아, 오스트리아, 그리고 현재의 독일에 속하는 프로이센의 지배를 받고 있었다. 폴란드의 수도 바르샤바도 러시아가 점령하고 있는 상태였다.

퀴리가 태어난 1867년이면 독립운동가로 유명한 한국의 홍범도 장군이 태어난 때와 거의 같다. 그나마 1867년은 강대국들의 조선 침략이 본격적으로 시작되기 전이었다. 그런데 폴란드인들은 그때 이미 나라를 잃은 상태였던 것이다.

그러다보니, 퀴리의 어린 시절에 대한 이야기 중에서는 폴란드인들의 나라 잃은 처지에 관한 것들이 잘 알려진 편이다. 전기 작가들을 통해 극적인 이야기로 꾸며진 일화로는 어린 시절 퀴리가 다니던 학교에 러시아인 공무원들이 찾아온 이야기가 아마도 가장 유명할 것이다. 이 이야기의 세부 내용은 여러 가지 퀴리 전기마다 조금씩 다르기는 하지만 대강은 이렇다.

초등학생 무렵의 퀴리가 다니던 학교는 몰래몰래 폴란드 고유의 문화에 대해 가르쳤고, 그러던 와중에 폴란드가 러시아의 지배에서 벗어나 독립해야 한다는 이야기도 종종 돌던 곳이었다. 그런 곳에 갑자기 러시아인 공무원들이 찾아와 학교와 학생들을 둘러보겠다고 한 것이다.

학교로서는 감추고 싶은 것들이 많았을 테고, 러시아인 공무원들은 학교에서 러시아가 위대한 나라라고 가르치고 있는지, 러시아 정부에 복종하도록 학생들을 잘 가르치고 있는지 따져보고 싶었을 듯하다.

"러시아를 다스리시는 가장 높은 분인 역대 차르들의 이름을 외워보겠느냐?"

러시아 공무원들이 학생들에게 물었다. 한국에서 조선 역사를 배울 때 '태-정-태-세-문-단-세'라고 하면서 임금의 묘호를 외우듯이, 당시에도 폴란드인 학생들이 러시아의 왕에 대해 잘 배우고 있는지 확인해보고 싶었던 것 같다.

그러자 학교의 교사는 학생들 중에 마리아 스크워도프스카 퀴리에게 눈짓을 보냈다. 퀴리는 가장 공부를 잘하는 학생으로 모든 어려운 질문에도 대답할 수 있는 학생이었다. 사실 퀴리는 폴란드 독립에 관심이 많았지만, 워낙 뛰어난 학생인지라 러시아 역사에 대해서도 누구보다 잘 알고 있었다. 그래서 퀴리는 러시아 공무원에게 자기가 외우고 있던 러시아 임금들의 이름을 줄줄이 말할 수 있었다.

퀴리의 막힘없는 대답을 듣고 흡족해진 러시아 공무원은 마지막으로 한 가지 질문을 더 했다.

"지금 너희들을 다스리고 있는 분은 누구시냐?"

퀴리는 역시 막힘없이 대답했다.

"위대하신 러시아의 알렉산드르 2세 니콜라예비치 차르이십니다."

그 후, 학생들이 러시아를 잘 떠받들고 있다고 생각한 러시아 공무원은 흡족해하며 떠났다. 그리고 러시아 공무원이 떠나자마자 퀴리는 눈물을 흘리면서 서러워했다고 한다. 똑똑한 것이 죄가 되어 마음에도 없는 러시아 찬양을 한참 하게 된 것이 비참했는데, 그것을 내색하지도 못하고 밝은 얼굴로 참고 있어야 했던 것이 뒤늦게 치밀어 왔다.

잘 알려진 이런 이야기가 어디까지 얼마나 정확한 것인지는 조사하기 어려운 일이다. 하지만, 적어도 퀴리가 아주 어린 시절부터 러시아의 지배에 대한 저항과 폴란드 독립에 대한 희망을 많이 생각하고 있었던 것은 사실인 듯하다. 퀴리의 가족과 주변 인물들 중에 폴란드 독립운동에 관심 있는 사람들이 흔히 있었으니 퀴리도 그 영향을 받았을 것이다.

퀴리의 부모는 바르샤바 시내에서 여러 학생들이 사는 기숙사를 운영하고 있었는데, 지금 한국으로 따지자면 학생들을 많이 받는 하숙집 같은 것을 하면서 동시에 학원도 운영하고 있는 것과 비슷하다. 그런 집에서 살았던 퀴리는 기숙사를 오가는 학생들에게 어려서부터 폴란드 독립운동에 대한 이야기를 들을 기회도 많았을 것이다.

퀴리는 이후에 나이가 들어서도 평생 스스로를 당당한 폴란드인으로 여기고 살았으며, 기회만 닿으면 폴란드 독립을 위해 무엇인가 하고 싶어 했다. 그러고 보면 과학자로서 놀라운 공적 이외에, 폴란드의 독립을 위해 애쓴 인물이라는 점도 현재의 폴란드 대사관이 폴란드의 위인 중에 퀴리의 이름을 제일 첫머리에 올릴 이유가 될 만해 보인다.

퀴리는 학교에서 가장 뛰어나다고 할 만한 성적으로 지금의 고등학교에 해당하는 과정을 마쳤다. 과학뿐만 아니라 모든 과목에서 훌륭한 성적을 보여주어 친구들과 교사들이 학교의 자랑거리로 생각하는 최고의 학생이었다. 그렇지만, 그런 성적으로 학교를 졸업하고 나서도 막상 공부를 더 깊이 해볼 기회가 없었다. 당시 폴란드를 지배하고 있던 러시아는 여학생이 다닐 수 있는 대학 자체를 폴란드에 만들지 않았던 것이다.

때문에 퀴리는 어디에 가서 무엇을 할지도 모르는 채 잠시 이곳저곳을 떠도는 시기를 보냈다. 시골에 가서 아는 사람 집에서 지내기도 했고, 어느 부잣집에 가정교사로 들어가서 여러 과목을 가르치며 먹고살기도 했다. 그러는 가운데 퀴리는 자신이 학문에 재능이 있다는 사실을 새삼 알게 되었다.

모르긴 해도 가정교사로 일하는 동안 이런 생각도 잠깐은 했을 것 같다.

'이 부잣집 도련님은 나한테 이런저런 것을 배워서 결국 성공하겠지. 그런데 이 학생을 가르치는 나 자신이야말로 훨씬 이런 과목들을 잘하고 있지 않나. 나는 뭘 하는 건가?'

항상 찬사를 받는 뛰어난 학생으로 지내다가 졸업했지만 별달리 할 일도 뚜렷하지 않고, 밝은 미래가 보이지도 않는 이 몇 년의 시간이 퀴리에게 답답한 시절이었을 거라고 상상해본다.

자신이 유능한 사람이라는 자존심은 가득한데, 그 유능함을 사용할 기회도 없이 세월만 보내게 되었으니 무척 괴롭고 온갖 것에 대한 불만이 생기기 쉬울 상황이다. 한편으로 생각해보면 퀴리가 이 시절을 잘 헤쳐 나왔기 때문에 나중에 본격적으로 과학을 시작했을 때에 꾸준히 잘 버틸 수 있었던 것 같기도 하다.

그 시절 동안 퀴리는 바르샤바에서 '떠돌이 대학'이라는 별명으로 불렸던 사설 강좌도 여러 차례 들었다고 한다. 이곳에서 퀴리는 자신이 과학에 흥미를 갖고 있다는 사실도 좀 더 깊게 깨닫게 되었다. '떠돌이 대학'은 우리나라의 야학이나 사설 학당과 비슷한 것으로, 폴란드인들이 제도권 밖에서 뭔가 배우고 싶은 사람에게 새로운 지식을 가르쳐주기 위해 만든 모임이었다. 이런 곳에서는 폴란드인들끼리 모여 폴란드 독립에 대한 이야기를 주고받는 경우도 분명히 많았을 것이다.

퀴리가 무엇을 할지 결심하게 되는 것은 다른 학생들의 대학 입학보다 몇 년이나 늦은 때였다. 퀴리의 언니가 이 무렵 유럽에서 가장 번화한 도시였던 파리에 건너가 살 계획을 세우면서, 동생인 퀴리에게 '너도 파리로 와서 공부해보지 않겠느냐'고 제안한 것이다.

퀴리의 언니는 퀴리가 바르샤바에서 돈을 보내주면, 그 돈으로 먼저 생활하며 파리에서 자리를 잡고, 나중에 퀴리가 파리에 오면 그때 자신이 도와주겠다고 했다. 평생 동안 퀴리는 가족들과 친하게 지내며 잘 어울리는 편이었다. 언니의 제안에 퀴리는 어떻게 살고, 무엇을 위해 살지 꿈을 다시 꾸기 시작했지 싶다.

퀴리는 언니와 약속했다. 그리고 이런저런 일을 해서 번 돈을 먼저 파리로 건너간 언니에게 보내기 시작했다. 1890년이 되자, 언니는 이제 파리에서 함께 살 수 있을 만한 형편이 되었다며 퀴리를 불렀다. 하지만 퀴리는 파리에 가서 입학할 대학 등록금이 부족해서 1년간 더 돈을 모아야 했고, 1891년에 만 24세의 나이로 파리의 소르본 대학에 진학한다.

만 24세면 지금 기준으로도 남들보다 몇 년씩이나 늦게 대학에 입학하는 셈이다. 역사상 가장 화려한 노벨상 수상 실적을 가진 과학자의 대학 생활은 이렇게 생활비 걱정, 등록금 고민에 휩싸인 채 뒤늦게 시작되었다.

파리에 도착한 퀴리는 흔히 라틴 지구라고 부르는 곳에서 주로 지냈다. 고생고생 끝에 머나먼 다른 나라에서 새로운 생활을 시작하는 퀴리에게는 거리의 골목 하나하나가 낯설고 또 신기했을 것 같다. 에펠탑이 세워진 것이 1889년으로 퀴리가 파리에 오기 2년 전이었으니, 지금 우리가 보고 있는 에펠탑을 퀴리도 보았다. 에펠탑은 세워질 때에 워낙 화젯거리였던 건물인 만큼, 우리가 에펠탑을 보고 반갑게 생각하는 것만큼이나 퀴리도 그것을 재미있게 생각했을 듯하다.

화려한 파리 거리의 모습과 달리 20대 내내 퀴리의 생활은 무척 가난했다. 먼저 파리에서 자리 잡은 언니가 있기는 했지만, 걱정 없이 편안히 지낼 수 있는 것은 결코 아니었다. 항상 생활비 걱정을 해야 했고, 음식을 잘 챙겨 먹지 못할 때도 많았던 듯하다. 나오미 파사초프(Naomi Pasachoff)가 쓴 전기를 보면, 퀴리의 방이 너무 추워서 외풍을 어떻게든 막기 위해 바람이 들어올 만한 곳으로 가구를 옮겨 다 막아놓았다는 이야기도 있다.

이때 도움이 된 것은 폴란드인으로서 재산을 모은 사람들이 만든 장학금이었다. 파리에서 공부하는 폴란드인 학생들을 대상으로 하는 장학금이 있었는데, 퀴리는 그 장학금을 따내는 데 성공했다.

그런 만큼 퀴리와 퀴리의 언니는 파리에 있는 폴란드인들의 모임에도 자주 나갔다. 독특한 말과 독특한 문화를 갖고 있는 폴란드 사람들이 아주 다른 문화를 가진 프랑스의 대도시에 살고 있었으니, 서로 어울리면서 파리 생활에 대한 이야기를 나누는 것이 도움이 될 때가 많았을 듯하다. 한편으로 나라 잃은 처지의 폴란드 사람들은 외국에서 만나는 이런 기회에 폴란드 독립에 대한 이야기를 더 자주 나누게 되기도 했던 것 같다.

대학 시절 퀴리는 프랑스인 학생들 사이에서 프랑스어로

진행되는 강의를 들으며 공부해야 했다. 퀴리의 프랑스어 실력은 뛰어난 편이었지만 그래도 모든 강의를 프랑스인들을 위한 프랑스어 설명으로 듣는 것은 생소한 경험이었다.

그런데도 퀴리는 얼마 지나지 않아 소르본 대학의 강의에 적응했고 뛰어난 학생으로 모습을 드러냈다. 어린 시절부터 이어진 퀴리의 일생을 보다보면, 이 사람은 무슨 과목이 되었건 공부하기로 작심하면 하여간 성실하게 달라붙어 해내는 강력한 공부 엔진이라고 할 만한 사람이었다는 느낌이 들 정도다.

8톤 돌을 하나하나 부수어가며

한편으로 수학과 물리학을 공부하던 퀴리는 그곳에서 피에르 퀴리라는 청년을 만나게 된다.

이 무렵 퀴리는 물리학을 정말로 잘 연구하려면 실험에 대한 경험과 기술을 다양하게 익히는 것이 중요하다고 생각하고 있었다. 이것은 지금도 변함없는 사실로, 설령 이론적인 연구를 전문적으로 해나가는 학자의 입장이라고 하더라도, 실험에 대한 기술을 충실히 이해하는 것은 자신의 연구를 증명하고 더 깊이 이해하는 데 매우 중요하다고 생각한다. 그런 면에서 실제로 더 다양하고 더 복잡한 실험을 하고자 갈망했던 당시 퀴리의 태도는 당연한 것이었다.

이러한 퀴리에게 교수 중 한 명이 여러 가지 물리학 실험에 신선한 생각을 많이 갖고 있었던 한 젊은 학자를 소개해주었다. 아마도 만나서 실험에 대한 것을 물어보기도 하고, 직접 실험을 해보거나 실험에 참여할 수 있는 기회도 찾아보라는 뜻이었지 싶다. 이때 마리아 스크워도프스카 퀴리가 만난 사람이 피에르 퀴리였다.

그런데 두 사람은 연애를 했다. 얼마 동안 함께 이런저런 대화를 하며 몇 번 만나다가, 피에르 퀴리는 마리아 스크워도프스카 퀴리에게 이끌리게 되었다.

피에르 퀴리는 마리아 스크워도프스카 퀴리에게 자신이 쓴 논문에 몇 마디를 써서 건네주는 것으로 처음 마음을 표현하기 시작했다고 한다. 지금도 논문이 나오면 학생이나 연구원들은 주변의 친한 사람들에게 한두 권씩 기념 삼아 돌리기도 하는데, 별달리 진지한 선물은 아니면서도 나름대로 자신에게는 의미 있는 것을 주는 셈이기 때문에 특이한 선물이 되곤 한다. 나 역시 과학을 전공한 학생들 중에서 자기가 쓴 논문을 좋아하는 사람에게 선물로 주며 슬쩍 가까워지려고 했던 사람들을 몇 알고 있다.

아쉽게도, 사실 이런 논문들은 대개 몇 페이지도 읽히지 않고, 그저 라면 냄비받침으로 활용되거나 책상 위에 올리는 빔 프로젝터 높이가 안 맞을 때 괴어놓는 용도로 쓰이는 경우가 많다. 그러나 마리아 스크워도프스카 퀴리에게 피에르 퀴리가 논문을 선물로 준 일은 놀라운 예외였던 듯하며, 둘 사이의 관계도 점차 잘 풀렸다.

얼마 후 마리아 스크워도프스카 퀴리도 피에르 퀴리를 좋아하게 되면서, 둘은 결국 결혼하게 되었다. 결혼을 하면 아내가 남편의 성을 따르는 유럽 풍습 때문에, 마리아 스크워도프스카는 퀴리라는 성을 얻게 되었고, 이때부터 이 과학자는 우리가 흔히 잘 알고 있는 마리 퀴리라는 이름을 쓰게 된다.

마리 퀴리와 피에르 퀴리는 금슬 좋은 부부이기도 했지만, 서로 쿵짝이 잘 맞는 연구 동료로서도 역사에 유례가 없을 만큼 잘 맞는 짝이었다.

따지고 보자면 두 사람은 같은 점보다는 다른 점이 더 많았다. 마리 퀴리가 신선한 발상과 꾸준히 일하는 끈기를 갖고 있었다면, 피에르 퀴리는 다양한 지식과 경험, 조심스러운 태도를 갖고 있었다. 마리 퀴리가 강인하고 집념이 강한 성격이었다면, 피에르 퀴리는 그에 비해 감상적이고 몽상을 좋아하는 성격이었다. 그런데 그러면서도 두 사람은 서로를 잘 이해하고 서로 잘 통한다고 생각하고 있었다. 그렇게 해서 둘은 서로가 부족한 부분을 채워주면서도 같이 잘 어울려 상대방을 이끌어 앞으로 나아가게 해줄 수 있었다.

1898년 30대 초반의 퀴리는 자신을 세계 과학계의 거인으로 만들어준 연구를 시작했다. 대단한 연구기관의 일류 학자로서 연구를 시작했다거나, 위대한 교수가 이런 실험을 해보라고 시켜서 시작한 연구는 아니었다. 그나마 남편인 피에르 퀴리는 어느 정도 학계에서 자리를 잡은 편이기는 했지만, 퀴리 부부가 정말로 해보고 싶은 연구를 하면서 풍족한 월급을 받고 편히 살 수 있는 상황과는 거리가 멀었다.

이 시절 퀴리 부부의 연구란, 최소한 연구를 진행하며 버틸 수 있는 방법을 겨우 찾아내서, 없는 연구비로 겨우겨우 해나가는 작업이었다. 실험실 공간조차도 마땅히 없어서 어느 대학 교수가 적당히 마련해준 버려진 창고 건물에서 연구를 했다. 심지어 비가 오면 지붕에서 빗물이 샐 정도였다.

그런데 퀴리는 그런 곳에서 결국 두 개의 노벨상을 안겨준 연구를 해냈다.

퀴리의 주된 실험 재료는 역청 우라늄석이었다. 역청 우라늄석은 우라늄이 들어 있는 돌덩어리였다.

19세기 말, 과학기술계에서 매우 인기 있는 주제는 방사선이었다. 뢴트겐이 전기 장치로 X선을 뿜는 기계를 만들어낸 후, X선을 이용해 사람의 뼈를 사진으로 찍거나 상자 속에 감춰진 물건의 사진을 찍어내는 것은 당시 사람들에게는 마법과 같이 충격적인 신비의 기술이었다. 가려진 벽 너머를 보는 것은 기적이나 초능력에 속하는 일이었는데 그런 일을 해내는 기계를 기술자들이 만든 셈이다. 그런데 그러던 중에 우라늄이라는 물질이 바로 그런 X선과 비슷한 성질의 방사선을 내뿜는다는 것을 프랑스 학자 앙리 베크렐이 발견하게 된다. 게다가 우라늄이 뿜는 방사선은 뢴트겐의 X선 기계와 달리 무슨 전기 장치 같은 것이 없이 그냥 우라늄을 가만히 놓아두기만 하면 저절로 나왔다.

이런 발견이 발표되어 알려진 것이, 바로 퀴리가 대학을 졸업하고 연구에 착수할 무렵의 일이었다. 프랑스 학계에서 베크렐의 연구는 화제였고, 퀴리가 여기에 관심을 가진 것도 당연하다.

우라늄이 들어 있는 돌덩어리인 역청 우라늄 속에는 우라늄과 함께 여러 가지 다른 물질들이 들어 있었다. 퀴리는 바로 이런 돌 속에 무슨 특별한 물질이 얼마나 있는지, 서로 다른 물질들이 어떻게 다른 성질을 갖고 있는지 하나하나 차근차근 알아내고 정밀하게 밝혀보려고 했다.

당시 사람들은 삶 속에서 우리가 흔히 볼 수 있는 온갖 다양한 물체들이 사실은 아주 작고 간단한 몇 가지 물질의 조합으로 되어 있다는 생각에 관심이 많았다. 그러니까 세상에는 수많은 물체들이 갖가지 다른 색깔과 모양으로 있지만, 그것을 쪼개서 나누어보면 결국 몇 가지 재료가 서로 다른 양, 서로 다른 방식으로 조합되어 있는 것일 뿐이라는 생각이 퍼져 나가고 있었다.

이것은 마치 블록 장난감을 조립해서 어떤 어린이는 우주선 모양을 만들고, 어떤 어린이는 집 모양을 만들고, 어떤 어린이는 공룡을 만드는 것과 비슷하다. 작은 블록은 몇 가지밖에 없고 같은 종류의 블록은 모두 똑같이 생겼지만 그것을 어떻게 모아서 조립하느냐에 따라서 온갖 크기와 모양의 다양한 물체를 끝도 없이 만들 수 있다.

세상의 모든 물체들을 조립할 수 있는 블록 같은 재료로 꼽을 수 있는 것이 바로 원자다. 원자는 아주아주 작은 물체이고, 그 가짓수를 헤아려보면 대략 100가지가 좀 넘는 정도가 발견된다. 이것은 원소라는 기준에 따라 원자를 나누어 가짓수를 헤아려보면 그렇다는 이야기다. 그러니까 수소 원자, 산소 원자, 납 원자, 금 원자와 같이 여러 가지 종류의 원자들이 있는데 그것들을 다 정리해보면 100가지 정도가 된다는 뜻이다.

그리고 이 100가지 정도의 작디작은 원자들이 어떤 조합으로 서로 붙어 있느냐에 따라, 세상의 온갖 물체들이 된다. 예를 들어 1밀리미터밖에 안 될 정도로 짧은 길이의 아주아주 가느다란 철사가 있다면, 그 짧은 철사도 작디작은 철 원자가 줄지어 수백만 개 연결된 것이다. 대강 계산을 해보면 403만 2천 개 정도의 철 원자를 줄줄이 연결해야 가장 가느다란 1밀리미터 정도의 철사가 된다.

만약 그 철사에 녹슨 부분이 있다면, 그 부분에는 산소 원자가 끼워 넣어져 같이 들러붙어 있는 모양이라는 이야기다. 만약 철 원자 덩어리에 탄소 원자가 좀 끼어 들어가게 된다면 보통 철보다 더 튼튼한 강철이 된다. 한편 철 원자 없이 탄소 원자만 덩어리져 연결되어 있으면 연필심에 쓰는 흑연이 된다. 탄소 원자가 조금 다른 구조로 더 단단하게 연결되어 있으면 다이아몬드가 된다. 만약 탄소 원자에 산소 원자가 하나씩 붙어서 그렇게 둘씩 짝으로 흩어져 있으면 적은 양으로도 사람을 중독시키는 일산화탄소가 된다. 이런 식으로 원자의 조합에 따라 별별 물체들이 다 생길 수 있다.

물, 기름, 공기, 흙은 물론이고 거대한 바위나 산, 하늘에서 빛나고 있는 달과 태양, 세상 모든 동물, 식물과 수십억 명의 사람들도 모두 그 100가지 정도의 원자가 서로 다른 방식으로 조립되어 생긴 결과다. 100가지 서로 다른 블록 장난감을 조립해서, 세상의 온갖 모양을 만드는 것이라고 생각해도 옳은 이야기다.

지금은 과학기술이 더욱 발전해서 사실 그 원자라는 것조차도 원자보다 더 작은 전자, 위 쿼크(up quark), 아래 쿼크(down quark)라는 세 가지 물질이 조합되어 연결된 것임을 알게 되었다. 그러니까 원자가 100가지 정도나 있었던 것도, 사실은 위 쿼크, 아래 쿼크, 전자의 세 가지 더 작은 부품이 어떤 형태로 몇 개씩 연결되어 있는지에 따라 달라진 것일 뿐이었다. 이렇게 생각해보면, 우리가 보는 세상 대부분의 물체는 전자, 위 쿼크, 아래 쿼크, 단 세 가지로 되어 있을 뿐이다. 그 세 가지 가루 같은 것들이 몇 개씩 어떻게 무슨 모양으로 붙어 있느냐에 따라, 가지각색으로 서로 다른 성질과 모습을 가지며 세상의 모든 물체가 된다.

퀴리의 시대에는 원자가 더 작은 단위로 되어 있다는 것까지는 아직 밝혀지지 않은 상태였다. 우선 세상에 몇십 가지 정도의 원자가 있는 듯 보이며, 그 원자 하나하나가 어떤 성질을 갖고 있는지를 밝혀나가고 있는 것이 그 시대의 연구였다.

퀴리는 역청 우라늄을 분해하고 가공해서 그 속에서 그 전까지는 사람들이 모르던 특이한 원자를 찾아내려고 했다.

신비로운 방사선을 내는 역청 우라늄 속에는 분명히 뭔가 괴상한 것이 있을 법도 했다. 퀴리는 역청 우라늄을 부수기도 하고, 뜨겁게 하기도 하고 식히기도 하면서 여러 가지 실험을 해보았다. 금속을 녹이는 위험한 용액으로 역청 우라늄을 녹이는 실험도 다양한 방법으로 진행했다. 여러 화학 실험 기술을 이용했을 때, 어떤 물질은 어떻게 변한다는 것을 찾아보고, 여러 방식으로 역청 우라늄을 가공해보았다. 그렇게 하면, 다른 모든 과학자들이 보기에도 아주 독특해서 그 전에는 보지 못했던 원자라며 놀랄 만한 것을 찾아낼 수 있다고 생각했다.

이 시절 퀴리가 보여준 끈기와 집념은 수많은 과학자들이 고생한 이야기 중에서도 특히 유난한 전설적인 예로 잘 알려져 있다.

퀴리는 자신의 두 손으로 역청 우라늄석을 부수고 빻고 녹이고 끓이면서 실험을 했다. 그런데 그런 실험을 끝도 없이 하면서 두 손으로 빻은 역청 우라늄의 양이 8톤에 달했다고 한다. 8톤이면 1.5톤 트럭 다섯 대분도 넘는 정도의 양이다. 많은 조수들을 거느리고 일사분란하게 일을 할 수 있었던 것도 아니고, 자동으로 돌을 빻아주는 기계 같은 것이 있었던 것도 아니다. 그저 1.5톤 트럭 다섯 대에 실려 있는 끝없이 많은 돌들을 허름하고 낡은 실험실에서 퀴리의 두 손으로 하나하나 부수어가며 긴 세월 실험한 것이다.

과학에서는 번득이는 발상으로 모두가 끙끙대고 있던 어려운 문제를 단숨에 풀어내면서 발전이 이루어지는 경우도 있고, 명망 높은 과학자들이 우아하게 서로 토론하고 논쟁하면서 발전이 이루어질 때도 있다. 그렇지만, 한편으로는 이렇게 8톤의 돌을 손으로 일일이 빻아서 과학이 발전할 때도 있다.

물론 퀴리가 아무 생각 없이 그저 고생 끝에 낙이 오겠거니 하는 마음으로 참고 또 참으면서 그렇게 돌을 빻기만 했던 것은 아니다. 퀴리는 우라늄과 같이 발견되는 여러 다양한 물질들에 대한 화학 실험에 관해서 아주 잘 알고 있었고, 화학 실험을 더 정밀하고 더 정확하게 할 수 있는 여러 가지 기술들을 차곡차곡 개발해나가기도 했다. 그랬기 때문에, 퀴리는 자신이 돌을 빻으면서 하는 실험들을 꾸준히 해가는 도중에서도, 어떤 결과가 나오고 어떤 가능성이 보이는지 스스로 알고 기대할 수 있었다. 그저 막연히 꾹 참고 하다보면 어느 날 기적적으로 놀라운 결과가 나올 거라는 식으로 믿었던 것이 아니다.

지금 퀴리의 실험을 되돌아보면, 과학자가 연구를 할 때 어떻게 연구를 열심히 해나갈 마음을 먹게 할지 그 동기를 부여하는 것이 무척 중요하다는 생각도 해본다.

이 시절 퀴리는 박사 학위를 따기 위해 연구하고 공부하는 대학원생인 상태였다. 그렇지만 퀴리가 지도 교수나, 연구소의 상사가 열심히 일하라고 닦달해서 그렇게 실험을 열심히 한 것은 아니다. 휴일도 없이 월화수목금금금 항상 고생스럽게 일하는 것이 맞다고 누가 강요했거나, 그러면서도 가난하게 사는 것도 받아들이는 것이 옳다는 정신 상태를 갖추라고 누가 계속 세뇌하고 주입해서 그렇게 열심히 일했던 것도 아니다. 심지어 같이 연구를 한 피에르 퀴리조차 부인에게 실험을 더 열심히 해야 한다는 식으로 말하지 않았다.

퀴리는 자신이 연구하고자 하는 방향을 스스로 찾아내서, 직접 그 방향의 연구를 개척하는 방식으로 그 긴 연구를 해나갔다. 연구하고 싶은 것과 연구하는 방향을 스스로 찾아내고, 직접 문제를 발견하고 하나하나 풀어가며 도전해나가는 것은 그런 과정에서 중요하다.

그러므로, 과학 발전을 위해서는 학생들에게 과학이나 수학의 기초를 어떻게 더 많이 가르치느냐를 고민하는 것 못지않게, 연구하는 사람들이 어떻게 의욕, 동기, 자유를 가질 수 있는지를 고민하는 것도 매우 중요하다. 나는 그런 동기와 의

욕이 어떤 식으로든 있었기 때문에, 마리아 스크워도프스카 퀴리의 손이 8톤의 돌을 모두 부술 수 있었다고 생각한다.

사실 퀴리는 연구를 시작한 지 얼마 지나지 않은 시점에서 이미 실험의 방향을 대략 찾아낸 듯하다. 퀴리는 역청 우라늄 속에서 두 가지 아주 이상한 물질을 찾아냈다. 두 물질의 양은 아주아주 적었지만, 퀴리가 여러 가지 실험으로 살펴본 바로는 이 두 물질 속에 지금까지 세상에 밝혀지지 않은 특이한 원자가 있는 것처럼 보였다. 역청 우라늄 속에서 그 두 가지 물질을 뽑아내는 실험을 계속 반복해 어느 정도 양을 모아서, 다른 학자들에게 확실하게 증명할 수 있을 정도에 이르기만 한다면, 퀴리는 새로운 원소를 찾아냈다고 외칠 수 있을 것처럼 보였다.

그랬기 때문에 그 두 가지 물질을 모으는 실험을 꾸준히 이어나갈 수 있었다. 퀴리는 실험 도중에 얻은 성과를 논문으로 자주 발표하면서 자신의 성과를 쌓아나가기도 했다. 단번에 노벨상을 탈 수 있는 어마어마한 결과를 낸 것이 아니다. 조금씩 결과를 만들어내고, 조금씩 앞으로 나아가면서 논문을 계속 펴내며 학자로서 성장해갔다. 어찌 보면 그런 재미 때문에 퀴리는 더 열심히 일했을지도 모른다.

그렇게 해서 퀴리는 4년 동안 이어진 긴긴 실험을 마치고, 자신이 두 가지 새로운 원소를 발견했음을 세상에 입증하여 그 이름을 스스로 붙일 수 있었다.

퀴리는 이때 발견한 두 원소 중에 하나를 '폴로늄'이라고 이름 붙였다. 이것은 자신의 고향인 폴란드의 이름을 딴 것이었다. 퀴리가 어린 시절부터 갖고 있던 폴란드 독립에 대한 갈망이 그대로 드러나는 이름이다.

그 시절까지도 아직 폴란드는 러시아, 독일, 오스트리아의 지배를 받고 있었다. 하지만 새로 발견된 이 원소에는 폴란드라는 이름이 그대로 떳떳하게 드러나고 있었다. 세계의 적지 않은 사람들이 폴란드가 거의 100년 전에 이웃 강대국들에게 점령되어 망한 나라이며 이제는 잊혀가고 있다고 생각하던 시대였다. 그런데, 퀴리가 과학의 세계에서 발견한 새로운 원소에 폴란드라는 이름을 붙여 폴란드를 알린 것이다.

폴로늄 원자는 아주 드물기는 하지만 여러 곳에서 발견될 수 있으며 과학의 세계에서 여러 가지로 연구될 것이다. 그런데 이 드넓은 우주 곳곳에 조금씩은 흩어져 있을 폴로늄 원자 하나하나마다, 과학자들은 폴란드라는 나라 이름을 생각하며 그 이름을 부르게 된다.

아무리 러시아나 독일이 폴란드를 지배하고 있어도, 퀴리가 폴란드의 이름을 원자에 붙인 덕분에 폴란드라는 나라 이름은 사라지지 않는다. 지금까지도 여전히 퀴리가 발견한 그 원자를 사람들은 폴로늄이라고 부르고 있다. 그러니 폴로늄이라는 물질에 대해 듣고, 폴로늄이라는 물질을 연구하거나 쓸 때마다, 사람들은 폴란드라는 독립을 갈망하는 나라에 대해 한 번씩 생각하게 될 만했다.

나는 퀴리가 스스로를 폴란드인으로 생각하며 과학자로서 해낸 일이 폴란드 독립을 위해 싸운 어느 장군 못지않게, 폴란드 독립에도 중요한 영향을 미쳤다고 생각한다. 폴란드인 과학자가 새로운 원소에 폴로늄이라는 이름을 붙였다는 소식을 듣고, 폴란드 독립운동에 대해 생각하는 폴란드 사람들이 힘을 얻기도 했을 것이다. 멀리 외국의 빗물 새는 허름한 실험실에서 일하던 어느 가난한 단 한 명의 대학원생이 역사를 움직이는 힘을 보여주었다.

이러한 퀴리의 업적은 지금까지도 너무나 강렬하게 보인다. 그 때문에 현대의 여러 나라 정부들이 과학 연구를 계획할 때에 그 그림자가 약간은 과하게 드리운다는 느낌이 들 때도 가끔 있을 정도다.

예를 들어 대한민국 정부는 중이온 가속기라는 거대한 연구 장비를 만들면서, 이런 장비를 이용하면 퀴리가 폴로늄을 발견했듯이 새로운 원소를 발견했을 때 한국이라는 이름을 붙일 수도 있다는 식으로 광고하기도 했다. 중이온 가속기로 연구할 수 있는 현상으로는 갖가지 다양한 것이 있다. 하지만 아무래도 한국 정부에서 가장 구미가 당겨서 광고한 것은 새 원소에 나라 이름을 붙일 수 있다는 점이었던 듯하다. 이웃나라인 일본의 학자들은 2천 년대 초에 새로운 원소를 발견해서 '니호늄'이라는 이름을 붙이는 데 결국 성공했다는데, 한국도 일본과의 경쟁에서 지지 않고 얼른 새 원소를 발견해서 코리아늄 같은 이름을 붙여야 한다는 이야기였다.

이런 요즘 시대의 상황을 보면, 정부 간의 자존심 싸움이나 국가의 영광을 위해서 과학 연구를 하는 것이 중요하다고 너무 내세우는 것도 좋은 일만은 아닌 듯싶다. 그렇지만 폴란드인들이 독립을 위해 고민하던 19세기 말, 20세기 초로 거슬러 올라가보면, 퀴리의 활약은 여러모로 존경할 만한 일이라고 생각한다.

한국 정부가 중이온 가속기를 만들기 위해 1조 4천 억 원을 들여서 하고 있는 일을, 그 시절 퀴리는 남편과 둘이서 맨손으로 해냈다. 강대국이라는 나라들이 서로 자신의 위세를 겨루기 위해 세계 곳곳에 군대를 보내고 온갖 이유로 크고 작은 전쟁을 벌이며 막 굴러가던 시기에, 망한 나라 출신의 대학원생 한 사람이 잠깐 그것을 멈춰 세운 느낌이다.

퀴리가 폴로늄과 함께 발견한 또 다른 원소는 라듐이었다. 폴로늄이 그 이름으로 세상에 영향을 미쳤다면, 라듐은 그 성질로 세상에 영향을 미쳤다.

라듐의 특징은 강한 방사선이 잘 발생되며, 이러한 성질을 이용해서 방사선에 관한 실험과 연구를 하기에 좋다는 점이었다. 폴로늄도 방사선을 뿜어내기는 하지만, 사용하기에는 라듐이 훨씬 더 좋았다. 퀴리는 이런 사실을 잘 알고 있었고 이런 사실을 잘 밝혀서 세상에 알려주었다. 퀴리는 라듐이 방사선을 어떻게, 얼마나 내뿜는지 세세하게 확인하고 실험했고, 그 결과를 논문으로 써서 사람들이 라듐의 방사선을 어떻게 이용하면 좋을지 생각할 수 있게 해주었다.

그렇게 해서 한동안 라듐은 방사선이 필요한 온갖 분야에 활용되었다.

지금은 더 좋은 물질과 더 강력한 장비가 있어서 예전만큼 라듐을 많이 쓰지는 않지만, 한동안 라듐은 대단히 많은 분야에 활용되었다. 암을 치료하기 위한 방사선 치료에도 라듐이 활용되었고, 밤에도 눈에 잘 뜨이는 색을 칠하기 위한 야광물질을 만드는 데도 라듐이 쓰였다. 퀴리 부부가 직접 방사선을 암과 같은 종양 치료에 활용할 수 있다는 가능성을 찾아낸 적도 있었다. 그 밖에도 그때까지 사람들이 너무나 신기하게만 생각했던 방사선의 여러 가지 성질을 살펴보고 더 깊게 연구하는 데도, 성능이 뛰어나고 퀴리가 그 성질을 잘 밝혀놓은 라듐은 매우 쓸모가 많았다.

당연히 퀴리 자신부터가 평생에 걸쳐 방사선의 놀라운 성질에 대해 깊게 연구했다. 그리고 퀴리가 발견한 방사선에 대한 성질은 우리가 알지 못했던 세상의 놀라운 모습을 알게 해 주는 계기가 되었다. 현대의 과학이 발전하는 과정에서 나중에 미친 영향을 생각해본다면, 퀴리가 끼친 가장 큰 영향은 방사선의 다양한 성질을 밝혀낸 것이다.

따지고 보자면 '방사능(radioactivity)'이라는 말부터가 퀴리가 만든 말이다. 퀴리는 역청 우라늄으로 갖가지 실험을 하면서 여러 가지 형태의 방사선을 내뿜는 물질들을 찾아냈다. 그리고 특별한 기계를 작동시키거나 전기를 가하거나 하지 않아도 스스로 방사선을 내뿜는 이런 물질들의 능력을 '방사능'이라고 이름 붙였다.

퀴리의 이런 공적을 기려서 지금도 방사능의 단위로 '퀴리(Ci)'라는 단위를 쓸 때가 있다. 1퀴리는 1초에 370억 개의 원자가 한 차례씩 방사선을 내뿜는 정도를 말한다. 이것은 대략 라듐, 정확한 표기로 말하자면 라듐-226을 1그램 모아놓았을 때 그것이 갖고 있는 방사능과 같다. 퀴리가 라듐을 찾아내면서 방사능을 연구했던 것을 기념하는 숫자다.

1그램이라면 적은 양 같지만 라듐이 워낙 방사능이 강한 물질이기 때문에, 1퀴리면 상당히 강력한 방사능이다. 예를 들어, 2018년 방사능 물질인 라돈이 사람 몸에 해롭다고 해서 유난히 화제가 되었을 때, 대구광역시에서는 사람들에게 방사능 감지기를 빌려준 적이 있다. 그 감지기는 250억 리터의 공기 속에 0.1퀴리의 방사능만 있다고 하더라도 그것을 감지할 수 있는 장비였다.

강한 방사능을 가진 라듐으로 실험을 하면서, 퀴리는 방사능은 아주 적은 양으로도 강한 힘을 내뿜는다는 것을 알게 되었다. 예를 들어 무슨 장치를 쓰든 빛을 내뿜어 어둠을 밝힌다는 것은 쉬운 일이 아니었는데, 퀴리는 실험에 쓰던 여러 물질들이 묻어 있는 실험 기구들이 밤중에 유령처럼 희미한 빛을 계속 내고 있는 것을 보았다. 뭔가가 빛을 내게 하려면 땔감을 불에 태워 횃불처럼 만들거나, 강한 전기를 필라멘트에 흘려서 전구처럼 만들어야 한다. 그런데 방사능 물질 중에는 그런 것도 없이 스스로 빛을 계속 뿜어내는 것들이 있었다.

그런 현상을 보면서 퀴리는 방사능이 강한 물질의 경우, 같은 양의 보통 물질을 태우거나 폭발시키는 것보다도 훨씬 더 강한 힘을 낸다는 것을 측정했다.

물질을 태운다는 것은 물질을 이루고 있는 원자에 산소 원자가 빠르게 달라붙는 현상이다. 이것은 화학 반응의 일종이다. 그러니까 어떤 원자에 산소 기체의 원자가 붙는 과정에서 열과 빛이 나오는 것, 그것이 바로 불타는 것이다. 물질이 폭발한다는 것 역시 보통 물질을 이루고 있는 여러 원자들이 아주 빠른 속도로 서로 떨어지거나 달라붙는 현상이다.

그런데, 그런 온갖 격렬한 화학 반응들과 비교해봐도 방사능이 내뿜는 힘은 한결 더 강력했다. 무엇인가 방사능은 지금껏 알려져 있던 화학 반응들과는 완전히 다른 방식으로 힘을 내뿜는다는 뜻이었다.

　나중에 방사능 물질은 화학 반응이 아니라, 핵반응이라는 아주 다른 방식의 변화라는 것이 밝혀졌다. 화학 반응은 한 원자가 다른 원자에 달라붙거나 붙어 있던 두 원자가 각각 분리되는 현상이라고 할 수 있다. 그런데 핵반응은 한 원자 자체가 다른 모습으로 확 변하는 현상이었다. 그래서 이런 핵반응을 이용해서 힘을 뽑아내는 것을 흔히 원자력이라고 부른다. 그리고 퀴리가 방사능이라는 말을 만들어낸 뒤 40여 년이 흐르면, 리제 마이트너라는 또 다른 학자가 핵반응의 강력한 힘을 상대성 이론(relativistic theory)이라는 방법으로 정밀하게 설명해내게 된다.

　퀴리는 방사능의 강력함 이외에 또 다른 사실도 알아냈다. 방사능에서 방사선이 나오는 정도가 언제나 일정하다는 사실이었다. 이것은 퀴리의 발견 중에서 아주 중요한 것이고, 그러면서도 제대로 밝혀내기가 무척 어려운 문제였다.

　온갖 실험을 해보면서, 퀴리는 방사능 물질은 뜨겁거나 차갑거나 습도가 높은 곳에 있거나 낮은 곳에 있거나 액체로 만들거나 기체로 만들거나 어떤 다른 조건에 두는가에 관계없이 언제나 항상 일정한 방사선을 뿜어낸다는 사실을 알아냈다. 심지어 한 원자에 다른 원자를 결합시켜서 그 덩어리의 색깔이나 냄새를 바꿔버려도 그 원자가 방사선을 뿜는 정도는 바뀌지 않았다.

이런 현상은 드문 것이다. 물질의 성질이라고 하는 것은 원자들이 각각 어떻게 달라붙어 있느냐에 따라 대부분 바뀐다. 산소 원자는 보통 둘씩 짝지어 붙어 있는 상태로 많이 있는데 이것이 우리가 호흡할 때 들이마시는 산소 기체다. 하지만, 만약 산소 원자가 셋이 붙어 있으면 오존 기체가 되어 사람 몸에 해로운 물질이 된다.

만약 산소 원자 하나에 수소 원자가 둘씩 붙어 있다면, 그것은 동물과 식물이 먹는 물이다. 물은 보통 액체다. 그리고 물은 우리가 호흡해서 들이마시지 못한다는 것을 우리는 잘 알고 있다. 만약 산소 원자 둘이 규소 원자 하나와 결합해 있다면 이것은 이산화규소라는 물질이 된다. 이산화규소는 모래의 중요한 성분이다. 모래처럼 이산화규소는 보통 고체이고 사람이 물처럼 마실 수 없다. 이렇게 한 원자는 어떤 다른 원자와 붙어 있느냐에 따라 성질이 바뀌기 마련이다.

그러나 방사능은 예외였다.

방사능은 다른 원자를 붙이거나 말거나 변하지 않는다. 한 원자가 방사선을 일정한 정도로 뿜어낸다면, 다른 원자와 결합한 상태가 되어도 마찬가지다. 예를 들어, 산소 원자들 중에는 극히 일부이지만 '산소-14'라고 부르는, 무게가 조금 더 가벼운 특수한 것이 있다. 산소-14는 평범한 산소 원자보다 훨씬 희귀한데, 방사능 물질이라서 가만히 놓아두면 일정한 정도로 방사선을 내뿜는다. 그 정도는 산소-14 원자 두 개를 가져다놓고 70초가량 지켜보면 둘 중 하나가 방사선을 한 차례 내뿜는 정도다.

그런데 이것은 무슨 화학 반응을 시키거나, 뜨겁거나 춥게 해도 바뀌지 않는다. 산소-14 원자에 수소를 결합시켜 물로 만들어도, 70초마다 둘 중 하나꼴로 방사선을 내뿜는다는 것은 바뀌지 않는다. 산소-14 원자에 규소를 결합시켜 모래로 만든다고 해도 마찬가지다. 무슨 짓을 해도 방해받지 않고, 산소-14 원자는 70초마다 둘 중 하나꼴로 방사선을 내뿜는다. 그 정도는 일정하다.

이러한 현상은 대단히 괴상한 일이었다. 보통 세상일은 대체로 무엇이든지 원인과 결과가 있어서 일어나기 마련이다. 원자가 뜨거워지면 방사선을 내뿜는다든가, 원자가 차가워지면 방사선을 내뿜는다든가, 원자가 다른 원자랑 붙으면서 방사선을 내뿜는다든가 하는 원인과 결과로 이유를 설명할 수 있는 현상이 평범하다. 아마 모르긴 해도, 퀴리 역시 처음 방사능 물질로 여러 실험을 한 까닭도 그런 식으로 방사능에 영향을 미치는 무슨 이유를 찾아내기 위해서였을 거라고 짐작된다.

그런데 방사능 물질이 방사선을 내뿜는 것에는 별 이유가 없었다. 그냥 70초마다 둘 중 하나꼴로 방사선을 내뿜는다는 식으로 확률만이 정해져 있을 뿐이다. 그리고 그 확률을 따르면서 방사선이 꾸준히 나온다. 다른 조건이나 이유에 상관없이 오직 확률에 따라 방사선을 내뿜는다.

이것은 마치 산소-14 원자 하나하나마다 아주아주 작은 요정 같은 것이 그 안에 살고 있으면서, 70초마다 한 번씩 주사위를 굴리고, 주사위가 홀수면 방사선을 뿜는다고 결정하는 방식과 같다. 사실 엄밀히 따져보자면, 주사위조차도 얼마나 세게 굴리느냐 얼마나 높이 던지고 어느 방향으로 힘을 주느냐에 따라 주사위가 어느 방향으로 어떻게 떨어져 구르게 될지 나름대로 원인과 결과를 밝힐 수 있다. 그런데 방사능이 방사선을 뿜는 모습에는 그런 식의 작은 원인과 결과조차도 없다. 그 어떤 주사위, 그 어떤 동전 던지기보다도 더욱더 철저히 아무런 이유가 없는 형태로, 오직 우연, 우연 그 자체이며, 다만 그 우연에 의해 확률만 정해져 있을 뿐이었다.

어떤 원인과 결과 없이 그저 완벽한 우연에 따라 움직이는 무엇이 있다는 이런 생각은 너무나 이상한 것이라서 많은 사람들이 그러한 사실을 이해하기 힘들어했고, 그에 대한 세밀한 이론을 만드는 데 어려움을 겪었다. 여기에 대해서 훗날 아인슈타인이 우주가 주사위 놀이 같은 방식으로 돌아갈 리가 없다며 투덜거렸다는 이야기는 특히 유명하다.

퀴리의 라듐 발견으로부터 몇십 년이 지나서야, 조지 가모프 같은 학자들이 '양자론'이라는 방법을 이용해서 이렇게 확률과 우연에 의해서만 일이 벌어지는 방사능 현상을 조금이나마 설명해내기 시작했다. 이런 현상에는 분명히 파고들면

들수록 많은 사람들에게 괴상한 느낌을 주는 점이 있다. 나는 대학 시절에 원자력의 이론에 관한 과목을 들은 적이 있는데, 그 과목을 가르쳐주셨던 교수님 한 분은 아직까지도 이런 과학은 너무 이해하기 어렵다는 입장이셨다. 교수님께서는 분명히 언젠가는 확률이 아니라, 원인과 결과로 방사능을 설명할 수 있는 방법을 찾아낼 수 있을 거라고 했다.

지금 퀴리의 연구를 되돌아보는 입장에서 보면, 나는 퀴리가 방사능의 이런 이상한 특징을 알아낸 것은 썩 멋진 일이라고 생각한다.

보통 무엇인가가 상관이 있다는 것을 밝혀내는 연구는 쉬운 편이다. 예를 들어 만약 방사능이 온도가 높을수록 강해진다면, 온도를 높이거나 낮춘 상태에서 방사능이 얼마나 나오는지를 측정해보면 된다. 그리고 온도와 방사능 사이에 관계가 있다는 것을 도표와 그래프로 그려서 보여주면 된다. 이어서 온도가 어떤 원인이 되어 방사능을 강하게 하는 결과를 불러왔다고 설명해보면 연구를 끝낼 수 있다.

그러나, 무엇인가가 다른 온갖 것들과 아무 상관이 없음을 밝혀내는 것은 훨씬 어렵다. 온갖 온도에서 정말로 아무런 관계가 보이지 않는지, 온도가 아니라 주변의 밝기, 소음, 날씨와 상관이 있는 것은 아닌지, 모두 다 살펴봐야 한다.

이것은 대체로 '무엇인가가 없다는 점'을 증명하기가 어렵다는 사실과 비슷하다. 파란 딱따구리가 세상에 있다는 것을 증명하기 위해서는 어디선가 파란 딱따구리 한 마리를 찾아내서 보여주면 되지만, 세상에 파란 딱따구리란 없다는 것을 증명하기 위해서는 온 세상을 샅샅이 모두 다 뒤져서 세상의 모든 딱따구리 중에 파란색을 가진 것은 단 한 마리도 없다는 사실을 밝혀야 한다.

그러니, 어떤 한 분야에 대해서 대단히 많은 연구를 꾸준히 해온 사람이어야 자신의 온갖 경험과 고민 끝에 '무엇인가가 다른 온갖 것들과 관계가 없는 것 같다'라는 결론을 내릴 수 있는 것이다. 그런 점에서 방사능이 여러 상황에서 다른 조건과 상관없이 항상 일정함을 퀴리가 알아냈다는 것은 귀중하다. 날카롭게 파악하는 순발력과 오랜 실험을 끈기 있게 반복해보는 지구력이 함께 있어야 할 수 있는 일을 해냈다는 생각이 든다.

나중에 퀴리가 미친 영향을 살펴보자면, 퀴리가 일생 동안 한 연구는 많은 사람들이 방사능 연구를 잘 해나갈 수 있는 길을 밝혔다고 할 수 있다. 퀴리 이후로 방사능 연구는 더욱 인기가 많아졌고, 사람들은 더 정확하게 더 많은 실험을 할 수 있게 되었다. 그리고 이런 연구들은 이후로 점점 더 빠른 과학 발전으로 연결되었다.

흔히 현대물리학의 가장 큰 변화 두 가지는 상대성 이론과 양자론이라는 두 분야가 생긴 것이라고들 한다. 그렇게 보면 퀴리의 발견은 이 두 가지 이론과 결국 연결되어 있는 셈이었다. 그렇다면, 나는 퀴리가 현대의 과학을 격변의 시대로 이끈 기관차 같은 역할을 했다고 말하고 싶다.

퀴리가 라듐을 발견했다는 사실을 발표하고 그것을 적지 않은 양의 라듐으로 입증하자, 퀴리의 이름은 빠르게 알려지기 시작했다. 당시 과학계에서는 누가 또 새로운 원소를 발견해내는지 경쟁하는 분위기가 어느 정도 있었던 것 같다. 뉴질랜드 출신의 과학자로 영국에서 주로 활동했던 어니스트 러더퍼드 같은 인물은 퀴리를 상대로 충분히 치열한 경쟁을 하는 관계라고 볼 수 있었다. 러더퍼드는 퀴리의 연구에 큰 관심을 가져서 퀴리의 실험실을 구경하러 간 적도 있었다.

이때 러더퍼드는 상상했던 것과는 달리 너무도 허름한 퀴리의 실험실 풍경에 크게 놀랐다고 한다.

"첨단 과학 연구를 하는 위대한 과학자의 대단한 실험실일 거라고 생각했는데, 지붕에서 물이 새는 창고 구석일 뿐이지 않은가?"

마침내 퀴리는 과학자와 작가들이 최고의 영예로 생각하는 노벨상까지 받게 되었다. 이것이 1903년 무렵의 일인데, 이것은 퀴리가 박사 학위를 받은 시점과 멀지 않다. 그러니까 퀴리는 대학원을 졸업하고 학위를 받자마자 노벨상을 받은 인물이라고도 말할 수 있다. 대학원 졸업 논문을 완성하고 졸업하는 일 자체에 고민하고 고생해본 적이 있는 사람이라면, 대학원을 졸업하자마자 노벨상을 받은 퀴리의 기록이 더욱더 어마어마하게 느껴질 것이다.

노벨상을 받기까지 과정이 아주 순탄한 것은 아니었다. 우선 노벨상 위원회에서는 퀴리 부부 둘에게 상을 주는 대신 남편 피에르 퀴리에게만 상을 주는 것을 검토했다고 한다. 19세기 말까지만 해도 여성 과학자가 사람들에게 낯설던 때였기에, 많은 사람들이 남편 피에르 퀴리가 연구를 주도하고, 부인 마리 퀴리는 거기에 도움을 준 것이라는 식으로 무심코 생각할 때가 많았다. 심지어 노벨상을 탈 무렵까지도 피에르 퀴리가 놀라운 발견을 했고 그 부인이 조수 역할을 잘 해주었다더라는 식으로 생각하는 사람들이 제법 있을 지경이었다.

게다가 이제 막 박사 학위를 딴 마리 퀴리와 달리 피에르 퀴리는 그동안 프랑스 학계에 자리 잡아 차근차근 성장해서 어느 정도 명망을 갖고 있는 상태였다.

다행히 토론 끝에 마리 퀴리의 공적도 인정을 받았고 퀴리 부부, 그리고 방사선을 자연적으로 내뿜는 물질을 처음 발견한 베크렐까지 세 사람이 공동으로 노벨 물리학상 수상자가 될 수 있었다. 노벨상 상금으로 퀴리는 항상 돈 걱정에 시달리던 연구실 상황도 개선할 수 있었고, 프랑스 정부와 유럽 각국 학계에서 더 많은 투자도 받을 수 있었다.

퀴리는 20대 중반에 대학 생활을 하고, 30대 중반에 박사 학위를 받았다. 그러니 퀴리가 학생으로서는 남들보다 몇 년 정도 늦었다고 누군가 말했을지도 모른다. 하지만 30대 중반에 노벨상을 받았으니 노벨상 수상자로서는 화끈할 정도로 젊은 나이에 상을 탄 셈이다.

또한 이것은 여성이 받은 최초의 노벨상이다. 과거 한동안은 과학이란 것이 여성의 적성보다는 남성의 적성에 더 잘 맞는다고 생각하는 사람들도 있었고, 특히 물리학은 여학생보다는 남학생이 많이 택해야 하는 전공이라고 믿는 사람들도 있었던 듯싶다. 그렇지만 그런 고정관념이 무색하게도, 여성이 받은 최초의 노벨상은 평화상도 아니고 문학상도 아니고, 바로 퀴리가 받은 물리학상이었다.

여성으로, 과학자로, 폴란드인으로

퀴리의 연구가 인정을 받게 되기까지의 과정에서 연구 자체가 고생스러웠던 것 이외에 다른 어려움도 돌아볼 만하다.

예를 들어 연구 중에 퀴리는 딸 이렌 퀴리를 낳게 되는데, 딸의 육아가 퀴리 부부에게 큰 고민거리였다. 다행히 같이 살던 퀴리의 시아버지가 이렌 퀴리를 많이 돌봐주면서 퀴리 부부는 겨우 연구를 계속해나갈 틈을 낼 수 있었다. 퀴리의 시아버지는 외젠 퀴리였는데, 파리에서 의사 일을 하던 사람이었지만, 노인이 되어서는 손녀를 돌보는 일에 집중하며 살았다. 사회에서 육아를 위한 정책이나 배려가 없는 상황이었으니,

시아버지가 도와주는 역할을 하지 않았다면 자식을 키우는 일이 큰 고난이 되었을 것이다.

여성으로 과학계에서 일을 하는 것, 또 폴란드에서 건너온 사람으로 프랑스에서 살면서 일을 하는 것이 같이 고민거리가 될 때도 있었다. 생계에 보태기 위해 퀴리는 연구를 하면서 틈틈이 근교의 학교에 나가 중고등학생 정도의 학생들을 가르치는 일을 한 적이 있었다. 데니스 브라이언(Denis Brian)이 쓴 퀴리 전기를 보면, 이때 학생들이 퀴리를 몰래 놀리기도 했다고 한다. 학생들은 폴란드인으로서 프랑스어 발음이 가끔 특이할 때가 있는 것을 흉내 내며 조롱하기도 했고, "남편이 교수면, 부인은 집에 가서 밥이나 하지"라는 식으로 노래를 만들어 비웃을 때도 있었다고 한다.

지금 생각해보자면, 노벨상을 두 번 수상할 가장 위대한 과학자에게 학교 공부를 배울 수 있는 기회라니 어마어마한 수업료를 내고서라도 들을 사람이 몰려들어야 마땅할 듯 보이지만 그 시대에는 학생들조차 퀴리를 차별하며 놀렸다.

다행히 얼마간 시간이 흐르자 학생들 사이에서도 결국 퀴리는 존경을 받게 되었고, 특히 과학에서 직접 실험을 해보는 수업의 재미를 보여주는 것으로도 잘 알려졌다.

30대 후반의 퀴리는 좀 더 바빠지고 더 유명해졌다. 경제 사정은 나아졌고, 퀴리가 운영하는 연구실의 규모나 여건도 점점 더 좋아졌다. 부부가 외롭게 실험을 하던 공간이 여러 조수들과 프랑스의 촉망받는 학자들이 모여드는 곳으로 점차 변해갔다. 노벨상을 수상하던 무렵 전후로는 둘째 딸 이브 퀴리도 태어났다. 마리아 스크워도프스카 퀴리와 피에르 퀴리는 사교계에서조차 알려진 인물이 되었다.

그런데 그러던 중에 1906년 남편 피에르 퀴리가 마차 사고를 당해 사망하는 일이 일어났다. 퀴리 부부는 1903년 노벨상 수상자였지만, 사정상 노벨상을 실제로 받으러 간 것은 1905년경이었다. 그러니 노벨상을 받은 지 채 1년밖에 지나지 않은 때였다.

때문에 이 일은 여러 사람들에게 대단한 충격이었다. 마차가 갑자기 피에르 퀴리 쪽을 덮쳤는데, 피에르 퀴리는 그것을 미처 피하지 못했다. 당시 피에르 퀴리는 몸이 아픈 일이 많았는데, 아마 그 때문에 피하는 것이 늦어졌을 수도 있다. 한동안 사람들은 피에르 퀴리가 방사능 실험을 많이 해서 그 때문에 병을 얻은 것이 아닌가 추측하기도 했다.

피에르 퀴리의 아버지 외젠 퀴리는 피에르 퀴리가 평소의 버릇대로 무엇인가 여러 가지 상상에 빠져 있다가 미처 마차를 보지 못했다고 생각했던 것 같다. 나의 아버지께서는 내가 아주 어렸을 때부터 차를 조심하라고 하시면서, 매번 피에르 퀴리가 노벨상을 받은 지 얼마 안 되어 마차 사고를 당했다는 이야기를 해주셨다. 그렇기 때문에 나는 이때의 이야기를 예전부터 잘 알고 있다.

피에르 퀴리가 사망했다는 소식을 외젠 퀴리에게 전한 것은 파리의 고위 공무원이었다. 아들이 집에 올 시간이 되었는데 아들은 오지 않고 어쩐지 높은 공무원이 찾아오자, 외젠 퀴리는 이상하다는 생각이 들었을 것이다. 그 공무원의 표정을 보고, 외젠 퀴리는 바로 뭔가를 직감한 뒤 첫마디로 "내 아들이 죽었군요"라고 말했다고 한다. 외젠 퀴리는 나중에 이 일을 슬퍼하면서, 피에르 퀴리에게 말하듯이 "또 무슨 꿈을 꾸고 있었던 게냐"라고 중얼거렸다고 전해진다.

이 일은 마리 퀴리에게도 대단한 충격이었다.

남편의 사고 이후 마리 퀴리는 슬픔을 다스리기 위해 평소에 쓰지 않던 일기를 몇 달간 썼는데, 이 일기장이 지금도 남아 있어서 당시 마리 퀴리가 무슨 생각을 했고, 어떤 감정을 느꼈는지가 세상에 알려져 있다. 마리 퀴리는 남편을 마지막으로 보았을 때 했던 말이 연구실 일과 집안일에 대해 냉정하게 따지는 말이었던 것을 기억해냈다. 그리고 온갖 행복한 기억을 같이 갖고 있던 사랑하는 남편에게 마지막으로 해준 말이 그런 말이었던 것을 후회한다는 내용으로 일기를 썼다.

20대 학생 시절, 새로운 세상에 대한 꿈을 품고 왔지만 외롭고 힘든 프랑스 유학 생활에 고생도 많았는데, 그러다 피에르 퀴리라는 좀 특이한 파리 사람을 만나 친해지면서 여러 가지 일을 겪으며 추억이 생겼다. 그런 일들을 퀴리는 다시 돌아보게 되었다. 같이 연구를 시작하고, 연구가 잘될 때는 잘되어서 기뻐한 대로, 연구가 막힐 때는 답답하고 안 풀려서 같이 고민한 대로, 계속 추억은 쌓여가고 서로 간의 정은 더욱 깊어졌다.

가족이자 동료로 너무 오랫동안 항상 같이 있던 사람이라 옆에 있다는 자체가 얼마나 좋은 일인지를 잊고 있었는데, 어느 날 갑자기 이제 영영 그 사람을 다시 만나지 못하게 되었다. 그런 안타까움을 퀴리는 여러 차례 밝혔다.

최초의 여성 노벨상 수상자에게 갑자기 닥친 비극이라는 점은 언론의 관심을 끌기도 했다. 당시 프랑스 언론은 퀴리의 생활이나 모습을 취재하는 데 다소간 지나칠 정도로 매달렸다. 어떻게든 사람들의 흥미를 끌 만한 이야기를 끌어내고 싶어했다는 느낌이다.

예를 들어 남편이 사망한 후, 퀴리는 여성 최초로 소르본 대학의 교수가 되어 남편이 맡았던 바로 그 과목의 강의를 이어서 하게 되었다. 여기에 프랑스 언론은 대단한 관심을 가졌다. 당시 프랑스를 대표하는 대학이었던 소르본 대학의 첫 번째 여성 교수가 폴란드 출신이라는 것도 큰 관심을 산 까닭 중 하나였을 것이다. 어쩌면 이야깃거리를 사냥하던 언론은 남편이 서서 강의하던 곳에 퀴리가 서서 펑펑 울거나 하기를 기다렸는지도 모르겠다. 하지만 상복 차림으로 나타난 퀴리는 짧은 인사의 말을 마치고 그저 남편이 살아 있을 때 강의를 했던 진도, 바로 그다음부터 강의를 계속 이어나갔을 뿐이었다.

몇 년이 흐른 1910년경이 되자, 프랑스 언론은 어떤 유부남과 퀴리가 바람이 났다는 스캔들을 취재하는 데 매달리기도 했다. 1911년 솔베이 회의에 참석하기 위해 벨기에 브뤼셀에 갔을 때, 언론사들은 퀴리를 따라다니며 취재할 정도였다.

솔베이 회의는 화학회사 사장, 에르네스트 솔베이가 과학 발전에 도움을 주겠다는 생각으로 세계 각국의 뛰어난 과학자들을 초청해서 회의를 하도록 주선한 것이다. 솔베이 회의에는 러더퍼드, 앙리 푸앵카레, 헨드릭 로런츠 등, 상대성 이론과 양자론을 발전시킨 거물들이 한데 모였기 때문에, 솔베이 회의에서 여러 과학자들이 함께 촬영한 기념사진은 지금도 교과서나 과학책에 자주 실리는 편이다. 첫 번째 솔베이 회의는 지금까지도 벨기에 시내 관광지 근처에서 당시 모습대로 영업하고 있는 한 호텔에서 열렸는데, 퀴리가 이 호텔에서 묵었을 때에는 언론의 눈을 피해 거의 도망 다녀야 할 지경이었다.

이 무렵 퀴리는 두 번째 노벨상을 수상한다. 퀴리의 두 번째 노벨상은 화학상이었다.

나는 퀴리가 노벨상을 받은 순서는 서로 바뀌는 것이 더 맞다고 생각한다. 퀴리가 첫 번째 노벨상을 받았던 때에는 라듐이라는 신기한 물질을 찾아냈다는 자체에 대한 놀라움이 컸다. 라듐의 신기한 성질 때문에 당시에는 그것만으로도 물리학에 미치는 영향이 대단하다고 생각했다.

하지만 퀴리가 밝혀낸 방사능의 여러 성질들은 이후에 자연을 설명하는 완전히 새로운 원리를 찾아내는 바탕이 되었다. 두 번째 노벨상을 받을 무렵에는 이런 방향이 점차 드러나고 있었다. 그러니 새로운 물질을 발견한 시점에 가까웠던 첫 번째 노벨상이 화학상이고, 그에 따라 새로운 원리들이 밝혀지고 있는 시점에 가까웠던 두 번째 노벨상이 물리학상이라면 퀴리의 업적을 더 이해하기 쉬웠을 것이다.

순서가 조금은 헷갈리게 되었지만, 퀴리의 연구가 물리학과 화학 두 분야에 모두 큰 영향을 미쳤다는 점만은 분명한 사실이다. 특히 퀴리가 연구 과정에서 화학 실험 방법을 발전시킨 것은 실험 기술 면에도 영향을 끼쳤다. 퀴리는 아주 적은 화학 물질의 미세한 방사능을 측정하기 위해 정밀한 실험 기술을 여러 가지로 시도해보았다. 남편 피에르 퀴리는 본래 전기의 성질을 정밀하게 연구하는 데 경험이 많았는데, 부부는 이 기술을 화학 실험에 결합해서 아주 적은 양의 물질이 전기 신호를 어떻게 변화시키는가를 세밀하게 측정하는 실험을 자주 했다.

마리 퀴리는 이 방법이 참신한 방법이라고 생각했고, 앞으로는 화학 실험이 단순히 액체를 섞고 무게와 온도를 재는 것뿐만 아니라 여러 전기 장비를 이용해 섬세한 측정을 하는 방식이 될 거라고 예상했다. 그리고 실제로 이 예상은 맞아 떨어져서 지금의 화학 실험에서는 갖가지 전기전자 장비를 아주

넓은 분야에서 항상 사용하고 있다.

퀴리는 언론의 관심과 사람들의 시선에 넌덜머리를 내기도 했지만, 그런 와중에도 사회 활동을 피하지 않는 편이었다. 퀴리는 부유한 사람들이나 정치인들과 교류를 하면 연구소에 더 많은 투자를 받을 수 있는 기회를 얻게 된다는 사실을 알고 있었다. 한편으로 직접 사회 문제에 관심을 드러낸 적도 종종 있었다. 1910년대는 여성에게 투표권을 주지 않는 나라들이 많았기 때문에 여러 나라에서 여성에게도 투표권을 주자는 운동이 활발히 일어나던 시절이었다. 퀴리는 친분이 있던 한 영국 학자의 요청으로, 영국 여성들의 투표권 운동을 지지하는 서명을 해주기도 했다.

사회에 대한 퀴리의 관심을 가장 극명하게 드러내는 일은 1914년 제1차 세계대전이 발발했을 당시 퀴리의 활동이었다. 제1차 세계대전은 유럽의 많은 나라들이 막대한 병력을 동원해서 대단히 많은 희생을 치르며 싸웠던, 그때껏 유례가 없었던 큰 전쟁이었다. 당연히 40대 후반이었던 퀴리의 삶도 영향을 받을 수밖에 없었다.

아닌 게 아니라 제1차 세계대전은 세계의 과학자들이 본격적으로 참여한 전쟁이라는 생각도 든다. 많은 과학자들이 자기 나라의 승리를 위해서 무기를 개발하거나 전쟁을 위한 장비를 개량하는 일에 적극적으로 참여했다. 러더퍼드는 잠수함을 찾아낼 수 있는 감지기를 개발하는 일에 매달렸고, 독일의 화학자 프리츠 하버는 독가스 무기를 개발했다. 아예 직접 전쟁터 가까이로 달려간 과학자들도 있었다. 오스트리아의 물리학자 리제 마이트너는 간호사가 되어 부상병을 돌보는 일을 했고, X선 연구에서 많은 공적을 남긴 영국의 젊은 물리학자 헨리 모즐리는 아예 입대하여 일선에서 싸우다가 전사하기도 했다.

마리 퀴리는 자신이 뿌리를 내리고 살고 있는 프랑스 편에 서서 적극적으로 활동했다. 이런 결정을 내리기 전에 퀴리가 어느 정도 고민을 했을 거라는 상상도 나는 해본다.

1차 세계대전은 어지러운 외교 관계의 가운데에서 발생했다. 퀴리의 고향인 폴란드는 독일, 오스트리아, 러시아가 나누어 차지하고 있었는데, 전쟁에서 독일과 오스트리아는 프랑스의 적이었지만, 러시아는 프랑스 편이었다. 프랑스를 돕는 일이 자칫 폴란드를 지배하고 있는 러시아에게 도움을 주는 일이 될 가능성도 없는 것은 아니었다.

퀴리는 직접 무기를 개발하거나 싸움을 독려하는 일을 하는 대신, 다친 병사들을 구하는 일에 집중했고 적십자사와 같이 일을 할 때가 많았다. 퀴리는 X선과 방사능을 이용해서 다친 병사들을 치료하는 데 도움을 줄 수 있는 장치를 만들도록 지시했고, 이것을 트럭에 장치하여 어디든 갈 수 있게 만들었다. 총알에 맞은 병사가 실려 오면 퀴리의 트럭에 가서 X선 사진을 찍어 총알이 어디에 박혀 있는지 알 수 있었고, 그러면

총알을 정확하게 꺼내서 병사의 목숨을 구할 수 있었다.

이런 장비를 싣고 다니는 자동차를 사람들은 쁘띠 퀴리 (Petite Curie), 그러니까 '작은 퀴리'라는 별명으로 불렀다. 쁘띠 퀴리는 여러 대가 생산되어 전쟁터에 가까운 지역 곳곳으로 보내졌다. 퀴리는 쁘띠 퀴리와 함께 직접 전쟁터 옆으로 가서 부상병을 돌보기도 했고, 전쟁터의 의사, 간호사, 병사들에게 X선과 방사능 장비를 사용하는 방법을 교육하기도 했다.

이때 퀴리는 당시 열일곱 살이 된 이렌 퀴리와 함께 다니기도 했다. 음악과 예술에 관심이 많았던 둘째 이브 퀴리와 달리 첫째 이렌 퀴리는 과학에 관심이 많아서 마리 퀴리와 통하는 점이 많았다. 마리 퀴리는 그런 이렌 퀴리에게 기대가 커서였는지, 가르치고 기르는 데 조금은 엄격했다는 느낌을 주기도 한다. 전쟁터 근처에 딸을 데려가서 같이 부상병을 돌보는 일을 했던 것을 보면 아주 아니라고 하기는 어려울 듯싶다.

1918년 11월 11일까지 계속된 전쟁은 무척 처참했다. 퀴리가 부상병을 돌보기 위해 가까이 가기도 했던 베르됭 전투의 경우, 지금까지도 처절한 전투로 기록되어 있다. 요새 하나를 빼앗느냐 빼앗기느냐를 두고 열 달 정도 계속된 이 전투에서 10만 명 정도의 프랑스 병사들이 목숨을 잃었다. 퀴리는 전쟁 기간 동안 진흙과 피에 범벅이 되어 몸 곳곳이 망가진 채로 괴로워하며 실려 오는 병사들을 수없이 보았다. 자서전에서 퀴리는 "내가 그 몇 년 동안 본 것을 사람들에게 단 며칠 동안

만 보여준다면, 모두들 전쟁이라는 것을 증오하게 될 것이다"
라고 썼다.

전쟁이 끝난 후, 퀴리에게는 반가운 소식이 들려왔다. 전쟁
후의 정치 격변으로 마침내 폴란드가 독립을 얻게 되었다는
소식이었다.

다문화가정의 식구인 퀴리는 딸들에게 폴란드어를 가르치
기도 했고, 어딘가에 서명을 할 때 자주 자신의 결혼 전 이름
이자 폴란드 성인 스크워도프스카를 쓰기도 했다. 어린 시절
부터 계속해서 생각해왔던 폴란드의 독립이 이루어지는 장면
을 50대가 되어 드디어 보았다. 퀴리는 독립한 폴란드로 가서
그곳에서 방사능 연구를 할 수 있는 연구소를 세우는 일에도
참여했다.

퀴리가 이렇게 사회에 참여한 일들을 보면, 이런 과학자의
삶이란 만화나 영화 속에 종종 나오는 순수하게 학문 자체의
재미에만 매달리는 괴짜와는 상당히 다른 느낌이다.

그러나 그러면서도, 명성을 얻으려고 애쓰거나 과학계에서
높은 자리에 오르고 돈을 벌어 갑부가 되는 일에 퀴리가 매달
린 것도 아니다. 그런 쪽과는 더욱 거리가 멀다. 퀴리는 그 무
렵 노벨상을 두 번이나 받은 방사능 연구의 화신과도 같은 사
람이었다. 때문에 퀴리가 직접 방사능 관련 사업을 했다면 많
은 돈을 벌 수 있었을 것이다. 라듐이나 방사능 관련 기술에
특허를 걸어놓았다면 그것으로 돈을 벌 기회도 있었을 것이

고, 그게 아니라도, '퀴리표 방사선 치료 장비'라든가 '퀴리표 야광시계' 같은 것을 만들었다면 대단한 인기를 끌 수 있었을 지도 모른다. 그러나 퀴리는 그런 방향으로는 관심이 없었다.

그런 점을 되돌아보면, 퀴리는 남들이 존경하는 위대한 사람이 된다거나 갑부가 되는 것보다는 세상에서 어떤 일을 하고 싶은가에 대해 관심이 많았던 사람이라는 생각도 하게 된다. 더 많은 학자들이 신기한 물질의 성질에 대해 더 새롭게 탐구할 수 있는 기회를 만들어주기 위해 노력했고, 방사능 연구로 사람들이 병을 치료할 수 있는 기회를 얻게 되도록 노력했고, 폴란드가 독립하는 모습을 보고 싶어 했다.

퀴리는 1934년 만 66세의 나이로 세상을 떠났다. 말년에 퀴리가 병석에 누워 있을 때에 이미 훌륭한 과학자로 성장한 이렌 퀴리는 쇠약해져 말도 하기 힘들어하는 어머니에게 자신이 새롭게 만들어낸 방사능 물질을 보여주었다고 한다. 그것은 방사능이 없는 물질에 인공적으로 방사능이 생기도록 만드는 데 성공한 결과였다. 이렌 퀴리와 그 남편 프레데리크 졸리오퀴리에게 노벨상을 안겨준 기술이기도 했다. 리처드 로즈(Richard Rhodes)가 쓴 책을 보면, 이때 퀴리는 딸의 업적을 보고 깊이 감동해 눈물을 흘렸다고 한다.

마리아 스크워도프스카 퀴리의 사망은 직후에 당시 식민지 조선에도 신문 기사로 전해졌다. 위대한 과학자의 사망을 알리는 소식으로, 작은 크기지만 신문 1면에 실렸다. 이것은 퀴리라는 인물이 이미 그때부터 세계 사람들에게 얼마나 널리 알려져 있었는지를 나타낸다.

그리고 그다음 날 기사에서, 이 신문은 퀴리의 일생을 소개하는 동시에, 퀴리가 출생했을 당시 폴란드가 강대국들의 지배를 받고 있었다는 사실과 퀴리가 폴란드 독립을 위해 고민했다는 사실을 밝혀 실었다.

몇 년 후인 1939년에는 식민지 조선의 신문에 퀴리의 일생을 연재소설로 꾸민 「세기의 딸」이 실리기도 했다. 이 소설은 제1회에서부터 "4~5세기를 두고 이웃 나라의 시달림만 받아온―그러다가 요 한 세기 반은 그나마 나라의 이름조차 없이 되다시피 한 폴란드 백성들"이라는 문장을 싣고 있었다. 이런 내용을 보면, 마리아 스크워도프스카 퀴리라는 사람의 삶은 과학에 대한 공헌 못지않게, 당시 강대국의 지배를 받고 있던 조선을 비롯한 세계 많은 곳 사람들의 생각과 의지에도 영향을 미쳤을 거라고 생각한다.

세월이 한참 흐른 2011년, 이 한국 신문사는 퀴리의 외손녀, 엘렌 랑주뱅졸리오(Hélène Langevin-Joliot)를 찾아가 인터뷰를 했던 적이 있다. 랑주뱅졸리오는 바로 이렌 퀴리의 딸인데 어린 시절 외할머니, 그러니까 마리아 스크워도프스카 퀴리와 같이 식사를 할 때면 초콜릿과 사탕을 주시곤 했다는 추억을 떠올리면서, 그때 외할머니, 어머니와 함께 놀고 있는 사진을 보여주기도 했다. 그러면서 랑주뱅졸리오는 외할머니 마리아 스크워도프스카 퀴리를 평가하여, "명성이나 돈에는 초연"했지만, 자신의 과학 연구가 "인류의 삶을 개선시키는 데" 도움이 되느냐를 중시하는 사람이었다고 돌아보았다.

랑주뱅졸리오는 방사능이라는 말을 만든 장본인이 마리아 스크워도프스카 퀴리라는 사실을 강조했다. 그리고 지금 방사능 물질이 원자력 발전에서부터 병원의 여러 장비에까지 널리 중요하게 쓰인다는 사실을 만약 외할머니가 알게 된다면, 무척 기뻐할 거라고 이야기해주었다.

나는 그 말이 믿을 만한 사람의 이야기라고 생각한다. 외할머니 마리아 스크워도프스카 퀴리나 어머니 이렌 퀴리뿐만 아니라, 바로 엘렌 랑주뱅졸리오 자신 역시도 수십 년간 원자와 핵에 대해 연구한 핵물리학자이기 때문이다.

❷ 0.000001mm의 세계

분자와
로절린드 프랭클린

: 생명이 살아가는 이유

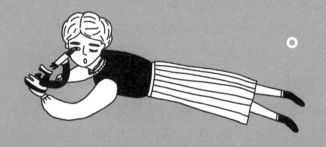

산다는 것이 도대체 무엇인지에 대해 고민한 사람들은 예전부터 많았다. 생물들이 대체로 살려고 한다는 것만은 분명한 사실이다. 모든 생물들은 살고자 하는 본능을 갖고 있다. 하늘을 날아다니는 새, 산에서 자라나고 있는 나무, 잘 보이지도 않는 작은 이끼나 곰팡이도 다들 살아남으려고 한다.

생물 중에서 가장 단순하고 간단한 생물을 떠올려보라고 한다면, 요즘 학자들은 두 가지 물질을 먼저 떠올릴 것이다. 첫 번째는 DNA라는 물질이고 두 번째는 효소라는 물질이다. 생물이라고 할 수 있는 것들 중에서 상상할 수 있는 가장 간단하고 작은 생물이란 바로 이 효소와 DNA가 함께 다른 물질들을 만들어내고 그 물질들과 엮여 서로 계속해서 화학 반응을 일으키며 커나갈 수 있는 아주아주 작은 덩어리일 것이다.

로절린드 프랭클린은 그중에서 DNA의 모양을 알아내는

데 결정적인 공을 세운 인물이다. 그러니까 프랭클린은 생명을 이루고 있는 가장 중요한 두 가지 물질 중에서 한 가지를 보고 그것이 무엇인지 우리에게 알려준 셈이다.

생물이 살아가려고 하는 본능은 바로 DNA와 효소라는 두 가지 물질이 엉겨 있는 이 작은 덩어리로부터 시작되었다고 할 수 있다. 우리가 작고 단순한 생명체라고 하면 쉽게 떠올리는 세균 같은 것들도 따지고 보면 거의 그런 구조다. 효소의 모양이 아주 다양해서 복잡하게 얽혀 있고 DNA의 크기가 어마어마하게 커다랄 뿐이지 여기에서 크게 벗어나지는 않는다.

효소의 역할은 주변의 다른 화학 물질을 이루고 있는 원자 덩어리들을 부수고 재조립해서 여러 화학 반응이 잘 일어나게 해주는 것이다. 예를 들어서 진공 포장을 해놓은 밥은 가만히 두면 변화 없이 그대로 있지만, 사람 몸속에 들어가면 몸속의 효소와 화학 반응이 일어나고 밥을 이루고 있는 원자 덩어리들이 이리저리 쪼개져서 다른 형태로 다시 조립된다. 효소가 원자 덩어리를 재조립해서 근육을 이루는 단백질 성분이 되도록 완성시키면 몸에 근육이 조금 늘어난다. 만약 효소가 원자 덩어리를 재조립해서 지방이라는 물질로 만들다보면 군살이 찔 것이다.

이런 식으로 효소가 일으키는 화학 반응 덕분에 생물은 주변에서 빨아들인 뭔가를 다른 물질로 바꾸어 자신의 몸을 이루는 일부로 만든다. 사람이 밥을 먹으면 몸이 자라고 살이 찌는 것도 결국 몸속의 효소가 밥을 이루고 있는 원자 덩어리들을 적절히 뜯어낸 뒤에 피와 살을 이루고 있는 물질로 재조립해주는 과정이다.

그렇다면 생물이 살아가는 데 핵심이 되는 것은 바로 효소라고 생각할 수 있을지도 모른다. 어떤 효소가 언제 어떤 화학반응을 일으키느냐에 따라 생물은 밥을 먹어 소화시킬 수도 있고, 배고픔을 느끼기도 하고, 움직일 수 있게 되기도 한다.

그러므로 이 효소라는 화학 물질이 어떻게 생겼으며, 무슨 역할을 하느냐를 밝혀내는 것은 당연히 생물의 활동에 대한 연구에서 대단히 큰 영역을 차지한다. 예를 들어 오징어가 먹물을 뿜어내는 것은 오징어 몸속에 있는 어떤 효소가 먹물이라는 물질을 만들어내는지를 밝혀내면서 연구해볼 수 있다. 마찬가지로 공작새가 찬란한 색깔을 띠는 이유도 어떤 효소가 색소를 만들어내는지 밝혀보면서 연구해볼 수 있을 것이다.

그렇다면 다음으로 궁금해질 만한 것은 그 다양한 효소들이 다들 '어떻게 해서 만들어지는가'이다.

그 대답은 생명체에서 중요한 두 가지 물질 중에 두 번째인 DNA에 있다. DNA라는 물질의 역할이 바로 온갖 효소를 만들어내는 것이다. 조금 더 정확하게 말하면 DNA는 어떤 효소가 다른 새로운 효소를 만들어내려고 할 때 화학 반응에 같이 참여해서 새로 만들어지는 효소의 구조를 이리저리 다양하게 잡아주는 역할을 한다.

그러니까 DNA라는 물질의 역할에 따라서 서로 다른 온갖 종류의 효소가 생겨날 수 있다는 이야기다. 결국에는 세상에 있는 온갖 생명체가 다양한 활동을 할 수 있는 이유도 DNA의 작용에 따라 여러 다른 효소들이 만들어져서 여러 가지 다른 화학 반응을 일으키기 때문이다. 어떤 DNA 때문에 어떤 효소들이 나타나 어떤 화학 반응을 일으키느냐에 따라서 생물은 여러 가지 행동을 하며, 서로 다른 모습으로 자라나서 다양한 모습으로 살아가고, 경우에 따라서는 뇌가 발달하는 바람에 책을 읽거나 쓰기도 하고 삶에 대해 고민하기도 한다.

때문에 사람들은 DNA에 한 생물의 모습을 결정하는 성질이 있고 그 때문에 DNA가 유전, 유전자와 관련이 있다고 생각하게 되었다. DNA는 모든 생명체가 어떻게 생겼고, 어떻게 움직일지 결정하는 근원인 셈이다. 그렇게 본다면 로절린드 프랭클린은 그 근원을 파헤친 개척자들 중 한 사람이라고 할 수도 있겠다.

과학 연구로 나라에 도움이 된다면

프랭클린은 1920년 영국에서 태어났다. 1920년이면 마리아 스크워도프스카 퀴리가 50대였을 무렵으로 두 번의 노벨상을 받고 폴란드의 독립을 본 뒤, 곳곳의 방사능 연구소들을 더 발전시키기 위해 노력하던 무렵이다.

프랭클린의 고향은 영국 런던 중에서도 노팅힐이었다. 노팅힐은 런던 시내에서 활발히 활동하는 부유한 사람들이 사는 동네로 유명한 곳이었다. 실제로 프랭클린의 가족은 부유한 편이었다. 프랭클린의 아버지는 은행의 중역이었고, 다른 친척들 중에도 직위가 높은 공무원들이 있었다. 예를 들어 로절린드 프랭클린의 고모부 허버트 새뮤얼(Herbert Samuel)은 정치인으로 영국 정부 내무부 장관을 지내기도 했으며, 영국이 중동의 팔레스타인을 점령하고 있던 시절 팔레스타인을 지배하는 총독을 맡기도 했다.

이 무렵 영국 부유층에서 흔히 그러던 것처럼 프랭클린도 어릴 때 집을 떠나 기숙학교 생활을 하게 되었다. 당시 영국 기숙학교는 엄격한 규정에 따라 학생들에게 예의범절과 함께 다양한 교육을 심도 있게 가르치던 곳이었는데, 이런 기숙학교 문화는 영국 청소년 소설의 배경이 되는 경우가 많았고, 그런 이야기들이 이어져서 한국에서는 순정만화 등의 배경으로 자주 활용되기도 했다. 어찌 보면, 근래의 해리포터 시리즈 같은 소설도 이런 19세기 말, 20세기 초 영국 기숙학교의 전통적인 분위기를 살려서 꾸민 이야기라는 생각도 든다. 로절린드 프랭클린은 바로 그런 곳에서 학창 시절을 보냈다.

프랭클린이 처음 집을 떠나 기숙학교 생활을 시작한 것은 아홉 살에서 열 살 무렵이었다. 프랭클린은 영어, 수학 같은 과목을 썩 잘했고, 프랑스어에도 훌륭한 실력을 보여주었다고 한다. 이때 프랭클린이 시험을 치고 나면 "혹시 틀렸으면 어떡하지, 장학금을 못 받고 떨어질 거야"라고 걱정하는 편지를 보내곤 하다가 결국 좋은 성적으로 장학금을 받았다는 이야기가 브렌다 매독스(Brenda Maddox)가 쓴 전기에 엿보인다. 이런 것을 보면, 공부에 관심이 많고 또 공부를 매우 중요하게 생각하는 학생이었던 듯싶다. 다만 학창 시절 프랭클린이 유일하게 나쁜 평가를 받았던 과목은 음악이었다. 관현악곡 〈행성〉으로 지금까지 잘 알려진 작곡가 구스타브 홀스트가 프랭클린이 다니던 학교의 음악 교사였는데, 프랭클린의 음악 성적이 문제라고 한 기록이 남아 있다.

한편 프랭클린은 활달한 모습을 보이기도 했다. 테니스를 할 때에는 상당히 격렬하게 운동을 했다고도 하고, 자전거를 타고 학교에서 런던까지 먼 거리를 달려보았다는 이야기도 있다. 휴가철이 되면 프랭클린의 가족은 프랑스 등지의 외국 관광지에서 한가로운 시절을 보내며 여행을 즐기기도 했는데 프랭클린은 이런 일도 즐겁게 생각했던 것 같다.

학창 시절 과학 과목, 특히 화학에 재미를 느낀 프랭클린은 과학을 공부하기 위해 대학에 진학했다. 좋은 성적으로 케임브리지 대학에 입학했기에 장학금을 받았는데, 부유한 편이었던 프랭클린은 장학금을 모두 유대인 난민들을 위한 기금으로 기부했다고 한다.

대학 시절을 시작하던 무렵인 1940년 전후로 유럽은 전쟁의 위협에 휩싸여 있었다. 이탈리아와 독일에 독재자들이 등장했고, 특히 독일의 국가사회주의 노동자당, 즉 나치당은 열광적인 인기를 얻은 상태였다. 나치당은 사회 곳곳의 중요한 자리를 차지하고 많은 재산을 갖고 있는 사람들, 그중에서도 유대인이라는 '외부에서 흘러들어 온 민족'이 독일을 망치고 있다고 생각했다. 나치당은 유대인들이 다른 평범한 독일 사람들을 희생시키면서 독일인들을 착취하고 있으므로, 세상을 뒤엎어서 유대인들을 모조리 몰아낸다면 독일이 세계 최고의 선진국이 될 수 있다는 식으로 선전했다.

그런 나치당이 독일 정치계를 장악하자, 유대인들에 대한 차별과 탄압은 급격히 심해졌다. 위협을 느낀 유대인들은 해외로 이민을 가거나 난민이 되어 탈출하기도 했다. 프랭클린의 아버지는 탄압의 위험에 놓인 독일의 유대인 어린이들을 영국인들이 입양해서 구출하자는 운동을 펼치기도 했다. 로절린드 프랭클린의 아버지 역시 유대교를 믿는 유대인이었다. 로절린드 프랭클린도 그런 아버지의 영향을 받았을 것이다.

1939년이 되자 독일은 소련과 함께 폴란드를 침공했다. 지금까지도 세계 역사상 가장 커다란 전쟁이라고 하는 제2차 세계대전이 발발한 것이다. 로절린드 프랭클린이 만 19세가 되던 해였다.

소련과 함께 폴란드를 점령한 독일 육군은 이후, 네덜란드,

벨기에, 프랑스를 차례로 점령했고, 뒤이어 독일 공군을 동원해 영국 공격을 시작했다. 일이 이렇게 돌아가자, 로절린드 프랭클린의 아버지는 이 전쟁에서 뭔가 역할을 해야 한다고 생각했다. 영국에서 부유층으로 살고 있는 사람이었고, 친척 중 많은 사람들이 고위 공무원으로 일하며 명예를 얻기도 했으니, 나라가 위기에 처했을 때 앞장서서 모범을 보이는 것이 옳다고 생각했을 것이다. 로절린드 프랭클린의 친척 중에는 실제로 군대에 입대해서 직접 싸운 사람들도 있었다.

프랭클린의 아버지는 공부하고 있는 프랭클린에게도 전쟁을 위해 도움이 되는 일을 하라는 뜻을 내비쳤다고 한다.

"화학에 대해서 더 많은 지식을 얻는 것도 중요하지만, 지금 기세등등한 독일군이 영국을 멸망시키려고 악을 쓰는 때에 너도 무엇인가는 해야 하지 않겠느냐? 요즘에는 군대에서 여성들도 뽑고 있는 데다가, 군대에 가지 않는다고 해도 무기를 만드는 공장 같은 곳에서 일하는 것도 전쟁에 도움이 되는 일이다. 지금도 전쟁터에서 우리 영국군 병사들이 죽어가고 있는데, 당장 뭔가 싸우는 데 도움이 되는 일을 해야 한다."

그러나 로절린드 프랭클린은 군수공장이나 전쟁에 직접 뛰어드는 일이 최우선이라고 생각하지는 않았다.

"전쟁에 직접 관련이 있는 일을 해야만 영국을 지키는 데 도움이 되는 것은 아니라고 생각합니다. 과학 연구를 하면서 나라에 도움이 될 만한 성과를 낸다면 그게 저 같은 사람에게는 나라를 더 도울 수 있는 일입니다."

그런 생각으로 프랭클린은 전쟁 중에도 과학에 집중하려고 했던 것 같다. 이 무렵 로절린드 프랭클린의 성격은 진지하고 신중하면서도 자신만의 의견이 뚜렷하게 굳어가고 있었다.

대학원에 진학한 프랭클린은 얼마 후 석탄에 관한 연구를 하는 연구소에 가서 석탄 연구를 하게 된다. 석탄은 귀중한 연료였으므로 석탄을 효율적으로 잘 활용하는 방법을 개발하면 연료를 아낄 수 있고 물자가 부족한 전쟁 중에 큰 도움이 된다. 이런 방법을 개발하려면 석탄의 성질에 대해 자세히 연구할 필요가 있다.

게다가 석탄에서 뽑아내는 물질 중에는 여러 가지 다른 제품의 원료가 되는 것도 많다. 예를 들면, 방독면을 만들 때에는 석탄에서 얻을 수 있는 활성탄이 중요한 원재료가 된다. 활성탄은 나쁜 공기를 걸러내는 데 가장 핵심적인 역할을 한다. 이곳저곳에 폭탄이 떨어져 불타오르고 연기가 피어나는 전쟁 중에 방독면은 생명을 구할 수 있는 장비다. 혹시라도 과거의 제1차 세계대전 때처럼 독가스 무기가 사용된다면 방독면은 더욱더 중요해질 것이고, 그러니 석탄 연구는 확실히 전쟁에 큰 도움이 되는 것이었다. 이야말로 과학 연구를 통해 나라를 지키는 일에 더 큰 도움을 주는 방법이라고 할 만했다.

그렇게 해서 프랭클린은 석탄 연구로 자기 삶에서 처음 본격적인 과학 연구를 시작했다. 일생을 돌아보면 프랭클린은

DNA 연구와 생물학 분야에서 대단한 공적을 남긴 사람으로 흔히 언급된다. 하지만, 막상 대학원 생활을 하며 연구를 처음 시작한 이력이 생물학과는 그리 가까워 보이지 않는 석탄 연구 분야였다는 점이 흥미롭다.

프랭클린은 석탄 연구를 충실히 진행했고, 석탄의 다양한 성질에 대해서 여러 가지 실험을 하고 중요한 특성들을 많이 측정했다. 게다가 석탄 연구소 생활은 연구 내용뿐만 아니라 프랭클린의 생활에도 좋은 변화를 주었던 것 같다.

케임브리지 대학 안에서 대학원 생활을 하는 것은 결코 여유로운 일은 아니었다. 이때의 대학원이란 교수가 자신이 지도하는 몇 명의 대학원생들을 부하처럼 거느리고 있고, 그 교수가 이끄는 방향에 따라 대학원생들이 같이 고생고생하며 여러 일을 하면서 학문을 배운다는 느낌에 가까운 때가 종종 있었다. 그러다보니, 과학 연구가 잘되느냐 안되느냐의 문제뿐만 아니라, 성격, 말투, 생활 태도에서 지도 교수와 잘 어울리지 못하면 하루하루가 불안하고 불편한 삶을 살게 되기 쉬웠다.

프랭클린의 대학원생 시절 지도 교수는 나중인 1967년에 노벨상을 수상하는 유망한 학자 로널드 노리시였다.

프랭클린이 노리시의 가르침을 받으며 대학원 생활을 하는 동안 특별히 이상한 사건에 휘말렸다거나 유난히 큰 고초를 겪었다는 증거가 보이는 것은 아니다. 그렇지만, 당시 대학원의 그런저런 무거운 분위기 때문에 프랭클린이 상당히 고민했을 법하다는 추측은 해볼 만하다. 즉 프랭클린이 지도 교수와 무슨 원한을 맺었다거나 한 것은 아니지만, 또한 반대로 언제나 살갑게 이끌어주고 받쳐주는 가까운 사제 관계와는 약간 거리가 있어 보이기도 한다는 뜻이다.

그러다보니, 케임브리지 대학이라는 곳을 떠나 석탄에 대해 연구하는 바깥의 기관에서 지내며 연구를 계속해나가는 것이 프랭클린에게는 편한 부분도 있었을 것이다. 그 외에 브리태니커 백과사전의 항목을 보면, 전쟁 중에 프랭클린이 직접 지금의 민방위 대원이라고 할 수 있는 런던의 공습감시원(London air-raid warden)으로 일했다는 기록도 보인다. 그렇다면 독일군의 폭격 피해를 줄이기 위해 뛰어다니는 대원의 한 사람으로 20대의 로절린드 프랭클린이 전쟁 중에 직접 나선 일도 있었을 것이다.

프랭클린은 대학 밖의 석탄 연구소에서 석탄에 대해 연구하고, 그 연구 성과를 대학에 논문으로 제출했다. 그리고 그것을 인정받아 박사 학위를 따는 방법으로 대학원 생활을 마무리 지었다. 마음을 불편하게 만드는 사람끼리는 계속 부대끼며 살 것이 아니라, 서로 다른 공간에서 떨어져 지내며 꼭 필요할 때만 연락을 하는 것이 오히려 도움이 된다는 그런 방식이, 그때의 프랭클린에게도 맞았을 거라는 추측을 해본다.

또 한 가지 이 시절 프랭클린에게 생긴 변화는 전쟁이 끼친 영향 때문에 에이드리엔 바일(Adrienne Weill)이라는 사람을 만났다는 것이다.

에이드리엔 바일은 프랑스인으로 프랭클린처럼 과학을 공부한 사람이었다. 프랑스군이 독일군에게 크게 패하고 프랑스가 독일에 점령되었을 때, 샤를 드골 장군을 중심으로 많은 프랑스군이 프랑스에서 탈출하여 영국으로 건너온 일이 있었다. 이 군대는 영국에서 머물며 기회를 엿보다가 다시 프랑스 땅으로 돌아가 독일군을 몰아내는 싸움을 할 수 있기를 기다리고 있었다.

이렇게 영국으로 건너온 프랑스 군대를 따라 프랑스의 많은 다른 사람들도 영국으로 왔다. 에이드리엔 바일은 그중 한 사람이었다. 미국 국립의학도서관(US NLM)의 자료를 보면, 프랭클린은 이때 에이드리엔 바일을 우연히 만나 제법 친하게 지냈다고 한다. 아마 프랭클린이 프랑스어를 잘했다는 점도 두 사람이 친해지는 데 도움이 되었을 것이다. 학창 시절 재미있게 익혔던 프랑스어가 누군가와 친해지는 계기가 되고, 그 사람과 친해지는 바람에 삶이 다른 방향으로 바뀌게 된 셈이다. 이런 묘한 일은 인생에서 종종 일어난다.

에이드리엔 바일과의 친분 때문에 프랭클린은 프랑스 학계와 간접적으로라도 연결될 수 있는 기회가 생겼다. 그리고 프랑스에서 살거나 연구하며 지내는 것에 대해 여러 가지로 상상해보는 시간도 생겼을 것이다. 이런 우연한 만남과 작은 계기가 또 다른 기회로 연결되면서 로절린드 프랭클린은 역사에 남는 커다란 연구를 할 수 있게 된다.

지금껏 경험해보지 못한 생물학

1945년 전쟁이 끝나고 나치 독일이 패망하자, 과연 프랑스에서 새로운 기회가 생겼다. 전쟁으로 망가진 나라를 고쳐 세우고, 다시 프랑스를 발전시키기 위해서 다양한 연구가 활발히 시도되고 있던 참이었다. 자연히 이런저런 과학 연구를 위해 새로 연구소가 생겼고 사람을 뽑는 곳도 많았다. 프랑스를 친숙하게 여기게 된 프랭클린은 그런 일자리에도 관심을 가졌다. 마침, 박사 학위를 딴 프랭클린은 낯선 곳에 가서 과학자로서 새로운 생활을 해보고 싶은 마음도 있었다.

전쟁이 끝나 프랑스로 돌아간 에이드리엔 바일은 프랭클린이 프랑스에서 일자리를 구하는 데 도움을 주었다고 한다. 그렇게 해서 프랭클린은 석탄에 관한 자신의 연구를 중요하게 생각한 프랑스의 한 연구소에 취직하여 그곳에서 과학 연구를 계속하게 된다.

프랭클린은 프랑스에서 연구하던 시절을 무척 즐겁게 기억했다. 연구소에서 일하는 젊은 연구자들이 모두 친구가 되어 즐겁게 지내던 시절이었고, 재미나게 어울리면서 동시에 새로운 연구 경력도 꾸준히 쌓아나갈 수 있었던 시기였다. 프랭클린은 이후에 영국으로 돌아와서 얻은 새 직장 생활을 괴롭고 고달프게 생각했기 때문에, 프랑스에서 일하던 시절을 유난히 더 행복하게 여기게 되지 않았나 하는 생각이 든다. 또는 이 무렵 프랭클린이 외국인으로서 프랑스 문화 속에서 사는 것을 더 좋아했기 때문에, 다시 영국 사회의 한 사람으로 되돌아가서 영국 문화 속에서 사는 것을 피곤하게 여겼던 것은 아닌가 싶기도 하다.

프랑스에서 석탄 연구를 하는 동안, 좀 더 새로운 방식의 연구를 위해 프랭클린은 당시 최신 기술로 인기 있던 X선 결정학(X-ray crystallography) 기술을 익혔다. 바로 이 X선 결정학 기술이 석탄 박사였던 프랭클린을 생물학으로 이끌어, 마침내 생물학을 완전히 다른 세계로 이끌고 가는 연구를 하게 해주었다.

X선 결정학은 분자의 구조를 밝혀낼 수 있는 아주 확실한 기술이다. 분자란 원자가 붙어서 덩어리져 있는 단위를 일컫는 말이다. 그리고 같은 분자끼리는 보통 성질이 같다고들 한다.

예를 들어 산소 원자 하나가 수소 원자 둘과 붙어 있는 덩어리가 바로 물을 이루고 있는 분자다. 그리고 물 분자끼리는 성질이 같다. 세상 어느 곳의 물을 떠 와도 순수한 물은 평범한 조건에서 0도에서 얼고, 100도에서 끓는다. 투명하고 냄새가 없으며 불에 타지 않고 소금이나 설탕을 녹일 수 있다. 한

바가지의 물이든, 한 방울의 물이든 이런 성질은 마찬가지다.

보통 한 방울의 물에만 해도 1,000,000,000,000,000,000, 000개가 넘는 물 분자가 들어 있다. 그 물 분자 하나하나가 산소 원자 하나와 수소 원자 둘이 붙어 있는 모양의 덩어리인 것이다. 그리고 물방울에서 아주아주 적은 양의 물만 덜어내어, 설령 물 분자 몇 개만 가져온다고 하더라도 물의 성질은 거의 그대로 유지된다. 눈에 보이지도 않을 정도로 극히 적은 양의 물이지만 물은 물인 것이다.

그렇지만, 거기서 한 단계 더 나아가서 물 분자 자체를 산소 원자와 수소 원자로 쪼개버리면 성질은 전혀 달라진다. 만약 물 분자가 산소 원자와 수소 원자로 갈라져버리면, 수소 원자는 서로 달라붙어 수소 기체 분자가 될 것이다. 수소 기체는 불에 잘 탄다. 불을 꺼뜨리는 물과는 전혀 성질이 다르다.

극적인 예로는 같은 원자들끼리 붙어 있는 덩어리라고 하더라도 어떤 모양으로 붙어서 분자를 이루고 있는지 그 연결 방식에 따라 성질이 확연히 달라지는 경우도 있다. 대표적인 예는 다름 아닌 석탄의 주성분인 탄소다.

탄소 원자들이 서로 붙어 있는데 한 탄소 원자가 다른 세 개의 탄소 원자들과 직접 붙는 형태로 원자들이 덩어리져 있으면, 그런 구조는 흑연이 된다. 이런 탄소 덩어리, 즉 흑연은 검은색이고 연필심에 사용되며 사람이 힘을 주면 부러뜨리기 쉽다.

그런데 만약 한 탄소 원자가 세 개가 아니라 다른 네 개의 탄소 원자와 붙는 형태로 원자들이 덩어리져 있으면, 그런 구조는 다이아몬드가 된다. 다이아몬드는 투명하고 영롱하며 단단한 보석이다. 다 같이 탄소 원자가 여러 개 뭉쳐져서 이루어진 물질이라고 하지만, 흑연과 다이아몬드는 탄소 원자들끼리 어떤 모양으로 서로서로 달라붙어 있는지, 그 배치된 개수, 위치, 각도가 다르다는 이유만으로 성질이 전혀 다른 것이다.

그렇기 때문에 원자들이 어떻게 서로 붙어 있어서 분자를 이루고 있느냐 하는 것을 알아내는 것은 어떤 물질의 성질을 알아내고, 그 물질의 성질을 어떻게 이용하느냐, 혹은 그 물질을 어떻게 만들어낼 수 있느냐를 알아내는 데 아주 중요한 지식이다.

예를 들어서, 한 물질의 분자가 어떤 원자들이 어떤 모양으로 덩어리져 있는 것인지를 알아내면, 우리는 다른 원자들을 재료로 해서 원자들이 그 모양대로 덩어리지도록 인공적으로 만들어내는 방법을 훨씬 쉽게 고안할 수 있다. 분자 구조를 알고 있다면, 원자를 어떻게 조립해야 하는지 도면이 있는 셈이니까 재료가 되는 원자들을 구해서 어떻게든 그 모양대로 조립하면 그 물질을 그대로 만들어낼 수 있는 것이다.

요즘 공장에서는 사람과 동물의 몸속에 있는 비타민 같은 복잡한 성분을 인공으로 만들어낼 수 있다. 비타민의 분자 구조를 이런 공장에서 정확히 알고 있기 때문이다. 여러 원료 화학 약품을 잘 조합해서 조절해 사용하면, 원료 화학 약품을 원자들로 쪼갰다가 우리가 아는 비타민 분자의 모양대로 재조립되도록 조작할 수 있다.

그런데 분자란 것은 너무나 크기가 작기 때문에 그 구조를 알아내기가 쉽지 않다. 눈으로 보고 구조를 알 수 있는 것은 당연히 아니고, 돋보기나 보통 현미경을 사용한다고 해도 너무 작아서 보이지가 않는다. 눈에 보이는 빛을 이용하는 렌즈 중에서는 아무리 성능 좋은 렌즈를 이용한다고 해도 분자 구조가 드러날 만큼 잘 볼 수는 없다.

그렇기 때문에 사용하는 기술이 X선 결정학이다. X선 결정학을 이용하면 X선의 회절(refraction) 현상을 이용해서 분자의 구조를 추측할 수 있는 것이다.

회절이란 어떤 파동이 교란되는 바람에 모양이 바뀌는 현상의 일종이다.

고요한 호수에 돌을 던져서 동심원 모양의 물결이 사방으로 퍼져 나가는 모양을 상상해보자. 그런 일정한 물결이 바로 파동이다. 그런데 만약 호수 한편에 말뚝이 하나 박혀 있다면, 그 말뚝을 지나면서 물결의 모양은 바뀔 것이다. 만약 말뚝이 하나가 아니라 두 개 있다면 물결 모양은 또 다른 형태로 바뀔 것이다. 만약 우리가 물결 모양이 어떻게 변하는지 그 규칙을 잘 알고 있다면, 말뚝을 실제로 보지 않아도 호숫가에 도달한 물결 모양이 어떻게 바뀌었나만 보고도 말뚝이 몇 개 있는

지, 말뚝이 서로 가까이 있는지 멀리 있는지 추정할 수 있을 것이다.

X선 결정학은 바로 이런 원리를 이용한다.

X선이라는 방사선은 빛의 일종으로, 아주아주 크게 확대해서 본다면 전기와 자기가 물결 모양으로 서로 퍼져가는 현상으로 이해할 수 있다. 마리아 스크워도프스카 퀴리가 방사능 연구를 할 때 다양한 전기 장치를 이용해서 정밀하게 방사능을 측정할 수 있었던 것도 사실 적지 않은 방사선의 정체가 전기와 자기가 파동을 이루며 물결 형태로 퍼져 나가는 것이기 때문이었다.

X선이 띠고 있는 전기와 자기를 호수의 물결처럼 동심원으로 퍼져 나가는 모양으로 본다면 X선의 한 물결과 다음 번 물결의 간격은 0.000001밀리미터 정도이다. 그리고 이 정도 간격의 물결 모양이라면, 원자와 원자 사이의 그 작디작은 간격을 지나면서 원자에 방해를 받아 물결 모양이 바뀌고 그 바뀐 정도가 드러나게 될 정도가 된다. 그러니까 X선이 호수에 퍼지는 물결 역할을 하고, 원자가 호수에 박혀 있는 말뚝 역할을 하는 것이다. 이렇게 원자 사이를 지난 X선이 어떻게 변했는지를 사진처럼 찍어내면, X선이 지나쳐 온 원자들이 서로 얼마나 떨어져 있었는지, 어떤 모양으로 놓여 있는지 알아낼 수 있게 된다.

다시 말해서 적합한 X선을 어떤 물질에 쪼여주면, 물질을 통과하는 동안 그 내부의 원자가 어떤 구조로 붙어서 분자를 이루고 있느냐에 따라 X선의 형태가 바뀌게 된다는 뜻이다. 그리고 X선 결정학은 바로 이렇게 바뀐 X선 모양을 보고 원자가 어떤 간격, 어떤 모양으로 붙어 있는지를 역으로 계산해서 추측하는 기술이다.

이것을 결정학(crystallography)이라고 부르는 이유는, 보통 결정(crystal)을 대상으로 이런 실험을 하기 때문이다. 원자가 규칙적이고 반복적인 모양으로 붙어 있을 때, 그 원자를 지나쳐 가면서 X선이 바뀌는 모양도 깔끔하게 바뀐다. 그리고 그럴 때에 그 바뀌는 정도를 측정하고 계산하는 것도 그나마 쉬워진다. 그런 정도로 반복적이고 규칙적인 모양을 이루면서 분자들이 서로 붙어 있는 형태를 바로 '결정'이라고 부른다.

규칙적인 결정이라고 한들 복잡하게 이리저리 들러붙어 있는 원자들 사이를 X선이 지나가면서 그 모양이 어떻게 바뀔지 추측하는 것은 무척 복잡한 계산이다. 나는 대학 1학년 때 세상에 이런 것이 있다는 사실을 처음 알았다. 그때 정말 사람들이 교묘한 방법으로 별의별 것을 다 해내는구나 싶어서 감탄했던 기억이 난다.

지금은 그나마 컴퓨터가 발전해서 복잡한 계산 중에 반복적인 것들을 자동으로 해낼 수가 있다. 그렇지만, 여전히 어떤 분자의 구조를 알아내기 위해 X선 결정학 연구를 하는 것은 고생스러운 일이다. X선 사진이 구분하기 좋게 잘 나올 수 있도록 분자가 규칙적인 결정 모양이 되게끔 준비를 하는 것부터가 손이 많이 가고 골치 아픈 일이다. 결정 형태로 분자를 규칙적으로 배열하는 데 성공한다고 해도, 정확하게 사진을 찍는 것 역시 조심스럽게 진행해야 하는 일이다.

로절린드 프랭클린은 프랑스에서 연구하던 시절 이런 X선 결정학으로 석탄을 연구하면서, 이 골치 아프고 정밀한 기술에 대해 많은 것을 익혔다. 그리고 석탄을 이루고 있는 물질들은 어떤 원자들이 어떻게 결합한 분자로 되어 있으며, 그에 따라 석탄의 성질이 어떻게 달라지느냐에 대해서도 좋은 연구 결과를 얻을 수 있었다.

그렇게 해서 DNA나 생물학에 관한 연구를 하기 전에 이미 로절린드 프랭클린은 석탄을 연구해 좋은 결과를 많이 낸 뛰어난 학자로 이름을 알리고 자리를 잡았다. 나중에도 로절린드 프랭클린의 석탄 연구는 좋은 평가를 받았다. 그리고 그 과정에서 익힌 X선 결정학 기술 역시 훌륭한 솜씨로 가다듬은 상태였다.

그 뛰어난 X선 결정학 실력 덕분에 프랭클린은 1951년 무렵 런던 대학의 킹스 칼리지에 일자리를 얻게 된다. 프랑스로 떠난 지 5년쯤 지난 때였으니 런던 출신인 프랭클린으로서는 오래간만에 다시 고향으로 돌아오는 셈이기도 했다. 프랑스로 떠날 때는 갓 박사 학위를 딴 새내기 석탄 연구자였는데, 몇 년 후 뛰어난 X선 결정학 전문가가 되어 런던의 잘 알려진 대학의 자리를 얻어 오게 되었다.

이 시기 런던 대학에서는 병을 치료하거나 건강에 도움이 되는 연구를 한다는 명분으로 사람의 몸속에 있는 여러 가지 물질들에 대한 연구를 진행하고 있었다. 당연히 DNA에 대한 연구를 시도하는 사람들도 있었다.

물론 이런 연구가 쉽지는 않았다. 효소나 DNA는 간단한 것도 수백 개, 수천 개의 원자가 붙어서 만들어져 있는 아주 복잡한 물질이다. 그렇기 때문에 원자들이 어떻게 연결되어 분자를 이루고 있는지 알아내기란 어려운 일이었다.

물 분자, 그러니까 물의 아주 작은 한 덩어리는 수소 원자 두 개와 산소 원자 하나, 단 세 개의 원자로 되어 있고, 메탄가스는 탄소 원자 하나와 수소 원자 넷, 이렇게 다섯 개의 원자로 되어 있다. 하지만 혈액 속에 들어 있는 헤모글로빈 같은 평범한 단백질만 하더라도 1만 개에 가까운 원자가 들러붙어 하나의 헤모글로빈 분자를 이루고 있는 모양이다. 헤모글로빈은 3천 개에 가까운 탄소 원자, 800개 이상의 질소 원자 등등이 대단히 어지러운 모양으로 붙어 있고, 그 덩어리진 전체가 기이한 형태를 이루고 있는 분자 구조이다. 이 수많은 원자의 덩어리 중에 단 하나의 원자만 엉뚱한 위치에 잘못 붙어 있어도 최악의 경우 헤모글로빈은 제 역할을 못할 수 있다.

그런데 1950년대 초가 되자 점차 복잡한 분자를 X선 결정학으로 밝혀내는 데 도전하는 사람들이 속속 나타났다.

대표적인 인물로는 로절린드 프랭클린과 같은 영국 출신의 여성 과학자, 도로시 호지킨을 꼽을 수 있다. 도로시 호지킨은 1940년대 말, 1950년대 초에 비타민과 같이 생물의 몸속에 나타나는 상당히 복잡한 분자의 구조를 X선 결정학을 이용해 추정하고 있었다.

도로시 호지킨은 1940년대 후반에 항생제로 사용하는 페니실린의 분자 구조를 알아내는 데 성공한 상태였다. 페니실린만 해도 수십 개의 원자가 복잡하게 붙어 있는 모양이다. 1940년대 말이 되면, 도로시 호지킨은 훨씬 더 복잡한 비타민 B12의 구조를 X선 결정학을 이용해 알아내는 데 도전하고 있었고, 결국 이 역시 성공했다. 도로시 호지킨은 다양한 생물의 몸속에 있는 물질들이 원자가 어떻게 조립되어 이루어진 형태인지 밝혀내는 이런 연구들을 통해 결국 나중에 노벨상을 받았다. 이야깃거리를 좋아하는 사람들은 영국의 총리였던 마거릿 대처가 대학 시절 화학을 전공하는 학생일 때에 도로시 호지킨의 연구실에서 실험을 배운 학생이기도 했다는 점을 덧붙이기도 한다.

이렇듯 초기 X선 결정학 분야에서 유난히 여성 과학자들의 활약이 두드러졌다는 느낌이 있다. 옥스퍼드 대학 교수인 엘스페스 가먼(Elspeth Garman)도 2016년 로절린드 프랭클린 기념 강연에서 이런 사실을 언급했다. 가먼 교수는 X선 결정학 초기에 그런 실험을 해내려면 섬세하게 작업을 해야 하며 끈기 있고 꾸준히 침착하게 실험을 계속해야 했다고 소개했다. 그러면서 그 당시 사람들은 아마 그런 성격이 유독 여성 과학자들에게 유리한 특성이라고 여겼을 것 같다고 말했다.

실제로 여성 과학자들이 남성 과학자들과 성격이 확연히 달라서 X선 결정학에 유리했던 것 같지는 않다. 그보다는 X선 결정학에 여성 과학자들이 많이 진출하게 되자, 당시 사람들이 생각하던 여성의 성향을 X선 결정학에 필요한 자질과 연결해서 이야기했던 게 아닐까 하고 생각해본다.

30대 초반, 고향에 돌아온 로절린드 프랭클린은 지금까지 계속해서 발전시켜온 자신의 연구를 이제 더 멋진 단계로 뛰어오르게 할 수 있는 기회를 잡았다고 생각했을 것이다. 자신의 X선 결정학 실력으로 세상 모두가 궁금해하는 생명의 가장 핵심적인 현상에 대해 연구할 때를 만난 순간이었다.

작디작은 하나의 세포가 온갖 커다란 식물과 동물로 자라나는 이유는 계속해서 다른 세포를 옆에 만들어내어 숫자를 불리기 때문이다. 그리고 이렇게 한 세포가 자기 옆에 자기와 똑같은 세포를 복사해내듯 만들어낼 수 있는 이유는 DNA라는 물질이 갖고 있는 놀라운 특징 때문이었다. DNA라는 물질이 도대체 어떻게 생겼기에 아주 작은 화학 물질 덩어리가 온갖 효소를 만들어내서 서로 다른 모양으로 생물을 커나가게 하는 재주를 갖고 있는 것인지, DNA의 분자 모양을 X선 결정학으로 밝히다보면 그 이유를 알아낼 수 있을지도 몰랐다.

실제로 프랭클린은 누구보다 정확하게 DNA의 X선 결정학 사진을 찍는 연구를 이끌었다. 그렇게 해서, 프랭클린은 도대체 DNA가 어떤 모양이며 그게 어떻게 온갖 다른 생물의 모습을 이끌어내는지, 그 생명의 비밀을 알아내기 직전까지 도달했다.

그러나 프랭클린은 그 마지막 문턱에서 멈추고 말았다. 그 비밀을 알아내고, 가장 큰 영광을 차지한 것은 프랭클린의 모교인 케임브리지의 연구소에서 일하던 제임스 왓슨과 프랜시스 크릭이라는 학자들이었다.

꽈배기 모양의 DNA 구조가 밝혀지기까지

런던에 도착해서 일을 시작할 때부터 프랭클린의 일은 꼬이기 시작했다. 프랭클린과 같이 DNA 구조를 연구해야 할 학자인 모리스 윌킨스와 프랭클린의 관계가 나빠진 것이다.

두 사람이 처음부터 서로 원수지간이었던 것은 아니다. 프랭클린과 윌킨스가 서로 잘 어울리며 식사를 했다는 이야기를 브렌다 매독스의 전기에서 소개하고 있기도 하다. 그렇지만 같이 힘을 합해서 연구를 마쳐야 할 프랭클린과 윌킨스는 힘을 합하지 못하고 서로 따로따로 연구를 해나가게 되었다. 마음도 멀어졌으며, 어디까지가 누구의 역할이냐, 누가 어떤 연구의 책임자냐를 두고 다툼도 제법 있었던 것 같다.

요즘에는 애초에 프랭클린을 런던 대학으로 데려올 때 학교 연구소 쪽에서 일을 잘못 처리하는 바람에 이 문제가 시작된 것으로 보는 의견도 들린다. 이 이야기에 따르면, 연구소에서 프랭클린에게는 프랭클린이 연구소의 DNA 연구를 도맡아 하게 될 거라는 듯이 제안을 했으면서, 윌킨스 쪽에는 윌킨스와 프랭클린이 같이 연구를 하게 될 거라고 이야기했다고 한다. 정말로 그랬다면, 그 때문에 프랭클린과 윌킨스는 서로 자기가 DNA 연구의 책임자라고 생각하며 다투었을 수 있다.

여기에 더하여, 어떤 사람들은 프랭클린과 윌킨스의 성격이나 취향이 묘하게 계속 안 맞는 점이 있지 않았을까 상상하기도 한다. 프랭클린은 과학에 대한 내용으로 논쟁을 벌일 때는 확고하게 자신의 의견을 주장하는 편이었다. 그에 비하면 윌킨스는 비교적 논쟁에 대놓고 나서는 것을 피하는 성격이었던 것 같다. 또 윌킨스가 오세아니아의 외딴 나라인 뉴질랜드에서도 사람이 유난히 적게 사는 어느 시골 마을 출신이었는데, 아무래도 런던 노팅힐에서 나고 자란 프랭클린과는 뭔가 그 밖에도 서로 어긋날 만한 점이 있지 않았겠느냐 하고 추측하는 사람들도 있다.

게다가 당시 과학계의 성차별적인 분위기도 둘 사이의 불화에 엎친 데 덮친 격이 되었을 가능성이 높다.

여성 과학자인 프랭클린이 이 모든 일을 헤쳐 나가는 데 당시 과학계 분위기는 결코 도움이 되지 않았다. 이 무렵 런던 대학의 학생, 교수, 연구원들 중에는 여성의 비중 자체가 매우 적었고, 여기에 더하여 여성에 대한 노골적인 차별이 그대로 남아 있기도 했다. 예를 들어 당시 킹스 칼리지에는 상급 직원 전용 휴게실이 있었는데, 이곳은 오직 남성만이 이용할 수 있었다고 한다. 같은 직위의 직원이라도 여성이라면 전용 휴게실을 이용할 수 없었던 것이다. 그 밖에도 남성들만 식사를 할 수 있는 식당이 따로 마련되어 있는 등, 남성과 여성의 대우가 다르다는 점이 겉보기에서부터 바로 드러나던 시대였다.

그런 상황에서 프랭클린은 킹스 칼리지 생활에 점차 지쳐 갔다. 윌킨스 또한 프랭클린과 같이 일하는 것을 점차 어려워하게 되었고, 자신의 직장에 자신과 안 맞는 사람이 있어서 자꾸 괴로운 일이 생긴다고 느끼게 되었다.

윌킨스는 그런 자신의 처지를 한탄하고 싶어 했던 것 같다. 그런데 이때 마침 케임브리지의 연구원인 왓슨, 크릭 두 사람과 윌킨스는 어울릴 기회가 많이 생겼다. 윌킨스는 왓슨, 크릭과 함께 잡담을 나누면서 프랭클린에 대해 자신이 안 좋게 생각하고 있는 점을 토로하기도 했고 그러면서 자연히 DNA 연구에 대한 이야기도 꺼내놓게 되었다. 이렇게 해서, 프랭클린의 DNA 연구 내용이 왓슨과 크릭에게로 넘어갈 다리가 생기게 된다.

프랭클린과 윌킨스가 서로 어울리지 못하고 있던 것과 대조적으로 왓슨과 크릭 두 사람은 기막히게 어울리는 단짝이었다. 왓슨과 크릭은 각각 미국인과 영국인으로 국적도 달랐고 크릭이 나이도 여러 살 더 많았다. 크릭은 프랭클린보다 네 살이 더 많았고 왓슨은 프랭클린보다 여덟 살이나 어린 나이였다. 그런데도 왓슨, 크릭 두 사람은 왜인지 서로 잘 통했다.

성격이 비슷해서 두 사람이 잘 통했던 것만은 아니었던 것 같다. 왓슨은 빠르고 적극적이고 도전적인 성격이었고 그에 비하면 크릭은 조금 더 차분하고 혼자서 머릿속으로 특이한 생각을 하는 것을 좋아하는 편에 가까웠다. 그런데도 둘은 친한 사이로 잘 어울렸고, 특히 자기들끼리 웃긴 농담을 나누며 같이 웃을 때 그렇게나 쿵짝이 잘 맞았다고 한다.

왓슨과 크릭은 DNA를 연구하겠다는 생각은 있었지만, 프랭클린에 비하면 갈 길이 먼 처지였다. 프랭클린은 작디작은 분자가 어떻게 생겼는지를 X선으로 알아내는 기술에 뛰어난 실력을 갖고 있어서 DNA 분자의 구조를 알아낼 수 있을 만한 장치와 설비를 세심하게 설치하고 그것을 정교하게 관리하면서 차근차근 실험을 진행해가고 있었다. 석탄에 대해 다양하게 연구한 화학자로서 원자가 어떻게 뭉쳐서 어떤 형태로 분자를 이루며 그것이 X선 결정학 사진에 찍히면 어떤 무늬로 나타나는지에 대해서도 많은 지식을 갖고 있었다.

왓슨과 크릭은 X선 결정 사진을 직접 찍는 연구를 할 처지에 놓여 있지도 않았고 자기 연구실에 X선 장비를 갖추고 있는 것도 아니었다. 원자와 분자의 구조를 치밀하게 밝혀내는 연구를 하는 사람들은 보통 화학자들이었지만 왓슨과 크릭은 둘 다 화학자도 아니었다. 왓슨은 생물학을 익힌 사람이었고 크릭은 물리학자였다. 박사 학위를 받고 프랑스에서 훌륭한 경력을 쌓은 프랭클린에 비하면 왓슨은 아직 젊은 신출내기였고 크릭은 유난히 늦게 박사 학위를 따는 바람에 학위를 얻은 지 얼마 되지 않은 특이한 사람이었다.

그런 상황에서 왓슨과 크릭이 하는 연구란 것은 남들이 실험을 해서 발표하는 DNA에 대한 연구 결과를 보면서 생각을 하고 계산을 하고 토론을 하는 것뿐이었다.

그렇지만 왓슨과 크릭은 그런 중에도 DNA 연구를 조금씩 꾸준히 해나갔다. 두 사람은 DNA의 구조에 대해서 연구하는 것이 생명에 대해 엄청난 지식을 줄 수 있는 문제라고 생각하고 있었다. 그래서 누구든 DNA 분자의 모양을 알아내는 데 결정적인 공을 세운 사람은 대단한 명성을 얻게 될 것이고 위대한 학자로 칭송받게 될 거라고 상상하고 있었다. 그래서 이 두 사람은 DNA 분자 모양을 먼저 알아내는 것을 시간을 다투는 경쟁처럼 생각할 정도였다.

그러니 왓슨과 크릭이 윌킨스로부터 전해 듣는 프랭클린의 연구 결과는 대단히 중요한 정보였다. 윌킨스는 자신의 권한으로 프랭클린의 연구 자료를 직접 보여주기도 했고, 왓슨과 크릭은 프랭클린이 연구 과제의 결과로 발표한 보고서를 입수해서 그 내용을 살펴보기도 했다. 프랭클린이 직접 연구 결과를 공개적으로 발표하는 자리에도 왓슨과 크릭은 관심을 가졌다. 왓슨과 크릭은 정작 프랭클린 본인을 직접 찾아가서 의견을 구하거나 프랭클린과 함께 DNA 연구에 대해 의논하는 일은 별로 하지 않았다. 하지만 그러면서도 따지고 보면 이런저런 방법으로 입수한 프랭클린의 연구 결과를 가장 많이 활용하고 있었던 것이다.

이렇게 보면, 프랭클린이 다른 학자들과 잘 어울리지 못하거나 사교적이지 않은 성격이라고 짐작할지도 모른다. 프랭클린이 신중한 성격이었고 특히 과학 연구에서 조심스러운 태도를 취했던 것은 사실이다. 하지만 대체로 사람들과는 잘 어울리는 편이었다.

프랭클린은 이 시절, 대학원생인 레이먼드 고슬링(Raymond Gosling)과 같이 DNA 분자의 모양에 대한 연구를 하고 있었다. 두 사람은 활기차게 잘 어울리는 편이었으며 고슬링과 프랭클린이 장난을 치며 웃고 떠든 이야기들도 적잖이 남아 있다. 고슬링에게 프랭클린은 X선 결정학에 대한 자신의 경험을 잘 전수해주는 좋은 선생님이었을 것이다.

그러나 프랭클린과 고슬링의 연구팀이 찍은 뛰어난 수준의 X선 결정학 사진으로도 복잡한 DNA 분자의 모양을 확실히 알아내는 것은 쉬운 일이 아니었다. 그런 상황에서 점점 윌킨스와의 갈등이 심해지고, 킹스 칼리지의 여러 골치 아픈 상황들이 겹치니 프랭클린은 진이 빠졌던 것 같다. 프랭클린은 직장을 옮길 생각을 하게 되었고, 결국 지금까지 한 연구 결과를 정리하는 수준에서 DNA 연구를 마무리 짓고 직장을 떠나기로 마음먹게 된다.

프랭클린이 연구를 마무리 지으려던 무렵, DNA 분자가 길쭉하면서도 뭔가 반복적인 모양이 나타나는 형태라는 점까지는 쉽게 추측할 수 있었다. 그렇기 때문에 몇몇 학자들은 DNA가 나선형으로 생겼을 거라고 생각하기도 했다. 원자들이 쇠사슬처럼 줄줄이 길게 연결되어 있는데 그 쇠사슬이 굽이쳐서 마치 나선형 계단이나 스프링 같은 모양으로 빙빙 반복적으로 돌아가는 형태가 되는 게 아닌지 추측한 것이다.

프랭클린도 그런 생각을 한 적이 있었고, 미국의 라이너스 폴링은 원자들이 줄줄이 이어진 것이 세 가닥 있고 그 세 가닥의 이어진 원자 줄기들이 같이 휘감겨 꼬여 있는 삼중나선 형태로 추측된다는 논문을 발표하기도 했다.

왓슨과 크릭은 폴링의 그 논문이 잘못되었다고 생각했다. 킹스 칼리지에 찾아온 왓슨은 DNA 연구에 대해 누군가와 이야기를 나눠볼까 하고 이곳저곳을 기웃거리고 있었고, 그러다가 간만에 프랭클린의 연구실에도 찾아가게 되었다.

그때의 상황을 적당히 상상해서 옮겨보자면 아마 왓슨은 이런 분위기로 이야기했지 싶다.

"폴링 교수가 쓴 DNA 구조에 대한 논문 혹시 보셨어요? 알

만한 양반이 완전히 헛소리를 한 것 같던데요."

그러나 신중한 성격이었던 프랭클린은 거기에 맞장구를 치지 않았다. 당시 폴링은 화학계에서는 훌륭한 연구 결과를 많이 발표했던 유명한 학자였다.

"폴링 교수님 논문에도 유의 깊게 살펴봐야 할 점이 있을 거예요."

"아닌데요. 폴링 논문은 그냥 헛소리인 것 같은데요."

왓슨은 프랭클린과 대립하는 듯한 느낌으로 서로 따지면서 대화를 이어갔다.

얼마 후, 왓슨은 여전히 프랭클린과 사이가 좋지 않았던 윌킨스를 만났다. 둘은 괜히 더 반가워서 DNA에 대한 대화를 나누었을 것이다. 그러다 왓슨은 프랭클린과 고슬링의 팀에서 촬영한 DNA의 X선 결정학 사진 한 장을 보게 되었다.

나중에 자신이 직접 쓴 책에서 왓슨은 이때 킹스 칼리지를 찾아갔다가 그 사진을 본 것이 DNA의 모양에 대한 생각을 얻은 결정적인 기회였다고 밝혔다. 왓슨은 드디어 DNA 분자의 모양을 알게 될 것 같은 느낌이 들어 대단히 흥분했다. 혹시 그 생각이 흩어질까 봐 런던에서 케임브리지로 돌아가는 기차 안에서 손에 잡히는 잡다한 종이 여백에 자신이 본 X선 결정학 사진과 그에 대해 떠올린 생각을 황급히 메모했다고 한다.

왓슨의 흥분과 달리 그날 떠오른 생각이 바로 연구의 완성으로 이어진 것은 아니다. 이후에도 왓슨과 크릭은 토론으로 많은 시간을 보내며 더 연구를 해서 정리된 형태로 결과를 완성해내야 했다. 왓슨과 크릭은 실제 DNA를 두고 실험하는 대신에 종잇조각이나 쇠막대 같은 것을 잔뜩 구해 그것을 이리저리 붙여보면서 DNA 분자의 모형을 만들었고, 이런저런 상상을 해보았다. 종잇조각과 쇠막대가 원자 덩어리라고 치고 그 원자들이 어떤 모양으로 서로 붙어 있어야 프랭클린과 고슬링의 연구팀이 찍었던 X선 결정학 사진이 나올지 이리저리 움직여보면서 계산하고 짐작해보았다.

결국 왓슨과 크릭은 원자들이 줄줄이 길게 연결되어 있는 모양이 두 가닥이 있어서 마치 꽈배기처럼 서로 붙은 채로 꼬여 있는 것이 DNA 분자의 모양이라고 생각해냈다. 그러니까 DNA 분자는 전체적으로 이중나선 모양이라는 것이다. 또한 두 사람은 그 두 가닥이 그냥 아무렇게나 붙어 있는 것이 아니라, 서로 달라붙는 부분이 정해져 있어서 서로 맞물려 있는 거라고 생각했다.

한 가닥의 줄줄이 연결되어 있는 원자들의 줄기에는 옆으로 가지처럼 돋아난 원자 덩어리들이 또 달려 있다. 이 가지처럼 돋아난 부분은 각각 탄소, 질소, 수소 원자가 몇십 개 정도 뭉쳐져 있는 덩어리다. 그 가지처럼 돋아난 모양의 형태에는 네 종류가 있어서 그것을 아데닌, 구아닌, 시토신, 티민이라고 부른다. 이 중에 아데닌은 티민과 달라붙으려고 하고, 구아닌은 시토신과 달라붙으려고 한다. 그래서 두 가닥의 원자 줄기는 줄기 옆에 돋아난 가지들 중 서로 달라붙으려는 것들끼리 딱 아귀가 맞게 붙어서 꽈배기 모양으로 찰싹 달라붙은 채 엮여 있는 것이다.

DNA 분자의 성분을 분석해보면, 항상 아데닌의 농도와 티민의 농도가 같고 구아닌의 농도와 시토신의 농도가 같게 나왔다. 왜 이런 일이 일어나는지는 학계의 수수께끼였다. 그런데 그 모양들이 서로 짝을 지어 아귀가 맞는 구조로 DNA가 생겼다고 설명하면 수수께끼가 풀린다. 그렇게 서로 짝을 지어 달라붙는 구조라면 당연히 짝 지워지는 둘의 숫자는 같을 수밖에 없고 농도도 같게 나올 수밖에 없는 것이다.

게다가 이렇게 DNA 분자에서 서로 짝이 맞는 부분이 있다는 것은 훨씬 더 중요한 사실과 바로 이어진다. 이렇게 짝이 맞는 부분이 있기 때문에, DNA는 똑같은 모양으로 복제될 수 있다. 그러니까, 바로 이 짝이 맞는 원리를 이용해서 생명은 자라날 수 있고 새끼를 칠 수 있다.

서로 아귀가 맞게 물려 있는 꽈배기 모양의 DNA 분자를 잠깐 풀어내서 그 절반에 해당하는 한 가닥만 뜯어냈다고 해보자. 그리고 이렇게 한 가닥으로 풀려난 반쪽짜리 DNA 분자를 DNA의 재료라고 할 수 있는 아데닌, 구아닌, 시토신, 티민이 아무렇게나 섞여 있는 국물 속에 담가보자. 그러면 서로 짝을 맞춰 달라붙는 성질 때문에 아데닌이 있는 자리에는 티민

이 달라붙을 것이고, 구아닌이 있는 자리에는 시토신이 달라붙을 것이고, 시토신이 있는 자리에는 구아닌이, 티민이 있는 자리에는 아데닌이 달라붙을 것이다. 그러면 한 가닥뿐이었던 반쪽짜리 DNA 분자에 짝이 맞는 원자 덩어리가 그대로 달라붙는다. 짝을 맞춰 달라붙는 성질이 있다는 이유로, 원래 짝을 맞춰 아귀가 맞게 물려 있던 모양이 저절로 다시 완성되는 것이다.

즉, 짝이 맞게 달라붙는 원리 때문에 반쪽만 떼어낸 DNA를 원재료 국물 속에 담갔다 꺼내면 다시 완성된 하나의 꽈배기 모양이 된다.

꽈배기 모양의 DNA를 한 가닥씩 풀어서 국물 속에 담갔다 꺼낸다면 두 개의 꽈배기 모양이 된다는 이야기다. 두 개의 꽈배기 모양을 풀어서 DNA의 재료가 되는 국물 속에 담갔다가 꺼낸다면 네 개의 꽈배기 모양이 된다. DNA는 이런 식으로 계속 복제되어 늘어날 수 있다.

실제로 수십억 년 전의 단순한 생물에서부터 요즘의 세균, 커다란 동물, 사람까지 모든 지구의 생물들은 몸속에서 이렇게 꽈배기 모양으로 얽힌 DNA가 풀렸다가 서로 짝이 맞게 들어맞는 다른 물질이 달라붙게 만드는 방식으로 항상 복사본을 만든다. 그리고 바로 이렇게 복사본을 만들 수 있는 원리 때문에 생물은 자라나고 새끼를 친다.

꽈배기 모양의 DNA가 풀린 뒤 복제되어 두 배로 늘어나는 이 화학 반응이 잘 일어나는 상황이면 그 생물은 잘 자라나고 자손을 많이 남겨 번성한다. 반대로 이 화학 반응이 일어나지 못하게 되면 그 생물은 자라나지 못하고 자손을 남기지 못해 결국 멸종된다.

조금 과장해서 말해보자면, 생물이 진화한다는 것은 이 화학 반응을 일으키기에 적합한 형태가 될 수 있도록 기능을 갖추거나 바꾸어간다는 이야기다. 어떤 생물은 이 화학 반응을 일으키기 위한 원재료를 더 잘 구할 수 있는 다른 물질을 갖추기도 하고, 어떤 생물은 이 화학 반응이 방해받지 않도록 방어할 수 있는 물질을 갖추기도 한다. 어떤 생물은 헤엄을 치거나 날 수 있는 형태로 진화하기도 했고, 어떤 생물은 지능을 개발하기도 했다.

그렇게 보면 생명이 살아가는 원인이 바로 DNA의 아데닌과 티민, 구아닌과 시토신이 복사되는 과정에서 서로 짝을 맞춰 달라붙기 위해 잡아당기는 화학 반응에 있다고 할 수 있는 것이다. 먼 옛날 우리의 조상 생명체들은 결국 이 화학 반응 때문에 여러 가지 활동을 하게 되었다. 조금 더 세밀하게 말하자면, 지구상의 모든 생명이 살아가는 원인은 다름 아닌 DNA라는 물질 속의 아데닌, 티민 그리고 구아닌, 시토신이라는 부분에서 그것을 이루고 있는 질소 원자, 산소 원자, 수소 원자들이 전기의 양극과 음극이 당기는 힘으로 각기 짝을 찾아 붙으려고 하기 때문이라고 할 수 있다.

즉, 이것이 생명이 살아가게 되는 이유다.

왓슨과 크릭은 이 내용을 정리해서 한 페이지 정도의 짧은 논문을 썼다. 이 논문은 학술지《네이처》의 1953년 4월 25일 판에 발표되었는데, 20세기 생물학의 가장 중요한 논문으로 손꼽힌다. 긴 논문도 아니고 내용이 그렇게 어려운 논문도 아니다. 지금도 구해서 보기 어렵지 않아서 요즘에는 생물학과 대학생들이 인터넷에서 구해 곧잘 읽어보기도 하는 논문이다. 그렇지만, 이 논문으로 왓슨과 크릭은 과학의 방향을 완전히 뒤흔들었고 결국 노벨상을 받기도 했다.

논문 말미에서 왓슨과 크릭은 프랭클린 연구팀의 실험 결과에 "자극을 받아(stimulated)" 이러한 논문을 썼다고 밝혔다. 실제로 논문 발표 전에 왓슨과 크릭 쪽에서는 프랭클린 쪽에 연락하여 이런 논문을 쓰게 되었다고 미리 알린 적도 있었다.

왓슨과 크릭이 DNA의 구조를 밝힌 논문을 쓴다는 소식을 들었을 때, 프랭클린은 특별히 놀라거나 충격을 받지는 않았다고 전해진다. 신중하게 증거와 실험 결과를 바탕으로 조심스러운 연구를 해나가는 프랭클린의 시각에서는 생각과 추정으로만 주장을 소개하는 왓슨과 크릭의 논문 내용이 과학적으로 별로 와 닿지 않았을 것이다. 동물 몸에서 실제로 뽑아낸 DNA를 가져다 놓고 X선 장비를 세밀하게 조작하며 연구를 했던 프랭클린의 생각에는 첫조각 모형을 들고 종이에 메모를 하며 상상을 해서 원리를 짐작하고 추측하는 왓슨과 크릭의 연구란 재미삼아 해보는 단순한 연구 정도로 보였을 수도 있다.

게다가 프랭클린은 이미 DNA 연구에서 손을 떼고 킹스 칼리지에서 있었던 일은 모두 정리한 뒤 떠나려고 하던 시점이기도 했다. 말하자면 DNA 연구에 정이 떨어졌다는 느낌이다. 실제로 프랭클린의 묘비에 새겨져 있는 말도 DNA 연구와는 관계없이 프랭클린의 바이러스 연구가 인류에 이바지할 것이라는 내용이다.

결국 프랭클린의 킹스 칼리지 연구팀과 왓슨과 크릭의 케임브리지 연구팀은 서로 의견 교환을 거쳐 두 연구를 같이 싣기로 한다. 《네이처》 4월 25일판에 왓슨과 크릭은 DNA 분자의 모양에 대한 자신들의 생각을 논문으로 싣고, 프랭클린은 그 근거가 될 수 있는 X선 결정학 사진을 논문으로 싣기로 했다.

때문에 1953년 4월 25일판 《네이처》를 읽어보면 왓슨과 크릭의 논문이 나오고 얼마 지나지 않아 뒤이어 프랭클린과 고슬링의 논문이 나온다. 프랭클린은 자기 논문에서 왓슨과 크릭의 생각이 자신의 실험과 들어맞는다고 아예 대놓고 언급하기도 했다. 왓슨과 크릭은 직접 실험은 하지 않으면서 프랭클린의 결과를 잽싸게 활용해서 명성을 누렸으니 어찌 보면 프랭클린에게 미움을 받을 만도 한데, 프랭클린은 그런 태도를 취하지도 않았다. 도리어 프랭클린은 나중에 왓슨, 크릭과 자주 연락하며 친하게 지낸 편이다. 영국에서 연구했던 크릭과는 각별히 친하게 지내며 연구에 대한 많은 의견을 교환했다고 한다.

죽음의 순간에도 생명은 계속되고

새로운 생각을 멋지게 소개한 왓슨과 크릭의 논문에 세상 사람들이 더 주목하기는 했다. 하지만 프랭클린의 연구도 그저 묻힌 것만은 아니었다. 실제로 왓슨, 크릭과 함께 프랭클린의 연구를 두고 같이 의논했던 윌킨스 역시 노벨상을 받았다. 만약 프랭클린이 왓슨, 크릭, 윌킨스가 노벨상을 받을 때까지 살아 있었다면 프랭클린도 노벨상을 받았을 가능성이 높다고 보는 사람들도 많다. 설령 노벨상을 못 받았다고 해도 프랭클린의 공적을 인정하는 사람들은 여전히 아주 많다.

DNA 분자의 구조가 밝혀진 후 불과 몇 년이 지나지 않아 30대 후반의 젊은 나이로 로절린드 프랭클린은 세상을 떠났다. 그렇지만 그 마지막 몇 년 동안에 프랭클린이 남긴 업적도 결코 가볍지 않다.

킹스 칼리지를 떠나 런던 대학의 버벡 칼리지로 자리를 옮긴 프랭클린은 바이러스의 모양을 X선 결정학으로 밝히는 연구에 착수했다. 그리고 프랭클린은 이 연구에서도 많은 것을 밝혀내는 데 성공했다.

이때 프랭클린과 같이 바이러스 연구를 했던 에런 클루그도 나중에 노벨상을 받게 된다. 재미삼아 정리해보자면 이것도 묘한데, 프랭클린의 주위에 있었던 학자들 중에 대학 시절 지도 교수였던 로널드 노리시, 킹스 칼리지 시절 동료였던 윌킨스, 윌킨스와 교류했던 왓슨과 크릭, 버벡 칼리지 시절 동료였던 클루그가 모두 프랭클린이 세상을 떠난 뒤에 노벨상을 받았다.

바이러스는 보통 미생물이나 세균보다도 훨씬 더 크기가 작다. 그리고 바이러스는 다른 생물의 몸속에 들어가지 않으면 자라나거나 새끼를 칠 수가 없다. 그렇기 때문에 세균과 달리 바이러스는 보통 생물이라고 보지 않는 경우가 많다. 흔히 사람 입장에서는 전염병 이야기를 할 때에 세균과 바이러스를 같이 언급하는 경우가 많고 둘 다 눈에 보이지 않을 정도로 작기 때문에 비슷비슷한 것처럼 느껴질 때도 있지만, 사실 둘은 아주 다른 것이다.

그렇게 보면 바이러스는 그저 이상하고 복잡한 화학 물질 덩어리이고, 보관하기 어려운 약품 같은 것이라고 생각할 수도 있다. 그러면서도 다른 생물 속에 들어가면 새끼를 치고 불어나며 다른 생물을 방해한다는 점에서 생물과 비슷한 작용을 하기도 하니까, 어떻게 보면 생물과 무생물의 중간 상태에 해당하는 것인지도 모른다. 나는 바이러스 정도 되면 무생물보다는 생물에 훨씬 가깝다는 느낌을 갖고 있기는 하지만, 다른 생물들과 비교해보면 다르기는 확실히 달라 보인다.

프랭클린의 연구팀은 버벡 칼리지에서 농작물에 병을 일으키는 골칫거리인 담배모자이크바이러스(TMV)라는 바이러스의 모습을 연구했다. 이번에도 프랭클린 연구팀은 X선 결정학 연구를 통해 그 분자 구조를 밝혀나갔다.

담배모자이크바이러스는 한국에서 고추 농사에 피해를 입히는 것으로도 잘 알려져 있는데, 프랭클린 연구팀은 이 바이러스를 어마어마하게 확대해서 보면 어떤 원자들이 어떻게 붙어 있는 형태로 되어 있는지를 알려준 것이다.

이것은 거의 생물과 비슷해 보였던 바이러스가 정말로 흔한 원자들이 붙어서 모여 있는 것이라는 사실을 눈으로 직접 보여주는 일이었다고 생각할 수도 있다.

공기 중에 기체 분자를 이루어 떠다니는 탄소, 산소, 수소 같은 생명력 없어 보이는 원자들을 붙들어다가 프랭클린이 알아낸 모양대로 하나하나 조립해서 붙일 수만 있다면 정말로 살아 있는 것 같은 바이러스를 만들 수 있다는 이야기다. 살아 있는 생물이라고 해서 무슨 신비로운 생명력이나 오묘한 기 같은 것이 있어야 생물이 되는 게 아니라, 그냥 돌멩이나 공기 속에 들어 있는 것과 똑같은 원자를 구해서 프랭클린이 밝혀낸 모양대로 조립만 하면 그게 살아 있는 생물처럼 된다는 뜻이다.

30대 중반 로절린드 프랭클린은 어느 날 치마가 잘 안 잠기는 것을 보고 자신의 아랫배에 이상하게 튀어나온 부분이 있는 것을 알았다. 의사를 만나본 결과 그것은 종양이었고 상태가 심각했다. 너무 젊은 나이에 너무 큰 병이 걸렸기 때문에 프랭클린의 부모는 대단히 슬퍼했다고 한다. 프랭클린은 부모가 조금이라도 슬퍼하지 않도록 병에 걸려서도 부모와는 떨어져서 지내려고 했다.

병이 발견된 지 1년여 만에 증세는 악화되었다. 37세의 프랭클린은 유서를 남겼다. 그런 와중에도 프랭클린은 일곱 편의 논문을 내는 데 참여했다. 1958년 초까지도 프랭클린은 일을 했다고 하는데, 그해 3월 말이 되자 일을 할 수 없는 지경이 되었고 그로부터 보름 정도가 지난 4월 16일, 젊은 나이로 세상을 떠났다.

세상을 떠나기 불과 몇 달 전까지도 프랭클린은 활발히 연구하며 분자와 바이러스의 세계를 파헤치고 있었다. 항상 신중하고 치밀한 과학자였던 프랭클린은 마음속에 죽음의 공포와 삶의 허무함이 득실거리던 그 마지막 나날을 버티면서도 생명에 대한 연구를 계속하고 있었다는 이야기다.

나는 그것이 생명의 비밀을 알아내는 데 결정적인 공헌을 한 학자의 최후로 존경받을 만큼 어울리는 모습이었다고 생각한다. 어쩌면 생기 없어 보이는 원자와 분자가 어떻게 엮여 생명체가 될 수 있는지에 대해 파헤치며, 또 살아 있는 생명체를 원자와 분자의 움직임으로 담백하게 설명하던 프랭클린의 연구가 어떤 식으로든 그 자신에게도 위안이 되었을 거라는 생각도 해본다.

❸ 0.001mm의 세계

세포와
김점동

: 한국 최초의 여성 의사이자 여성 과학자

김점동은 1907년, 외국 학교에서 근대 의학을 정식으로 배워 온 한국인들이 활동을 시작했던 바로 그 첫해에 한국에서 활동했던 의사였다. 김점동은 당시 누구 못지않게 활발히 일한 의사였고, 동시에 새로운 과학에 바탕을 둔 의학을 배우기 위해 한국에서 미국으로 떠났던 개척자였다. 한편으로 요즘에는 근대 과학에 바탕을 두고 의술을 펼친 한국 최초의 여성 의사이자 여성 과학자로도 잘 알려져 있다.

김점동보다 10여 년 앞서서 조선에서는 이미 지석영 같은 인물이 나름대로 새로운 과학에 바탕을 둔 의학에 대해 연구를 시작한 일이 있었다. 김점동과 같은 해에 한국에서 의사로 활동하기 시작한 김익남 또한 이후의 한국 의학 발전에 제법 영향을 끼치기도 했다. 그런데 이 두 사람과 김점동은 의학에 빠져들게 된 계기가 완전히 달랐다. 이것은 특이한 점이다. 김점동이라는 사람과 김점동의 삶을 이해하기 위해서는 그 차이를 살펴보는 것이 중요하다고 생각한다.

천연두 예방 사업으로 잘 알려진 지석영은 애초에 새로운 의학이 들어오기 이전 시절, 먼 옛날부터 한국에서 전해져 내려오던 전통적인 의학에 관심이 많던 가문에서 태어난 사람이었다. 그래서 지석영은 『동의보감』으로 대표되는 옛날 의학에 관한 지식부터 공부해나갔고, 그 후 의학에 대해 여러 가지 연구를 하는 와중에 당시 새롭게 들어오고 있던 유럽과 미국의 근대 의학과 과학에 관심을 갖게 되었다. 김익남 역시 비교적 명문 집안의 자식으로 태어나 근대 이전 시기, 조선 시대에서 예로부터 전해져 내려오던 의학을 익히다가 근대 의학으로 공부를 넓혀간 사람이다.

그에 비해 김점동은 명문 가문에서 태어난 사람도 아니었고, 애초에 의학과 관련이 있는 집안에서 태어난 것도 아니었다. 김점동의 아버지는 부유한 사람이 아니라 부유한 사람의 잡다한 일을 이것저것 거들어주고 도와주는 일, 그러니까 집사 일을 하던 사람이었다.

게다가 근대 의학을 접하기 이전부터 사람의 병을 치료하는 일에 많은 관심을 갖고 있었던 지석영이나 김익남과는 달리 김점동은 오히려 어릴 때에는 의학을 싫어하는 쪽에 가까웠다. 그런데도 김점동은 결국 의학에 인생을 걸게 되었다. 그것도 지석영이 주로 국내에서 학문을 익혔고, 김익남이 일본에서 의학 공부를 했던 것과 달리, 김점동은 당시로서는 아주 멀고 아주 낯선 나라였던 미국에서 공부하는 길에 도전했다. 김점동의 삶은 한 방향으로 그냥 흘러갔다기보다는 굽이치면서 자꾸 새로운 언덕을 넘어갔던 것처럼 보인다.

조선 그리고 콜레라

김점동의 삶이 이렇게 다르게 움직였던 것은 결국 그 무렵 조선 시대의 독특한 상황과 관련이 깊다. 우선 김점동이 태어난 해는 1876년으로 때마침 조선에서 개항이 이루어진 해였다.

개항 때문에 조선은 처음으로 외국과 무역을 시작하고 외국인들이 들어오는 것을 대거 허용했다. 불과 1871년까지만 해도 조선 조정을 장악하고 있던 대원군 이하응은 서양인들이 침입하는데 싸우지 않고 화해하는 것은 나라를 팔아먹는 일이라고 주장했다. 그리고 이런 내용을 '척화비'라는 비석에 새겨서 전국 200군데에 세워두었다. 이 비석의 옆면에는 "만년 동안 자손은 경계할지어다"라고 적혀 있다. 그런데 만 년은커녕 단 5년 만에 세상이 바뀌어서 조선은 외국과 조약을 맺었고, 온갖 외국 사람들이 조선으로 쏟아져 들어오게 된 것이다.

김점동이 태어나던 무렵, 기억해둘 만한 또 다른 중요한 변화는 조선에 콜레라 전염병이 돌고 있었다는 점이다.

콜레라라는 병은 흔히 콜레라균이라고 하는 '비브리오 콜레라'라는 세균이 몸에 들어오면 일어난다. 그런데, 콜레라균은 19세기가 되기 전까지는 조선에 살지 않았던 생물이었다. 조선뿐만 아니라 세계 전체로 놓고 봐도 콜레라균이 살고 있는 지역은 별로 없었다. 세상 사람들은 어느 나라 사람들이건 대체로 콜레라에 대해서 모르고 살고 있었다.

유일한 예외는 인도 갠지스 강 유역의 몇몇 지역이었다. 이 지역에서는 예전부터 콜레라균이 살고 있었다. 콜레라균은 사람이나 동물의 몸속에서 살 수 있고, 물속에서도 오랫동안 살아갈 수 있다. 그렇기 때문에 만약 콜레라균이 살고 있는 물을 사람이 마신다거나, 콜레라균이 많은 물 속에서 살고 있는 해산물 등을 사람이 먹게 되면 그 사람의 몸에도 콜레라균이 들어와서 살게 된다. 그렇기 때문에 콜레라에 걸리지 않으려면 콜레라균이 없는 깨끗한 물을 골라 마셔야 한다.

문제는 콜레라균이 너무 작아서 맨눈으로 볼 수가 없다는 것이다. 그러다보니 사람들은 콜레라균이 살고 있는 물을 무심코 마시고 콜레라에 걸리게 된다.

콜레라균 하나의 크기는 천 분의 1밀리미터 정도밖에 되지 않는다. 콜레라균을 전자 현미경 같은 장비로 최대한 확대해서 보면 통통하고 길쭉한 것이 소시지나 애벌레처럼 생겼고 거기에 가늘고 긴 꼬리가 달려 있는 모양이다. 그런 콜레라균

천 마리가 줄을 지어 똑바로 길게 누워 있어도 1밀리미터짜리 모래알갱이 크기 정도밖에 되지 않는다는 이야기다.

사람의 키는 이런 세균 길이의 150만 배에서 200만 배 정도다. 만약 세균이 사람처럼 눈이 있어서 사람을 쳐다볼 수 있다면, 세균에게 사람의 모습은 어마어마하게 거대해 보일 것이다. 조그마한 유치원생 한 명일지라도 세균의 눈에는 마치 한반도 땅덩어리 전체가 일어나서 걸어 다니는 것을 사람이 보는 것보다도 더 커 보일 것이다.

세균이 그렇게 작은 만큼 그 구조도 사람에 비하면 대단히 간단하게 되어 있다. 대략을 말하자면 세균이라는 것은 여러 가지 효소들이 들어 있는 조금 쩐득한 국물 속에 DNA가 들어 있는, 아주 작은 주머니 정도로 설명할 수 있다. 이 주머니 하나가 세포 하나다. 사람은 조금씩 다른 역할을 하는 온갖 세포들이 아주아주 많이 모여서 서로서로 연결되어 크게 덩어리져 있는 것이지만, 세균은 그런 세포 단 한 개로 되어 있다. 그러니까 DNA와 효소들이 들어 있는 국물 주머니 한 개가 곧 세균 한 마리다. 음료수를 담아놓은 페트병 하나 혹은 설렁탕 국물을 포장해놓은 봉지 하나가 있는데 그것이 아주아주 작은 크기라고 상상해보면 될 것이다.

그런데 단순한 음료수와 달리 세균의 몸을 이루는 이 국물 주머니 속에는 여러 가지 특이한 물질들이 있어서 다양한 화학 반응을 일으킨다. 이 복잡한 화학 반응의 결과로 국물 속에 들어 있는 DNA는 그 양이 두 배로 불어난다. 한편 그러는 동안 국물 속에 있는 효소들은 화학 반응을 일으켜서 주머니를 이루는 성분도 만든다. 주머니는 세포막이라고 부른다.

그렇게 해서 DNA, 효소와 세포막이 다 갖추어지면 결국 자기 자신과 똑같은 것을 한 벌 더 만들어낼 수도 있다. 효소와 DNA가 주머니 속의 국물에 같이 있으면, 그것이 화학 반응을 일으켜서 더 많은 효소와 더 많은 DNA를 생겨나게 할 수도 있기 때문이다. 이런 방식으로 세균을 이루고 있는 세포막, 효소, DNA가 모두 한 벌이 더 생긴다면, 하나의 세균이 두 개의 세균으로 변한 것이 된다. 세균이 새끼를 치는 것이다.

구조가 이렇게 간단하기 때문에 아마도 먼 옛날 지구에 처음 생명이란 것이 생겨났을 때에도, 그 맨 처음 나타난 생물은 아마 지금의 세균과 많이 닮은 모양이었을 것이다.

화석에 남아 있는 증거를 살펴보면, 그 간단한 생물은 40억 년 전쯤 생겨났다고 한다. 그 이후 이 생명체는 점차 진화했다. 이제 세균은 이런 간단한 일 이외에 더 복잡한 기능도 갖게 되었다. 예를 들어 사고를 당해서 세포막이 찢어지거나 DNA가 부서지면 그것을 수리하는 기능이 있는 효소를 갖게 되기도 했고, 세포막을 보호하는 세포벽이라는 더 단단한 것을 만들어내는 기능도 생겼다. 만약에 DNA, 세포막 등등을 만들 재료가 없으면 주변의 온갖 다른 물질을 분해해서 재료로 바꾸는 기능이 있는 효소를 갖춘 세균들도 많아졌다.

그중에서도 인도 갠지스 강 유역에 자리 잡은 콜레라균이라는 세균은 세상에 널리 자손을 퍼뜨리기 위해서 사람을 이용하는 방법을 개발한 것 같다.

콜레라균은 사람의 몸속에 들어가서 소장에 자리 잡게 되면 얼마 후 내부에서 독특한 효소의 화학 반응으로 사람에게 독이 되는 물질을 내뿜는다. 이 독은 사람의 몸속에서 물을 조절하는 기능을 망가뜨린다. 그렇게 되면 사람은 몸 밖으로 물을 계속 내뿜게 되는데, 이것이 콜레라의 가장 큰 증상이다. 이 증상이 너무 심하면 사람은 몸에 물이 부족해져서 힘이 빠지고 결국은 죽게 된다. 콜레라 증상이 심해졌을 때에는 물을 들이마셔도 소용이 없고, 나중에는 물을 마실 힘조차도 없게 된다. 수분이 너무 부족해져서 몰골은 흉측해지고 피부 색깔마저 푸르죽죽하니 이상해진다고 해서, 옛날에는 콜레라를 푸른 죽음의 병, 청사병(blue death)이라고 부르기도 했다.

사람이 그렇게 병에 고생하는 동안 콜레라균은 그 기회를 틈타 물에 섞여 사람 몸 밖으로 나온다.

사람이라는 동물은 여럿이 모여서 사는 습성이 있고 누군가 아프면 곁에서 다른 사람이 도와주기 마련이다. 그렇기 때문에 콜레라는 옆 사람에게 건너가기 쉬워진다. 만약 콜레라균이 사는 물이 개천으로 흘러들어 갔는데 그 개천 물을 옆집에서 퍼 마신다면 옆집 사람의 몸속으로도 콜레라균이 들어갈 수 있다. 콜레라균을 몸에 담고 있는 사람이 걸어서 옆 마을로 갔다가 그곳의 물을 오염시킨다면 콜레라균은 옆 마을로도 퍼질 수 있다. 민들레가 자손을 퍼뜨리기 위해 씨앗에 깃털을 달아 바람에 날려 보내고, 도꼬마리 같은 것은 동물의 털에 붙어서 먼 곳으로 이동하듯이, 콜레라균은 사람 몸에 들어갔다가 그 사람이 다른 곳으로 걸어가고 다른 사람과 부대끼며 산다는 점을 이용해서 주변으로 퍼져 나간다.

그래도 19세기에 접어들기 전에는 콜레라가 인도 이외의 지역으로는 널리 퍼지지 않았다. 그 무렵에는 콜레라를 널리 퍼뜨릴 만큼 멀리, 자주 움직이는 사람도 드물었던 것 같다. 오랜 세월 그 병을 겪으면서 그 지역 인도 사람들 사이에는 나름대로 어느 정도까지는 병을 조심하고 이겨내는 방법이 있었던 것 같기도 하다.

그런데 1803년경이 되자 상황이 변했다. 당시 인도의 마라타 연맹이라는 곳에서는 인도에 찾아온 영국인들의 세력이 커짐에 따라 영국인들이 침략해 오는 것을 경계하고 있었다. 결국 마라타 연맹과 영국인들은 전쟁을 벌이게 되었다.

그런데 영국인들은 인도인들 사이의 내분을 이용할 줄 알았고, 전투 훈련에서도 더 뛰어났다. 게다가 영국인들의 지휘관 중에는 몇 년 후 유럽으로 돌아가 워털루 전투에서 나폴레옹을 패망시키는 훗날의 웰링턴 공작 아서 웰즐리가 있었다. 아사예 전투에서 마라타 연맹의 5만 대군은 웰링턴 공작의 5천 병력에게 패배했고, 이후 영국인들의 세력은 더욱 커졌다. 영국인의 단체인 동인도회사가 장악하고 있는 지역은 몇 배로 늘어났고, 영국인들이 인도 곳곳을 휘젓고 다니는 것은 훨씬 쉬워졌다.

이런 시기에, 콜레라균이 살고 있던 바로 그 갠지스 강 내륙 지역에서도 해외와의 교류가 훨씬 더 많이 일어나게 되었다. 그에 따라 콜레라균은 세계로 퍼져버렸다. 과거보다 훨씬 더 많은 거리를 훨씬 더 많은 사람이 이동하게 되니 콜레라균도 사람의 몸속에 머물면서 더 멀리, 더 널리 퍼질 수 있었다.

1817년 무렵부터 콜레라균은 세계 곳곳에서 번성하여 많은 사람들의 목숨을 앗아갔다. 지금은 아마도 러시아인들에 의해 콜레라가 러시아로 건너갔고, 이것이 유럽에 퍼진 게 결정적인 계기인 것 같다고들 하는데, 이후 한동안 콜레라는 세계 곳곳을 돌아다니며 이 나라, 저 나라, 이 마을, 저 마을의 사람들을 괴롭혔다.

콜레라균은 몇몇 사람의 입과 배 속을 따라다니며 움직인 끝에 1821년 마침내 조선까지 도착했다. 콜레라는 처음 보는 병이었으므로 당시 사람들은 병 이름도 마땅히 알 수 없어 그저 '괴질'이라고만 불렀다. 처음 콜레라균이 대량으로 퍼진 곳은 평양이었다. 비슷한 시기 중국 청나라에서도 큰 전염병이 돌았다고 하는데, 평양은 서울에서 중국으로 가는 길 가운데에 있다. 그러므로 아마 중국에 도착한 콜레라균이 중국과 조선을 오가던 사람들 사이에 돌고 있었던 것 같다. 그랬던 것이 사람들이 많이 사는 지역이었던 평양에서 크게 번진 듯싶다.

『조선왕조실록』의 1821년 8월 13일자 기록에는 평안 감사 김이교가 보고한 내용이 실려 있다. 이 기록에 따르면 평양에 전염병으로 죽은 사람이 처음 나온 것은 7월 30일 무렵이었다고 하는데, 너무나 병이 맹렬하게 번져서 대략 열흘 사이에 천 명 정도의 사람이 죽었다. 완전히 새로운 병이었기 때문에 어떻게 치료해야 할지 아는 사람도 없었고, 어떻게 막아야 하는지에 대해서도 아는 사람이 없었다. 그저 손을 놓고 사람이 픽픽 쓰러져 죽어가는 것을 보고 있을 수밖에 없었다. 평양의 관청에서는 나름대로 별별 궁리를 하면서 전염병이 퍼지는 것을 막아보려고 했다. 하지만 이미 주변 지역으로 전염병이 퍼지고 있었다.

평양의 관청에서 전염병을 막기 위해 마지막으로 택한 방법은 신령스러운 곳을 찾아 열심히 기도하는 것이었다. 평양의 산신령에게 기도하기도 했고, 다른 신령스러운 곳을 찾아 기도하기도 했다.

조선 후기, 평양에 대한 기록을 보면 평양에는 풍정이라는 우물이 있는데, 그 우물에는 신비롭게도 눈이 하나밖에 없는 물고기들이 살고 있다는 전설이 있어서 사람들이 신령스럽게 여겼다는 이야기가 있다. 그렇다면 김이교는 이 눈이 하나밖에 없는 물고기를 향해 풍정에서도 기도를 올렸을 것이다. 물을 통해 번져 나가는 콜레라의 특성을 생각해보면, 그 우물이야말로 콜레라균이 머물고 있는 둥지였을 가능성이 크긴 하다. 평양 관청 사람들이 와서 무엇인지 알 수도 없는 이 무서운 전염병을 멈춰달라고 애원하는 기도 소리가 콜레라균 위로 쏟아졌을 것이다. 하지만 귀가 없는 콜레라균이 그 말을 알아들었을 리는 없다.

결국 콜레라는 며칠이 지나지 않아 서울에도 번졌고 곧 전국 각지에 콜레라가 돌게 된다. 조선 조정에서는 콜레라에 걸린 사람들을 도우라는 지시를 내리는 한편, 여제라고 해서 여귀, 즉 떠돌이 귀신에게 제물을 바치는 제사를 곳곳에서 지내는 데도 노력을 기울였다.

조선 조정에서 귀신이 돌아다니며 전염병을 일으킨다는 생각을 굳게 믿어서 그런 제사를 지냈던 것은 아니다. 할 수 있는 일이 없으니 마지막으로 이것이라도 해보자는 수단에 가까웠다. 혹은 사람들에게 조정에서 무슨 일이라도 하고 있다는 것을 보여주려는 것이기도 했다.

또 한편으로는 떠돌이 귀신들에게 제사를 지내면서 마음가짐을 경건히 하며 조정의 잘못을 반성해보자는 다짐의 의미도 강했던 것 같다. 즉 이렇게 사람들의 삶에 어려운 재난이 닥쳤을 때일수록 조정에서 나쁜 일을 하고 사람들을 괴롭힌 일은 없는지, 억울한 일을 당한 사람은 없는지, 사람들에게 지나치게 심한 벌을 내린 적은 없는지 돌아보아야 한다는 것이다. 그렇게 해야 나쁜 병도 사그라들 거라고 당시 사람들은 생각했다.

전염병으로 고생하는 사람들이 많은 상황에서 어떻게든 조금이라도 사람들을 편안하게 해주고 괴로움을 덜어주려고 한 셈이다. 조정에서는 8월 16일에 가벼운 죄수들을 석방하라는 명령을 내렸고, 8월 26일에는 임금의 수원 행차를 취소하기도 했다.

그러나 그런 정도로 콜레라균을 사라지게 할 수는 없었다. 결국 사람들 사이에서는 흉흉한 이야기도 돌기 시작해서, 정말 귀신이 돌아다니며 병을 옮기고 다닌다는 이상한 말들이 생겨나기 시작했다. 학자 신돈복이 쓴 『학산한언』이라는 이야기책에는 삿갓을 쓰고 한 발로 뛰어다니며 눈을 희번덕거리는 귀신이 이집 저집을 돌아다니면서 전염병을 일으킨다는 전설이 실려 있는데, 아마 그 비슷한 소문들이 돌았던 것 같다.

그중에서도 조선 말엽에는 특히 쥐 귀신이 사람을 공격하면 그 사람이 콜레라에 걸린다는 생각이 유행했다. 공교롭게도 통통한 몸에 긴 꼬리를 갖고 있는 실제 콜레라균의 모습은 어떻게 보면 쥐와 닮은 점도 있다. 유럽이나 미국에서 현미경을 손에 넣거나 스스로 우연히 현미경을 만들어낸 조선 사람이 있었는데, 그 사람이 콜레라균을 한 번 보고 옆 사람에게 말한 것이 점차 변해서 쥐 귀신 소문이 퍼진 것이라는 이야기를 상상해볼 수도 있겠다. 공상에 불과하지만, 외계인이나 시간 여행 기술을 가진 미래의 사람이 이 시대에 나타나서 고생하는 조선 사람들을 보다 못해 콜레라의 원인에 대해 설명해 주고 콜레라균의 모습을 알려주는 장면도 잠깐 떠올려본다.

그렇지만 정말 그런 일이 일어났을 가능성은 없어 보인다. 왜냐하면, 당시 조선 사람들은 세균을 없앨 방법을 실천하는 대신에 고양이의 기운으로 쥐 귀신을 쫓는 방법을 주로 사용했기 때문이다. 그래서 얼마 후 조선 사람들 사이에서는 고양이 그림을 그려서 집 앞에 붙여놓는 등의 방법으로 쥐 귀신에게 겁을 주어 콜레라를 쫓는 풍습이 퍼졌다.

그 무렵에는 사실 조선뿐만 아니라 세계 어느 곳에서도 콜레라의 정체에 대해서는 알지 못했다. 과학기술이 조선보다 더 발전했던 유럽 지역에서도 콜레라라는 병이 물을 통해 퍼지는 세균 때문이라는 것을 알게 되는 데에는 얼마간의 시간이 필요했다. 유럽에서는 콜레라가 퍼지기 100년 이상 앞서서 현미경이 발명되어 세상에 세균과 같은 작은 미생물이 있다는 사실은 이미 잘 알려져 있었다. 그렇지만 세균이 병과 무슨 상관이 있는지, 어떻게 퍼져 나가는지에 대한 상세한 내용은 아직 밝혀져 있지 않았다. 세균을 뜻하는 정확한 학술 용어인 '박테리아'라는 말이 생긴 것도 조선에 콜레라가 유행한 1821년보다 7년 늦은 1828년이었다.

그러니 19세기 초에는 어느 나라에서건 콜레라에 대한 혼란과 공포가 퍼져 나갔다. 러시아에서도, 프랑스에서도, 덴마크나 영국에서도 수천 명 단위의 사람들이 콜레라에 걸려 잠깐 사이에 떼죽음하는 일이 벌어졌다.

영국 같은 나라가 조선과 달랐던 것은 그 후에 일어난 일이었다. 영국에는 이런 문제를 과학적이고 치밀한 방법으로 따지고 연구하려는 사람들이 있었다. 그리고 이런 사람들의 연구는 주변 다른 나라들과의 활발한 교류 속에서 주위로 퍼져나갔다.

19세기를 거치는 동안 영국 사람들은 오염된 물이 병의 원인이라는 사실을 확인했고, 사람들이 깨끗한 물, 오염되지 않은 물을 마실 수 있도록 하면서 콜레라를 이겨나갔다. 전염병을 막아내는 데 위생이 얼마나 중요한 문제인지 유럽인들은 깨닫게 되었고, 19세기 후반이 되자 프랑스의 파스퇴르, 독일의 코흐와 같은 학자들은 세균이 바로 이런 병의 원인이 될 수 있다는 사실을 널리 알렸다. 이탈리아의 필리포 파치니는 1854년에 콜레라균을 분리해서 그 작고 간단한 생물이 전 세계를 돌며 어마어마한 사람들을 죽인 콜레라의 원인이라는 사실을 확인하기도 했다.

반면 조선은 그런 식으로 콜레라를 이해하고 막아내는 데 성공하지 못했다. 1821년 조선에서는 각 지역에서 만 명 단위로 죽는 사람들이 나왔고, 그보다 적은 규모의 콜레라 유행은 계속해서 이어졌다. 1821년 8월 22일 『조선왕조실록』의 기록을 보면 콜레라로 죽은 사람의 숫자가 수십만 명 수준이며 높은 벼슬을 갖고 있는 사람들 중에서도 열 명이 넘는 사람들이 콜레라로 죽었다고 전하고 있다.

많은 학자들이 19세기 조선의 분위기가 흉흉해지고 사람들 사이에 혼란이 생긴 원인 중 하나로 전염병을 꼽는다. 조선 후기부터 예언서나 말세 사상 같은 것이 스멀스멀 번져 나오면서 세상에 큰 난리가 벌어지고 조선이 망해서 새 나라가 생긴다거나 세상이 뒤엎어진다는 따위의 이야기에 관심을 갖는 사람들도 점차 늘어나고 있었다. 그런 상황에서 정체를 알 수 없는 이상한 병이 전국에 퍼지고 사람들이 며칠 새에 몰살당해서 시체가 천 구, 만 구씩 쌓이는데 그 시체를 묻을 사람조차 부족해지게 되니, 세상이 뒤집어지는 시대가 왔다는 생각에 빠지는 사람은 더욱 많아졌다. 그런 분위기에서 『정감록』 등 조선 후기에 퍼진 예언서에 나오는 난리에 대한 예언이 드디어 이루어졌다고 믿고, 조선이 망한다, 새로운 사람이 임금이 된다, 사회가 바뀐다는 다른 예언도 곧 이루어질 거라고 믿는 사람들이 생겼을 것이다.

결국 이런 19세기의 혼란은 새로운 사상의 배경이 되었다. 동학의 창시자인 최제우 또한 자신이 내세운 새로운 사상에 대한 배경으로 "악질이 세상에 가득하여 백성들이 한시도 편안한 날이 없다"고 하여, 전염병이 돌고 있는 절망적인 상황을 언급하고 있을 정도다. 한편으로 유럽에서 들어온 새로운 종교인 기독교를 믿는 사람들이 늘어난 데도, 이렇게 알 수 없는 병으로 사람들이 무더기로 죽어 나가는 혼란스러운 상황이

상당한 영향을 끼쳤을 것이다.

　그런 어수선한 상황은 경제가 무너지고 정치가 혼란해지는 일과 엮였고 조선의 역사도 어지럽게 꼬여가게 된다. 그리고 그런 시기, 조선에 들어온 외국인들 중에는 미국에서 온 기독교 선교사들도 있었다.

　그리고 기독교라는 새로운 종교의 선교사들로 사연이 이어지면서 이야기는 다시 김점동에게 닿게 된다.

새로운 문화, 새로운 가능성

메리 스크랜턴이라는 사람은 미국 매사추세츠에서 목사의 딸로 태어났다. 스크랜턴은 결혼 후에 아들 윌리엄 스크랜턴을 낳게 되는데, 윌리엄 스크랜턴은 예일 대학을 거쳐 뉴욕 의대를 졸업하여 의사가 된다. 메리 스크랜턴은 40세가 되던 해에 아들이 의사 일을 하고 있던 클리블랜드로 와서 아들 부부와 함께 살게 되는데, 그 후로 교회 일에 차차 열정을 갖게 되었던 듯하다. 그러다 해외 선교에도 관심을 갖게 되었고, 마침내 53세가 되던 1885년에 아들 부부와 함께 선교 목적으로 조선의 서울에 오게 된다. 이들은 미국에서 개신교 계통의 선교사로 조선에 온 사람들 중에 최초의 몇몇에 속한다.

　스크랜턴 일행은 현재의 서울 중구 정동에 자리를 잡았다.

아들인 윌리엄 스크랜턴은 근대 의학으로 병든 사람을 치료하면서 선교 활동을 해나간다는 계획으로 병원을 열었다. 한편 어머니인 메리 스크랜턴은 여자아이들을 위한 학교를 정동에 세우겠다는 계획을 세웠다.

윌리엄 스크랜턴은 시란돈(施蘭敦)이라고 한자 이름을 쓰고 있었던 데다가, '시(施)'라는 한자에 돕고 베푼다는 의미도 있었으므로 그의 병원 이름은 '시병원'이 되었다. 한편 메리 스크랜턴이 세운 학교는 '이화'라는 이름을 궁중에서 하사받아 '이화학당'이라고 불리게 된다. 그렇게 해서 지금까지 이어지고 있는 이화여대와 이화여고의 뿌리가 탄생한 것이다.

시병원이 처음 정식으로 문을 연 것은 스크랜턴 가족이 서울에 도착한 지 1년 정도가 되는 1886년이었다. 그 전까지 스크랜턴은 현재의 정동 이화여고 본관 자리의 언덕에서 진료를 했다. 새로 사서 개조한 건물에서 시병원을 시작한 첫날은 1886년 6월 15일이었다. 환자는 주위에 넘쳐났다. 1886년에 다시 콜레라균이 조선을 돌아다니면서 서울에서만 6천 명 정도의 사람들이 콜레라로 죽고 있는 판이었다.

시병원의 첫 번째 환자는 서대문 근처의 성벽에 버려진 채 죽어가고 있던 한 여성이었다. 그 옆에는 일곱 살 먹은 딸이 붙어 있었다. 스크랜턴 일행은 이 사람을 데려와서 진료했는데, 아마도 심하게 열이 나는 병에 걸려 있었던 것 같다. 스크랜턴은 애써서 치료했지만 그 여성의 상태는 위중했다. 어머니와 같이 온 그 일곱 살짜리 아이를 돌보아줄 사람이 마땅치 않았다.

그 아이의 이름은 간난이라고 했다. 갈 곳도 없이 버려져 있었던 간난이는 이제 어머니조차 만나기 어려운 신세가 되었다. 결국 메리 스크랜턴은 간난을 이화학당의 학생으로 받아들여 기숙하며 학교에서 지내도록 했다. 전염병에 걸린 어머니와 함께 서대문 성벽 근처에 버려져 있던 이 일곱 살짜리 여자아이 간난이 바로 이화학당이 세워진 첫해에 입학한 몇 안 되는 학생 중 한 명이었다. 그러니까, 한국사의 공식적인 여성 교육은 바로 간난이 학교에 들어온 1886년에서부터 시작되는 셈이다.

많은 환자들이 몰려들어 바쁘게 진료해야 했던 시병원 사업과 달리, 이화학당 사업은 시작부터 학생 모으기가 쉽지 않은 편이었다. 애초에 여성을 학교에 보내서 교육을 한다는 생각이 당시 조선에서 무척 낯선 것이었던 데다가, 외국인이 운영하는 학교에 보내는 것을 두려워하는 사람들도 많았다. 당시 조선에서 외국인들이란 이상하고 위험한 종교를 믿는 낯선 사람들이라는 인상이 적잖이 퍼져 있었고, 무서운 침략자라는 생각도 퍼져 있었다. 심지어 서양 사람들은 조선 아이를 잡아먹는다는 헛소문이 돌기도 했다.

지금 돌아보면 너무나 황당한 이야기 같지만, 문화나 인종이 다른 사람들과의 접촉이 급격히 늘어날 때 이런 부류의 뜬

소문은 제법 잘 퍼지는 법이다. 심지어 최근 몇 년간 한국에서도 어떤 나라의 외국인들은 살인, 강도를 잘 저지른다든가, 사람을 붙잡아 장기를 밀매한다는 뜬소문이 돌았는데, 이와 별반 다를 바 없는 일이라고 생각한다.

그러다보니, 이화학당은 제법 긴 시간 동안 학생 숫자가 고작 한두 명밖에 되지 않았다. 맨 처음 학당을 찾은 사람은 어느 벼슬아치의 첩이라고 하는 김씨 부인이었다고 한다. 김씨 부인은 이화학당에서 영어를 배우려고 했다. 조선에서는 남녀가 함께 대화하는 것이 어려운 형편이었으니, 만약 김씨 부인이 영어를 익힌다면 조선 여성이 외국인들과 대화할 때 통역 역할을 하기에 유리했을 것이다.

김씨 부인과 그 남편인 벼슬아치는 그렇게 할 수 있다면 명성황후 민씨의 통역을 할 수 있다고 생각했던 것 같다. 외국과의 교류를 막았던 시아버지 이하응과 그 며느리 명성황후는 서로 다투는 세력이었다. 그러므로 명성황후는 이하응과는 반대로 외국과의 교류에 관심이 많은 사람이라는 이야기가 퍼져 있었다. 명성황후의 통역이 되어 외국인과의 대화를 돕는다면 출세에 도움이 될지도 몰랐다.

김씨 부인은 석 달 정도 이화학당을 찾다가 그만두었다고 한다. 그리고 나서 한동안은 일부 가난한 사람들이 딸들을 학교에 보냈다. 굶어 죽을 지경으로 고생하느니, 학교 기숙사에 머물면 그래도 먹을 걱정, 입을 걱정은 안 할 것이라는 생각에 딸을 학교에 보낸 것이다. 이화학당에 온 두 번째 학생은 꽃님이라고도 하고 어떤 기록에는 별단이라고도 하는데, 동네 사람들은 당장 꽃님이가 잘 먹고 잘 살기야 하겠지만, 이제 미국 사람들이 갑자기 꽃님이를 멀리 서양으로 데려가버리면 어쩔거냐고 걱정하는 말을 하고 다녔다고 한다. 그래서 스크랜턴은 절대 꽃님이를 데려가지 않겠다고 꽃님이 어머니 박씨 부인에게 각서를 써주기도 했다.

김점동은 바로 그다음 해인 1887년, 이화학당에 입학했다. 김점동의 집안은 형편이 어렵기는 했지만 당장 딸을 어딘가에 떠넘겨야 할 정도로 극심히 가난한 것은 아니었다. 그런데도 김점동이 이처럼 초창기에 이화학당에 입학했던 것은 김점동의 집안이 외국인에 대해 비교적 거부감이 적었기 때문으로 보인다. 김점동의 아버지인 김홍택이 다름 아닌 미국 선교사 아펜젤러의 집사 일을 하고 있었기 때문이다.

아펜젤러는 메리 스크랜턴과 거의 같은 시기에 조선에 들어온 인물로 현재의 배재대학교와 배재고등학교의 뿌리가 되는 배재학당을 세운 사람이었다. 마침 정동에 살고 있었던 김홍택은 아펜젤러가 정동에 정착해 살 때 여러 가지 잡일들을 해주면서 그와 가까워졌고, 외국인들에게 친숙해졌던 것 같다.

당시 정동 일대는 서울에서 유럽과 미국 사람들이 가장 많이 모여 사는 곳이었다. 여러 나라들의 외교 공사관이 그곳에 있어서 자연스럽게 그 주위에 공무원, 관리, 군인, 선교사 등이 자리잡고 살게 되었다. 그러므로 정동은 여러 나라의 외국인들이 조선 사람들과 마주치며 하루하루를 살아가는 곳이었고, 서로 다른 문화가 매일같이 섞여 드는 곳이었다. 아펜젤러가 세운 학교나 스크랜턴이 세운 병원을 통해서 외국의 새로운 기술, 새로운 학문이 들어오는 지역이기도 했다.

그런 지역에 살면서, 외국인들의 집안일을 돕는 집사였던 김홍택 같은 사람도 무심코 새로운 문화를 접하게 되고, 새로운 가능성에 서서히 익숙해지게 된다.

그러다보니 김홍택은 외국인의 학교에 딸을 보내는 것에 대해서도 나쁘지 않은 일이라고 생각했던 것 같다. 김홍택은 심지어 기독교에 대해서도 상당히 가까운 입장이었다. 그의 딸 김점동이 몇 년 후에 세례를 받게 되는 것을 보면 김홍택이 초창기부터 독실한 신자는 아니었을지라도 많은 다른 조선 사람들과 태도가 다르기는 했던 것 같다. 그것만 해도 굉장한 차이였다. 김점동이 태어나기 불과 몇 년 전에 조선과 외국 세력이 충돌하는 과정에서 병인박해가 일어나 조선의 천주교 신자들 8천 명가량이 처형된 일이 있었다. 그런 무시무시한 일에 엮여 있는 외국의 종교와 사상을 열린 태도로 대할 수 있던 사람이 흔하지는 않았을 것이다.

그런 김홍택은 자신을 고용한 아펜젤러의 권유를 받아 김점동을 이화학당에 입학시킨다.

나중에 회고한 기록에 따르면 입학 첫날 김점동은 처음으로 난로라는 것을 보았다고 한다. 온돌로 난방을 하는 조선에서는 쇠로 만든 난로를 보기가 어려웠을 것이다. 계절이 겨울이었으니 아마 그 난로는 불이 붙어 타고 있었을 것이다. 김점동은 키가 큰 백인이었던 스크랜턴의 인상이 너무나 생소해서, 그 옆에 가까이 다가가면 스크랜턴이 자신을 난로의 불구덩이 속에 집어넣는 것은 아닐까 겁을 냈다고 한다.

당시 김점동은 열한 살이었다. 그때 이화학당 자리가 지금의 정동 이화여고 자리에 해당한다. 정동 이화여고에는 예전부터 내려오는 한옥 양식의 문이 하나 남아 있는데, 어쩌면 그것이 그때 김점동이 드나들었던 문을 고쳐 지은 것인지도 모른다.

김홍택이 네 딸들 중에 하필이면 김점동을 학교에 보내기로 한 데에 별다른 이유가 있었던 것 같지는 않다. 김홍택의 첫째 딸은 그때 이미 결혼한 상태였고, 둘째 딸은 14세, 그리고 셋째가 11세의 김점동이었고 넷째는 한 살이었다. 김홍택은 첫째는 결혼했으니 가정을 돌봐야 한다고 생각해서 제외했을 것이고 갓난아기였던 넷째도 제외했을 것이다. 남는 것은 둘째와 셋째 점동인데, 당시만 해도 14세면 이제 차차 결혼할 상대를 찾아봐야 하는 나이라고 생각했고 그러다 17세 정도가 되면 대부분 결혼을 했다. 그러니 둘째보다는 학교에 좀 더 오래 머무를 수 있는 셋째가 더 낫다고 생각하지 않았나 짐작해본다.

게다가 당시 김홍택은 넷째가 딸로 태어난 후에 남자아이를 양자로 들인 처지였다. 아무래도 한 집에 그 많은 식구가 모여 살기는 쉽지 않은 형편이었다. 그러니, 누구 하나는 어딘가로 나갔으면 좋을 만한 상황이었을 것이다.

"학교에 다니는 애들은 매일 이상한 노래를 부르고 신기한 것을 배운다. 나도 한번 저 아이들 사이에 끼어서 그런 것을 배워보고 싶다."

이처럼 때마침 김점동 스스로도 자신이 학교로 들어가는 것이 적합하다고 생각했을지도 모른다. 뒤에 김점동이 보여준 새로운 것을 배우는 탁월한 능력을 보면, 11세의 김점동이 학교에 가는 것을 어떤 모험이라고 생각하며 설레는 장면을 상상해볼 만도 하다. 집을 떠나 낯선 사람들과 지내야 하는 학교생활이 두렵기도 했겠지만, 학교에 다니고 있는 서너 명의 아이들에 대해서는 호기심도 있지 않았을까?

김점동이 한국에 근대 의학을 들여온 첫 번째 세대로 활약하게 되는 배경으로, 나는 새로운 문화와 기술을 가진 외국인들과 그와 큰 상관이 없을 것 같던 조선인들이 생활 속에서 함께 뒤섞여 살아가는 정동이라는 공간이 중요했다고 생각한다. 정동은 다양한 문화가 항상 교류되는 공간이었다. 얼마 후 김점동의 스승이 되는 미국인 로제타 셔우드 홀은 조선의 정동에서 결혼식을 올렸는데, 캐나다인과 결혼을 했기 때문에 미국 공사관, 캐나다 공사관이 식장이었고 조선의 군악대가 와서 음악을 연주해주었다. 또한 중국인 요리사가 음식을 만들었고 정동의 온갖 나라 사람들을 하객으로 초대했다고 한다.

나는 과학기술을 위한 연구 시설이나 전문가 집단이 자기들끼리만 뚝 떨어져서 깊은 산속에 박혀 있는 것보다, 지역 주민들과 다른 직업을 가진 사람들 사이에서 같이 살아가는 환경을 만드는 것이 중요하다고 생각한다. 김점동과 정동 사람들처럼 이렇게 온갖 새로운 기술, 새로운 문화를 마주치며 일상에서 같이 부대끼는 과정에서, 집안일을 도와주던 집사의 셋째 딸이 한국에 근대 의학을 소개해주는 일도 생길 수 있었던 것이다.

몇십 년 후에 이화학당의 초창기를 회고하는 신문 기사를 보면, 이 무렵의 이화학당에서 특별히 대단한 학문을 학생들에게 가르쳤던 것 같지는 않다. 처음 여성 교육을 한국에 정착시키는 단계인 만큼 무리를 해서 어려운 과목을 편성하는 것보다 생활하면서 갖추어야 할 상식을 가르치는 정도에 좀 더 집중했던 것 같다.

엄격하고 원리원칙을 중시하는 목사들에 비해서, 이화학당의 설립자 스크랜턴은 조선에 적응하기 위해 적당히 타협하고 규율이나 계획을 유연하게 바꿔가는 성향이 있었다. 이를테면, 이 무렵 이화학당 학생들이 교복처럼 입었던 옷은 여성의 머리 부분을 가리기 위해 덮어 쓰는 조선 후기 양식의 쓰개치마 모양이었다.

그래서 과목으로 편성된 것 중에 큰 덩어리를 차지했던 것은 한글, 한문, 산수, 바느질, 요리 같은 내용이었다. 사실 배우고 가르치기로 작정하면 학교 밖에서도 교육이 이루어질 수 있는 내용이 많았다. 하지만, 여성을 위한 교육 기관 자체가 없었던 것을 생각하면 이런 과목이 배움의 기초로 차근차근 주어진다는 것 자체부터가 커다란 변화였다. 간단한 덧셈 뺄셈을 배우는 것이었지만, 학생들은 항상 새로운 것을 익히고 새로운 것을 알아나가는 즐거움을 느끼며 학문의 세계로 점차 나아가고 있었고, 그 길에 더 복잡하고 놀라운 세상이 있다는 사실을 깨달을 수 있었을 것이다.

게다가 조선의 다른 곳에서는 배우기 힘든 과목들도 아예 없는 것은 아니었다. 스크랜턴이 조선에 온 목적이 선교였기 때문에 학생들은 성경 이야기들을 많이 들을 수 있었는데, 그 과정에서 영어도 같이 배울 수 있었다.

지리나 과학 과목은 지구는 둥글고 바다 건너 멀리에는 미국이라는 나라가 있다는 정도의 간단한 내용이 많았을 것이다. 하지만 그것만 해도 누구 못지않게 근대 과학의 지식을 빨리 접할 수 있는 기회였다. 선교사들이 가져온 오르간 연주를 듣고 배울 기회도 있었는데, 건반으로 연주하는 유럽과 미국의 음악은 완전히 새로운 곡조였다. 김점동은 이런 새로운 지식에 특별히 매료되었다. 가장 좋아했던 과목이 바로 영어와

오르간 연주여서, 그것은 평생 배웠으면 좋겠다고 생각했을
정도였다.

최선을 다한 후에도 배울 수 없다면, 그때 포기하겠습니다

김점동이 학교를 다닌 지 3년이 되는 1890년, 로제타 셔우드
홀이라는 의사가 미국에서 조선으로 오게 된다. 당시에는 로
제타 셔우드라는 이름을 쓰고 있던 로제타 홀은 뉴욕 출신으
로, 의사가 되어 해외 선교에 관심을 가진 인물이었다. 로제타
홀은 인도에 대한 이야기들을 많이 전해 듣고 처음에는 인도
선교에 관심을 가졌는데, 뉴욕 시에 머물면서 중국인들을 접
하는 와중에 중국, 조선, 일본의 사정에도 관심을 가지게 되었
다고 한다. 로제타 홀은 뉴욕 시 매디슨 애비뉴에 있던 선교사
모집 사무실에 찾아가 의사 윌리엄 홀을 만나게 되는데, 이때
윌리엄 홀이 로제타 홀에게 반해서 둘은 약혼하여 같이 선교
여행을 계획하게 된다.
　로제타 홀이 조선에 올 때만 해도 윌리엄 홀은 중국으로 가
라는 지시를 받아 둘은 졸지에 이별하게 될 형편이었다. 윌리
엄 홀의 짐까지 중국으로 보낸 상황이었다고 한다. 그런데 마
지막 순간 윌리엄 홀도 조선으로 올 기회가 생겨서 두 사람은
같이 조선에서 지낼 수 있게 되었고, 조선의 정동에서 결혼식

을 올렸다. 이 무렵만 해도 김점동도, 로제타 홀도 그렇게 멀리 떨어져 있고 단 한 번 만난 적도 없었던 두 사람이 만나서 서로의 삶을 완전히 뒤바꾸고, 나아가 수많은 다른 사람들의 인생도 바꾸리라고는 상상하지 못했을 것이다.

의사였던 로제타 홀은 이화학당에서 생리학과 과학을 가르치는 한편, 병든 조선 여성들을 치료하는 일을 했다. 로제타 홀이 도착하기 3년 전에 조선에는 최초로 여성을 위한 근대식 진료소가 생겼는데, 그 진료소가 '보구여관'이었다. 보구여관이라는 이름은 '여성을 보호하고 구하는 집'이라는 뜻으로 명성황후가 내려준 것이었다. 이 진료소는 이화학당 구내에 있었는데, 처음으로 온 의사가 메타 하워드(Meta Howard)였다. 하지만 메타 하워드가 건강이 나빠져 떠나자 1년 동안이나 그곳을 전담하는 여성 의사가 없었다.

로제타 홀이 그만큼 급하게 조선에 필요한 상황이었다. 홀은 서울 정동에 도착한 바로 다음 날, 한국어는 한 마디도 할 줄 모르는 상황에서 조선 환자를 진료하기 시작했다.

시간이 흐르면서 보구여관 사람들은 이화학당 학생들을 의사와 환자 사이의 통역으로 활용하게 되었다. 영어 과목을 좋아하고 영어를 잘하는 편이었던 김점동도 당연히 이 일을 하게 되었고, 곧 통역뿐만 아니라 홀의 조수 역할도 하게 된다.

이때 홀이 남긴 기록을 보면 통역과 조수 일을 가장 잘했던 학생은 김점동과 조선 체류 일본인의 딸이었던 '오와카'라는 학생이었다. 김점동은 영어를 잘했고, 오와카는 조수 일에 열정을 보였다고 한다. 둘은 약제실에서 머물며 일했다고 하는데, 홀이 보기에 김점동은 약제실 일은 좋아하지 않는 편이라고 쓰여 있다. 게다가 학교 바깥으로 진료를 하러 나가면, 조선 여성들은 함부로 나다니면 안 된다는 당시의 문화 때문에 일본인 학생이 더 유리할 때가 많았다는 언급도 있다. 조선인 학생과 함께 나서려면 밤 시간을 이용해서 가마를 타고 이동해야 했다고 한다.

김점동은 어쨌건 성실하게 맡은 일을 해나갔다. 매사에 진지하고 성실하며 조심스러우면서도 동시에 새로운 것에 대한 동경도 강하게 느끼는 성격이었던 것 같다. 그런 김점동에게 이화학당 사람들, 그러니까 수완 좋고 추진력이 강한 사업가 같은 느낌의 스크랜턴과 이성적이고 날카로우면서도 의학에 몰두하는 성격의 홀은 각기 다른 방향으로 영향을 미쳤을 것이다.

홀은 학생들의 실습을 위해 으슥한 곳에 굴러다니던 해골을 주워 와서 교실에서 보여줄 생각도 했다. 그런데 백인들이 아기를 잡아먹는다는 소문을 기억하던 주변 사람들이 그런 짓은 하지 말라고 말려서 학생을 한 명씩 방으로 불러 뼈를 보여준 일도 있었다고 한다. 어떤 날에는 화상으로 손가락들이 붙어버린 사람을 치료하기 위해 수술을 해준 후에 피부 이식을 하게 되었는데, 말이 통하지 않자 급한 마음에 자기 피부를 이식해준 일도 있었다.

이런 이야기들은 홀의 성격을 나타내는 사건들로 보인다. 그 외에, 홀이 남긴 방대한 양의 일기와 편지를 보면 글쓰기와 문학에 대해서 재능과 감수성을 가진 사람으로 보이기도 한다.

홀은 조선에서 의학 훈련반(Medical Training Class)을 만들어 다섯 명의 학생들에게 특별히 약물과 의료기기에 대해서 가르치기 시작했다. 김점동도 그 학생들 중 한 명이었다. 김점동은 이때 사람의 몸이 세포라는 작은 단위가 많은 숫자만큼 뭉쳐서 된 것이라는 사실이나, 단 하나의 세포로 되어 있는 세균처럼 아주아주 작은 생물이 있다는 사실을 배웠을 것이다.

당시는 독일의 학자 코흐가 한참 세균에 대해서 많은 사실을 발견해 명성을 높이고 있을 때였으니, 세균이 병을 일으킨다는 사실도 아마 듣게 되었을 것이다. 코흐는 1883년 직접 인도에 가서 콜레라균을 확인하기도 했다. 그러니 1890년대 초였던 이때, 김점동과 이화학당 의학 훈련반 학생들은 그 무서운 괴질이라는 콜레라균의 정체에 대해서도 들을 수 있었을지 모른다.

김점동은 홀을 만난 지 얼마 후인 1891년, 세례를 받아 에스더라는 세례명을 받게 된다. 이후 선교사들은 김점동을 곧잘 에스더라고 불렀고, 김점동은 나중에 미국에 건너가서도 에스더라는 이름을 흔히 사용했다. 김점동을 한동안 박에스더 또는 에스더 박이라고 불렀던 것은 김점동이 박씨 성을 가진 남자와 결혼한 후에 미국식 이름을 '에스더 박'이라고 사용했기 때문이다.

김점동과 결혼한 이 박가 성을 쓰는 남자의 이름은 박유산(Yousan Park)이라고 알려져 있다. 아마도 선교사들이 사용하던 영문 표기를 옮긴 이름인 듯한데, 19세기 말에 나온 한국계 신문에서 사용한 한자 표기를 보면 본명은 박여선일 가능성이 크다. 박여선은 동네 서당 훈장을 하던 집안의 아들이라는 이야기가 있는데, 이 무렵 극히 가난하여 오갈 곳도 마땅치 않아 떠도는 신세였던 것 같다. 당시로서는 혼기를 놓친 노총각이라고 불리기도 했다. 그 역시 재산이 너무 없고 일자리도 마땅치 않았기 때문으로 보인다.

그렇게 일거리가 있는 곳을 찾아다니며 이곳저곳을 전전하다 보니 박여선은 이 마을 저 마을의 상황을 두루두루 알게 된데다가 말고삐를 잡거나 수레를 끄는 데 익숙해진 것 같다.

박여선이 김점동과 엮인 것은 로제타 홀의 남편이었던 윌리엄 홀의 마부로 일하게 되었기 때문이다. 윌리엄 홀은 선교회의 계획 때문에 평양으로 선교 여행을 떠나게 되는데, 이때 윌리엄 홀의 여행을 도와준 일꾼이 박여선이었다. 박여선은 홀과 함께 다니면서 기독교를 믿게 되었고, 나중에 홀이 평양에서 사건에 휘말렸을 때는 상투를 붙잡히는 일을 겪었다는 기록도 있다. 그런 것을 보면, 자신에게 안내를 맡긴 홀과 금방 친해졌고 또한 일하는 태도도 충직했던 것 같다.

박여선의 성격이나 삶에 대해서는 나중에 부인이 되는 김점동에게 헌신적이었다는 것 이외에는 거의 알려진 것이 없다. 막연히 상상해보기에는 순박하고 성실하면서도 농담을 잘하고 대단히 낙천적인 사람이었던 것 같다. 김점동은 남편 박여선과 함께 찍은 사진 몇 장을 남겼는데, 항상 진지한 표정인 김점동에 비해 박여선은 묘하게 엷은 미소를 띠고 있는 얼굴이다. 사진을 찍을 때 특별히 웃는 표정을 짓는다는 생각이 별로 퍼지지 않았던 당시 시대를 생각해보면, 그것이 박여선의 평소 성격을 나타내는 것이라고 상상해본다.

1893년이 되자 김점동의 어머니인 연안 이씨 부인은 딸의 결혼에 대해 심히 걱정하게 된다. 이 해에 김점동은 18세였는데 당시에는 이 나이면 대부분의 여성이 이미 결혼을 한 상태였다. 그래서 초창기 이화학당은 따로 졸업식이 없었고 그냥 학생이 결혼을 해서 학교에 못 나오게 되면 그것이 졸업과 비슷한 것이었다고 한다.

그러다보니 김점동은 학생들 중에서 가장 나이가 많은 편에 속했을 것이다. 게다가 김점동의 아버지인 김홍택이 한 해 전인 1892년에 세상을 떠난 상황이었다. 이씨 부인은 관습에 따라 자식이 가정을 이루도록 만들어야 한다는 생각에 더 초조해졌을 것이다. 더군다나 당시 조선 사회에서는 그 정도 나이가 되도록 결혼을 하지 않으면 뭔가 문제가 있거나 위험한 사람이라고 짐작하는 분위기까지 퍼져 있었다.

그런데 김점동 본인은 결혼할 생각이 없었고 결혼을 두려워하거나 싫어했던 것 같기도 하다. 김점동은 자신은 "남자를 좋아하지도 않는다"고 편지에서 밝히기도 했고, "바느질도 잘하지 못한다"고 말하기도 했다. 영어와 오르간 연주에 능숙하고 생리학과 의학을 배우고 있는 훌륭한 학생이었지만 이 시절 조선 가정에서 결혼한 여성이 맡아야만 했던 집안일은 잘하지 못했을 거라는 뜻으로 보인다. 어떻게 보면, 자신이 학교에서 배운 것을 잘하는 데 비해 집안일은 멀게 느껴진다는 말 같이 들리기도 한다.

결국 선교사들이 나서서 김점동의 짝을 찾아주기로 했고, 그렇게 해서 윌리엄 홀은 자신의 여행을 도와주었던 박여선을 추천하게 되었다. 박여선에 대해서는 김점동의 어머니인 이씨 부인도 탐탁지 않게 생각했다고 하는데, 아무래도 너무나 가난한 떠돌이 출신이었기 때문인 것 같다. 넉넉한 편은 아니었지만 그래도 자식 넷을 키우며 정동에 자리를 잡고 안정된 삶을 살고 있었던 김점동의 가족과 집안의 장남이면서도 이곳저곳을 떠돌고 있는 박여선의 집안은 당시 조선 사회의 기준으로는 가문의 등급에서 차이가 났던 것 같다.

김점동은 결혼을 하라는 이야기를 듣고 사흘 동안 잠을 자지 못하고 고민을 했다고 한다. 게다가 김점동은 자신의 어머니가 박여선을 싫어하고 있다는 사실도 잘 알고 있었다.

그런데도 두 사람이 연결된 것은 둘 다 기독교 신자로서 자신과 같은 기독교 신자와 결혼하기를 바랐기 때문이다. 김점동은 당장 결혼을 하기는 싫지만 당시 사회에서는 결혼을 안 하고는 더 이상 사회생활을 하기 힘들 거라고 설명하고는, 이것이 신의 뜻이라면 어머니가 싫다고 하거나 남편감이 가난하다고 해도 따르겠다고 밝혔다. 한편 박여선은 바느질은 잘하지 못하더라도 기독교인인 여자와 결혼하고 싶다고 윌리엄 홀에게 말한 적이 있었다. 결국 1893년 5월 5일 김점동과 박여선은 결혼식을 올렸다. 당시 조선 사람들 사이에서는 거의 사례가 없었던 기독교식 결혼식이었다.

결혼을 한 후에도 김점동은 상당한 기간 동안 박여선을 별로 좋아하지 않았던 듯싶다. 홀이 남긴 자료를 보면 김점동은 11세 이후로 거의 항상 학교에서 머물면서 학교와 관련이 있는 남자들만 보며 살았는데, 그러다 마부나 길잡이 일을 하는 박여선과 살게 되니 그가 한심해 보였을 거라는 언급도 있다. 예를 들어, 자신의 스승인 로제타 홀의 남편인 윌리엄 홀은 의사로 머나먼 나라에 찾아와 사람을 구하고자 하는 사람이었고, 학교에서 처음 만난 스크랜턴의 아들 역시 조선에서 이름난 의사였다. 과학과 지리, 성경과 신학에 대한 지식보다는 길거리의 뜬소문과 뒷골목의 삶에 대해서 잘 아는 박여선은 그들과 조금 달라 보였을 것이다.

김점동이 변해서 남편을 진심으로 사랑한다고 말하게 되는 것은 1년 정도가 지나서이다. 무슨 변화가 있었는지는 확실하지 않다. 박여선의 낙천성과 재미있는 성격에 김점동이 점차 친근해졌을 수도 있을 것이다. 아마도 박여선은 김점동이 특별한 사람이라고 생각하고 그런 생각을 김점동에게 항상 고백했던 것 같기도 하다. 박여선에게 김점동은 새로운 학문과 새로운 문화에 정통한 대단히 지혜롭고 훌륭한 사람으로 보였을 것이다.

김점동의 의학에 대한 태도도 결혼 무렵에 완전히 바뀌게 된다. 입술 위가 갈라진 구순개열 환자를 로제타 홀이 수술해서 고쳐주는 것을 보고 김점동은 이것이 세상을 바꿀 수 있는 대단한 학문이라고 생각하게 되었다는 이야기가 전해진다. 이 무렵 조선에서는 입술 위가 갈라진 모양으로 태어나면 평생 놀림거리가 되는 것을 운명으로 여겼다. 그러니 근대 의학 기술을 갖고 있는 사람들은 그 운명을 바꾸어주는 사람들이었다.

김점동은 의학에 점점 열정적으로 빠져들었고, 1884년 무렵이 되자 진료소에 있는 모든 약들의 라틴어 이름을 다 외워서 의사들이 불러주는 대로 처방전을 쓸 수 있는 실력까지 갖추게 되었다. 몸에 기술을 익히는 데도 능숙해져서 홀은 김점동이 한 손으로 에테르병을 들고 다른 한 손으로 환자를 치료할 수 있을 정도가 되었다고 기록하고 있다.

이 시기 김점동의 성장에 대해 윤선자 교수 같은 연구자는 그 연구 논문에서 조금 다른 이야깃거리 하나를 제시하고 있기도 하다. 김점동이 홀에게 보낸 편지를 보다보면 홀에게 질

책을 듣기 전에는 자신과 홀을 "예수의 자매"라고 쓰고 있다가, 질책을 들은 후에는 "홀은 미국의 숙녀인데 자신은 조선의 소녀일 뿐이고 현명하지 못하고 마음이 좁고 화를 잘 낸다"고 쓴 것이 있다. 윤선자 교수는 이것이 김점동이 홀과 자신이 근본적으로 평등한 사람이라고 생각했다가 한편으로 어쩔 수 없이 다를 수밖에 없는 환경과 배경의 차이를 느끼면서 갈등한 흔적이라고 보고 있다.

그런 과정에서 김점동은 홀처럼 자신도 의사가 되고 싶다는 꿈을 꾸게 되었다는 것이다. 그리고 그 남편인 박여선도 김점동이라면 정말로 그렇게 될 수 있을 것 같다는 꿈을 같이 꾸게 되었다. 자신이 말고삐를 잡고 모시던 윌리엄 홀 선생처럼 될 수 있는 조선 사람이 어디에 또 있을까 싶었는데, 바로 자기 곁에 있던 자신의 아내, 김점동이 그 가능성을 갖고 있는 것으로 보였다는 이야기다.

1894년 5월 4일, 김점동, 박여선과 홀 부부는 평양 선교 사업을 위해 다 같이 평양으로 가게 되었다. 인천에서 배를 타고 평양으로 간 이들은 초기에 난처한 일을 겪었다. 이때에도 여전히 평양에는 신령스러운 우물에 제사를 지내는 풍습이 있었는데, 우물에 제사 지낼 돈을 걷으려고 온 사람을 윌리엄 홀이 거절한 일이 있었다.

"옛날 전염병이 돌았을 때에도 이 우물에 제사를 지내면서 기도를 했더니 효험이 있었습니다. 이 우물에는 눈이 하나뿐인 물고기들이 살고 있다고 하는데, 이 물고기들이 바로 이 주변을 지켜주는 신령입니다. 그러니 이 신령스러운 물고기에게 바칠 제물을 예의상 조금만이라도 내십시오."

"나는 기독교 신자입니다. 그런 일을 할 수는 없습니다."

이런 장면을 상상해본다.

이때 평양에는 기독교에 반감을 품은 사람들이 적지 않아서, 이 일이 계기가 되어 평양의 기독교인 여럿이 관청에 붙잡혀 감옥에 갇히게 되었다. 박여선도 상투가 잡힌 채 두들겨 맞으며 끌려갔다고 하는데, 감옥에 붙잡힌 후에는 부패한 관리들이 끼어들어서 이제 곧 이 사람들이 사형될 텐데 돈을 내놓으면 빼내주겠다면서 접근하기도 했다고 한다.

외국 공사관에 연락해서 중재를 부탁한 끝에 감옥에 갇힌 기독교인들은 빠져나올 수 있었다. 하지만 그 후에도 평양의 일은 쉽지가 않았다. 엎친 데 덮친 격으로 한 달 정도가 지났을 무렵, 청일전쟁이 벌어졌고 평양은 곧 전쟁터가 될지도 모른다는 소식이 돌았다.

콜레라균이 한참 조선 사람들을 죽음으로 끌고 간 19세기 중반에 자라나기 시작한 동학이란 새로운 사상은 이 무렵에 큰 세력을 갖고 널리 퍼져 나가게 되었다. 후에 독립운동가이자 정치인으로 널리 알려지게 되는 김구는 공교롭게도 김점동과 같은 나이였는데, 이때는 김구도 동학 세력에 들어가서 작은 직위를 갖고 있던 시절이었다. 동학 세력은 무기는 빈약

했지만 군대나 다름없이 무장한 사람들을 많이 동원할 수 있었는데 그 수가 수만 명을 헤아렸다. 허약해진 조선 정부가 다스리고 감당하기에는 너무나 많은 숫자였다. 조선 남부 지역에서 부패한 관리들을 몰아내자면서 동학의 군대가 움직이기 시작하자 조선 정부는 당황하기 시작했다.

조선 정부는 하는 수 없이 청나라 군사에게 연락해서 대신 동학군을 몰아내줄 수 없냐고 요청했다. 이때 청나라와의 조약에 따라 일본 정부도 같이 군대를 보내게 되었다. 일본군은 서울에 있는 일본인을 보호하겠다며 서울의 경복궁 근처로 들어왔고, 그 틈을 타서 조선 정부의 관리들이 일본을 지지하는 사람들로 바뀐다. 이제 문제는 청나라 군대와 일본 군대 중에 누가 조선에 남고 누가 조선에서 나가느냐 하는 것으로 바뀌게 되었다. 애초에 문제의 빌미가 된 동학 세력은 이 무렵쯤이면 이미 해산해서 사라져가고 있는 상황이었다. 그런데도 청나라와 일본은 엉뚱하게 조선 땅에서 전쟁을 벌이게 된 것이다.

김점동 일행이 걱정했던 대로 평양은 청나라와 일본의 전쟁터가 되었다. 양쪽에서 만 명 정도가 되는 군인들이 평양성을 두고 전투를 벌였다. 수천 명이 죽어 나간 끝에 일본군이 승리했고, 남아 있는 청나라 군사들은 을밀대에서 항복했다. 총알이 날아다니고 포탄이 떨어지는 사이에 죽은 조선 사람들도 있었다.

전투가 끝나고 윌리엄 홀이 다시 평양에 돌아와보니 곳곳에 시체가 널려 있었다고 한다. 윌리엄 홀은 난리가 난 상황에서 목숨을 구하기 위해 의사를 찾는 사람들을 진료했다. 그렇지만 전쟁이 지나간 평양에는 그 혼란과 쇠약의 틈을 타고 다시 전염병이 찾아왔다. 이번에는 병을 치료하기 위해 나섰던 윌리엄 홀 자신도 그 희생자가 되었다.

로제타 홀은 윌리엄 홀을 치료해보려고 했지만 구할 수 없었고, 그가 세상을 떠나는 모습을 보았다. 김점동은 항상 로제타 홀의 진료를 돕고 있었으니, 아마 그 자리에 같이 있었을 것이다. 동료 의사로 만났던 로제타 홀과 윌리엄 홀은 선교를 위해 같이 조선으로 떠나왔고 조선에서 결혼해서 조선에서 4년 정도 함께 생활한 상태였다. 그 아들인 셔우드 홀도 조선에서 태어나 자라고 있었다. 남편이 혼란의 와중에 조선에서 죽게 된 것은 로제타 홀에게 큰 충격이었다.

결국 로제타 홀은 조선을 떠나 고향인 미국으로 돌아가기로 결심한다. 홀은 조선 생활을 정리하고 그 해가 지나기 전에 미국으로 돌아가기로 결심했던 것 같다. 평양성 전투가 끝난 것이 1894년 9월이었으니 석 달 사이에 이루어진 일이었다.

이때 김점동은 아마도 삶에서 가장 큰 결단이었을 생각을 하게 된다. 스승인 홀에게 자신도 같이 미국으로 데려가 달라고, 미국에서 정식으로 의학을 배울 수 있게 해달라고 부탁한 것이다.

이는 그 사이에 김점동과 홀이 그만큼 가까운 사이가 되었기 때문에 할 수 있었던 부탁이었을 것이다. 김점동의 전기를 쓴 최혜정 선생은 김점동과 홀이 마치 자매처럼 가까운 사이였다고 묘사하고 있을 정도다.

한편으로 나는 이것이 홀이 김점동에게 어느 정도 책임감을 느끼고 있었기 때문에 가능한 일이었다는 생각도 해본다. 의학을 싫어하던 김점동을 홀이 의학의 길로 이끌었고, 홀의 활동에 따라 김점동은 많은 환자들을 돌보아왔다. 김점동은 홀의 제안에 따라 평양에 갔고 심지어 결혼을 결심하는 데에도 홀의 추천을 따랐다. 그런데 홀이 떠나버리면 이제 막 의학에 깊이 빠져들던 김점동은 더 이상 그 길을 따라 무엇인가를 하기가 어려워질 것이다. 그런 상황에서 둘 사이에 생각이 통했던 점이 있었을 것이다.

홀은 김점동이 미국에 가서 공부할 수 있도록 하기 위해 지원금을 신청했고 모금 활동도 했다. 그렇게 해서 일단 미국 생활을 시작할 수 있는 비용을 확보하는 데 성공했던 것 같다. 처음에는 박여선은 조선에 남고 김점동만 미국으로 떠나는 계획도 있었던 것 같지만 결국 박여선도 함께 미국으로 떠나기로 했다. 이렇게 해서 1894년 12월 17일 김점동은 인천항에서 배를 타게 되었다. 조선이 개항을 하던 1876년에 태어난 김점동은 마침 갑오개혁이 시작된 1894년에 미국으로 가게 되었으니, 19세 때의 일이었다.

한 달 정도 태평양을 건너고 미국 대륙을 지난 김점동은 조선을 떠난 지 채 석 달이 되지 않은 1895년, 뉴욕 주의 한적한 동네인 리버티의 고등학교에 입학하게 된다. 미국의 의대에서 공부하기 위해서는 기본적인 상식이 필요하고 입학시험을 위한 자격도 필요하니, 우선 고등학교 과정부터 시작하기로 한 것이다. 이것이 2월 1일의 일이었다. 한편 남편 박여선은 홀 집안의 농장 일을 하면서 미국 생활에 적응하고자 했고, 김점동이 공부할 수 있도록 도왔다. 얼마 후인 9월에 김점동은 뉴욕의 유아병원(Nursery and Child's Hospital)에서 일자리를 얻게 되는데, 이곳은 지금의 뉴욕 맨해튼 51번가 렉싱턴 애비뉴 지하철 역 근처에 있었다고 추측된다.

일을 하면서 학교생활을 하기가 쉽지는 않았을 것이다. 김점동은 과외 교사에게 공부를 배워야 했다. 그래서 월버그 부인이라는 사람이 김점동에게 라틴어, 물리학, 수학 등을 가르쳐주었다고 한다.

미국에 도착한 지 만 1년쯤 지난 1896년 2월 21일에 김점동은 딸을 낳았고, 10월 1일에는 마침내 볼티모어 여자 의과대학에 입학했다. 신입생은 300명이었고, 김점동은 유일한 한국인 학생이었다. 볼티모어 여자 의과대학은 1882년 2년제 의과대학으로 설립되었다가 이쯤에 자리를 잡아 4년제 의과대학으로 개편된 학교였다. 이 학교는 1910년에 폐쇄되어 지금은 흔적을 찾기도 어렵지만, 현재 볼티모어의 렉싱턴 마켓

입구 쪽에 있었다.

　아마도 김점동이 입학할 수 있는 조건의 학교들 중에서 여학생이 다니기 편리한 학교를 골라서 입학했던 것 같다. 합격 소식을 듣고 박여선도 대단히 기뻐했다고 하는데, 박여선은 이때가 자신의 삶에서 세 번째로 기쁜 순간이라고 했다. 첫 번째는 기독교를 알게 된 것, 두 번째는 김점동을 만나서 결혼했던 것이며 세 번째가 지금이라는 이야기였다.

　같은 해 10월 22일에는 미국 신문 《인디펜던트》에 김점동에 대한 소식이 실렸다. 김점동이 공부를 계속할 수 있도록 도움을 달라는 홀의 편지를 신문에서 소개한 것이다. 홀의 편지를 받은 사람은 원래 갑신정변에 참여한 정치인이자 《독립신문》의 발간자로 유명한 서재필이었다. 서재필은 갑신정변 실패 후 미국에 망명하여 의학을 공부하기 시작했는데, 그는 조선 출신으로 처음으로 근대 의학을 배워 의사가 된 사람이기도 했다. 홀은 아마도 조선에서 미국으로 건너온 비슷한 처지의 김점동에게 서재필이 관심을 가질 것이라고 짐작했던 것 같다.

　한편 박여선은 조선에 머무르고 있던 선교사 메리 커틀러(Mary M. Cutler)가 전해준 조선의 《독립신문》이 전달되어 온 것을 보고, 독립문 건립을 위한 모금 운동에 대해 알게 되었다. 박여선은 김점동의 학비를 위해 돈을 절약해야 하기 때문에 많은 돈을 보낼 수는 없지만, 얼마간이라도 보내겠다면서

금화 3달러를 보냈다. 이 사실은 1896년 10월 24일자《독립신문》에도 소개되었다. 그러니까 지금 서울 서대문에 서 있는 독립문에는 미국에서 가난과 고생에 시달리며 유학생활을 하던 김점동, 박여선 부부가 절약해 보내준 3달러도 들어가 있는 셈이다.

김점동은 의과대학에서 드디어 근대 의학을 차근차근 배워나갈 수 있었다.

볼티모어 여자 의과대학은 근대 의학과 생물학을 배우기에 충분한 기관이었다. 김점동이 입학하던 해에 훌륭한 시설의 미생물학 실험실이 생겼다. 이 학교 졸업생들이 메릴랜드 주 의사 면허 시험에 불합격한 일이 없었다는 기록을 보면 교육의 내용도 충실했던 것 같다. 매년 진급 시험을 치러야 했고 외래 실습도 과목에 포함되어 있었다. 김점동은 학교의 교수진들과도 곧 친숙해져서 잘 지냈던 것으로 보인다. 나중에 한국으로 돌아와 활동하던 시절의 회고를 보면, 진료가 어렵고 막막할 때 옛날 선생님들을 다시 만날 수 있다면 얼마나 좋을까 하고 생각하기도 했다고 한다.

당시 볼티모어 여자 의과대학의 과목을 보고 따져보자면, 1897년에 김점동은 화학, 생리학, 해부학, 약리학을 배웠고, 1898년에는 병리학, 위생학, 해부학, 조직학, 세균학 등을 배웠을 것이다. 이것은 김점동이 대강 이름과 모습만 알고 있던 약이 어떤 화학 기술을 이용해서 만들어지고 몸에 들어가면 어떤 역할을 하는지 배울 수 있는 기회였다. 현미경을 이용해서 직접 세균을 보고 그 숫자를 헤아리거나 성질을 실험해볼 수 있는 기회도 있었다.

김점동의 의과대학 시절에도 힘든 일은 계속해서 이어졌다. 1897년 3월 15일에 이제 겨우 돌이 지난 김점동의 딸이 폐병으로 사망했고, 나중인 1900년에는 남편 박여선도 폐결핵으로 사망하게 된다. 1897년 11월 10일에는 김점동의 가장 든든한 후원자였던 홀이 평양에서 죽은 남편을 기리는 기념 병원 사업을 위해 조선으로 돌아가면서, 김점동은 돈 문제로 큰 고민을 하게 되기도 한다.

딸이 세상을 떠난 지 얼마 되지 않았을 무렵에, 홀이 김점동에게 공부를 중단하고 다시 조선으로 돌아가는 것은 어떻겠냐고 제안한 적이 있다. 이때 김점동은 지금 포기하면 다시는 기회가 오지 않을 것이라며 자신은 포기하지 않겠다고 대답한다. 그러면서 김점동은 다음과 같이 이야기한다. 김점동이 한국 근대 의학의 첫 세대인 것을 생각하면 나는 이 말을 한국에서 의사나 의대생들이 선언이나 다짐을 위한 문구로 길이길이 써도 좋을 것이라고 생각한다.

"저는 저의 최선을 다해 노력할 것이고, 최선을 다한 후에도 배울 수 없다면, 그때 포기하겠습니다. 그 전에는 아닙니다."

실제로 김점동은 포기하지 않았고, 1900년까지 의대 과정을 모두 이수한다.

1897년 하반기 홀이 미국을 떠나자 박여선은 김점동이 공부하고 있는 볼티모어로 갔고 그곳의 한 식당에서 일하면서 생계를 책임지게 된다. 조선에 있을 때부터 항상 힘들고 궂은일을 해온 그였기 때문에 볼티모어의 식당 일도 그럭저럭 할 만하지 않았을까 상상해본다. 미국에 머물던 시절 김점동, 박여선, 그리고 홀이 함께 찍은 사진이 하나 남아 있는데, 19세기 미국식으로 차려 입은 두 사람의 모습은 마치 서부영화 속에 등장한 이방인의 모습처럼 적당히 이국적이면서도 적당히 어울려 보인다. 김점동은 역시 진지한 표정이고, 박여선의 얼굴에는 여전히 엷은 미소가 서려 있는 것도 눈길을 끈다.

그러나 김점동이 의대에서 공부한 지 세 해째인 1899년, 박여선에게 폐결핵이 발병하게 된다.

폐결핵을 일으키는 결핵균은 김점동의 삶에서 그 후반을 헤집어놓는 생물이었다. 결핵균도 콜레라균처럼 눈에 보이지 않을 정도로 아주 작고 그와 비슷하게 길쭉한 애벌레 같은 모양이다. 그렇지만 결핵균은 콜레라균과 다른 점도 많다. 콜레라균처럼 길쭉한 꼬리 같은 것이 없다는 점도 다르고, 콜레라균이 장에 들어가서 사람을 괴롭히는 것과 달리 몸의 여러 곳에서 해를 끼칠 수 있는데 보통 폐에 자리 잡은 채 폐를 망가뜨리는 경우가 많다는 점도 다르다. 19세기 소설에 흔히 등장하는 허약한 예술가, 신경질적인 천재가 폐병에 걸려 피를 토하는 불쌍한 모습은 대체로 폐결핵에 걸린 모습이다.

콜레라균과 결핵균이 가진 가장 큰 차이점은 살아가는 장소다. 콜레라균은 19세기가 되기 전까지는 인도 일부 지역에만 머물고 있었지만, 결핵균은 그보다 훨씬 오래전부터 온 세상에 퍼져 있었다.

현재의 경남 사천 지역, 늑도에는 삼한시대라고 하는 기원전 1세기 무렵의 유적이 있는데 여기에서는 2천 년 전에 결핵을 앓았던 것으로 추정되는 사람의 유골이 발견된 적도 있다. 늑도 지역은 기원전 1세기경에는 무역으로 상당히 번성한 항구였는데, 그로부터 백 몇십 년이 지나자 갑자기 쇠락해서 망하게 된다. 그 이유는 아직도 불분명하지만 현대의 어떤 학자들은 결핵 같은 전염병 때문에 망한 것이 아닌가 추측하기도 한다.

그러니 19세기에 들어 갑자기 나타난 콜레라에 비해 결핵은 옛날 조선 사람들에게도 친숙한 병이었다. 현대에는 조선시대 기록에 나타나는 '노채'라는 병이 현재의 결핵과 거의 같은 것으로 보고 있다. 그렇지만 그 원인이 결핵균이라는 것은 도무지 상상하지 못해서, 중국의 의학 기록을 보고 조상이 지나치게 문란한 생활을 하면 자손에게 이 병이 생긴다고 믿기도 했다. 또한 풍수지리를 거슬러 묫자리나 집터를 잘못 쓰면 그런 병이 생긴다고 믿기도 했다.

노채를 일으키는 벌레, 즉 노채충이 몸에 들어오면 결핵이 생긴다고 생각한 사람도 있었다. 언뜻 이것은 결핵균과 닮은 점이 있는 것 같기는 하지만 그 모습이나 습성에 대해서는 완전히 잘못 생각하고 있었다. 조선 후기의 의학 서적인 『광제비급』에는 결핵을 일으키는 벌레가 두꺼비, 호랑나비를 닮은 모양이면서 동시에 문드러진 국수 가닥, 말꼬리를 닮은 모양이고 세 사람을 전염시키고 나면 점차 귀신 모양으로 변해가는 것 같다는 의견이 기록되어 있다.

　반면 근대 의학으로 밝혀진 실제 결핵균의 가장 큰 특징은 아주 천천히 자라나며 필요하다면 아주 오랫동안 아무 일도 안 하고 조용히 버틸 수 있다는 점이다. 많은 세균들은 몇 분이면 새끼를 쳐서 한 마리가 두 마리가 되지만, 결핵균은 몇 시간이 지나도 새끼를 치지 않는다.

　그러다보니 콜레라처럼 사람이 며칠 사이에 갑자기 죽는 일도 없지만 반대로 약을 써도 결핵에는 금방 효과가 나타나지 않는다. 세균이 빠르게 자라나기 위해 주변의 여러 물질을 빨아 먹게 되면 그 과정에서 약도 들어가는 경우가 많다. 이때 사람의 세포에는 별 필요가 없지만 세균의 세포에는 꼭 필요한 화학물질을 파괴하거나 그 반응을 방해하는 물질을 약으로 사용하면 사람 세포는 상하지 않고 세균은 죽게 될 것이다. 이것이 우리가 항생제라고 부르는 약의 대략적인 원리다. 그런데 결핵균은 천천히 자라기 때문에 빠르게 주변의 물질과 작용할 수 없다. 따라서 결핵균의 세포 속에 들어가 결핵균을 바로 죽일 수 있는 약을 개발하기가 쉽지 않은 것이다.

사람의 몸이 건강하고 튼튼하다면 결핵균은 몸에 들어와도 아무런 영향을 끼치지 않고 활동을 멈춘 채 그저 가만히 머무른다. 사람 몸속 세포들의 활동에 결핵균의 활동이 억눌리는 것이다. 그러다가도 만약 이 사람이 피로에 시달리거나 굶게 되어 몸이 약해진다면, 혹은 심한 고민과 걱정으로 몸이 축나게 된다면, 결핵균을 억누르고 있는 사람 몸속 세포들의 기능이 약해진다. 그렇게 되면 결핵균은 스멀스멀 깨어나서 사람의 폐를 갉아먹고 기침을 하게 해서 자신의 자손과 동료들을 주변에 퍼뜨리고, 마침내 그 사람을 죽게 만들 수 있다.

옛날이야기 속에 나오는, 너무 열심히 일을 하다가 몸을 망쳐서 피를 토하다가 죽는 사람이나, 너무 화가 나는 일이 있어서 괴로워하다가 역시 몸을 망쳐서 피를 토하다가 죽는 사람, 가난하고 힘든 삶을 살다가 기침하는 병에 걸린 사람의 모습은 많은 경우 아마 결핵과 관련이 있을 것이다.

단 한 마리의 결핵균이 사람 몸속에 들어가더라도 결핵을 일으킬 수 있는 가능성이 있다고 하는데, 결핵균은 필요하다면 사람이 쇠약해질 때까지 몇 년이고 몸속에서 가만히 기다릴 수 있는 재주도 있다. 콜레라균은 무시무시한 저주처럼 단숨에 수많은 사람들을 죽이지만, 결핵균은 천천히 오랫동안 머물면서 몇천 년 동안이나 사람들 사이에 퍼졌다. 21세기 초 한국에서 콜레라로 죽는 사람은 거의 없지만, 결핵으로 죽는 사람은 여전히 매년 천 명 단위로 나오고 있다.

1899년 박여선이 폐결핵으로 몸져눕게 된 것도 아마 미국에서의 힘들고 가난했던 생활로 몸이 약해졌기 때문일 것이다. 좋은 음식을 먹지 못하고 몸의 피로를 회복할 시간이 없고 힘든 일로 괴로움을 당하게 되면, 몸에 들어와 있던 결핵균은 깨어나서 활동을 시작해 폐에 둥지를 짓고 불어난다. 결국 박여선은 1900년 김점동이 의과대학을 졸업하기 몇 주 전 세상을 떠나게 된다. 30대 중반밖에 되지 않은 나이였다.

혼자서 미국 땅에 남게 된 김점동은 1900년 6월 의과대학을 졸업했다. 미국에서 의사로 일하라는 주변의 권유도 있었지만, 김점동은 자신의 스승 홀이 그랬던 것처럼 선교사가 되어 의사로 일하기 위해 조선으로 돌아가기로 한다. 김점동의 사진 중에 가장 잘 알려진 것이 바로 졸업 사진인데, 바로 힘든 미국 생활을 마치면서 한동안 삶의 가장 큰 힘이 되었던 남편과 딸을 모두 잃고 혼자 남았을 때의 모습이다. 여전히 진지해 보이는 김점동다운 얼굴 그 표정 그대로이지만 무슨 생각을 하고 있는지, 무슨 결심을 다시 했을지는 그저 이렇게 저렇게 상상만 해볼 수 있을 뿐이다.

1900년 하반기 김점동은 한국으로 돌아왔다. 1897년 조선의 임금이 황제의 자리에 올랐기 때문에 그새 나라 이름이 대한제국으로 바뀌어 있었다.

근대 의학 교육을 받은 최초의 의사 김익남이 한국에 처음 들어온 것이 1900년 7월에서 8월 사이였고, 김점동은 그해 11월 한국에서 활동하기 시작했으므로 두 사람 사이에 시간 차이는 얼마 나지 않는다. 그러니까, 한국의 역사는 근대 의학 분야로만 놓고 보면 여성과 남성이 거의 같은 시기에 출발했다고 할 수도 있을 것이다. 서재필이 이보다 앞서서 미국에서 의대를 졸업하기는 했지만, 서재필은 의대를 졸업할 때 미국 국적을 취득한 상태였고 이후에도 미국인으로서 활동했으며 한국에 다시 돌아와 머물 때에도 의사로서 활동한 일은 없었다.

김익남은 한국으로 돌아와서 정부의 임명에 의해 교관이 되어 다른 한국인들에게 근대 의학을 가르치는 일로 활동을 시작했다. 이에 비해 김점동은 자신이 어릴 때 본 다른 의사들이 그랬던 것처럼 병원에서 가난한 사람들을 진료하는 일을 가장 먼저 했다. 김점동은 선교회의 계획에 따라 평양으로 갔으며, 그곳에 새로 건립된 여성 병원인 '광혜여원'에서 일하고 있던 스승, 홀을 오래간만에 다시 만나게 되었다. 찾아오는 환자의 절반 정도는 김점동이 진료했다고 하며, 홀과 선교사들은 이를 대단히 뿌듯하게 여겼다고 한다.

한국에 돌아온 다음해인 1901년, 박여선에게 《독립신문》을 보내주었던 메리 커틀러가 고향으로 돌아가자, 김점동은 그 빈자리를 대신해 서울의 보구여관을 담당하는 의사가 되었다.

십대 시절 이화학당 학생이었을 때 처음 의사들을 만나고, 조수로 일했던 바로 그곳으로 다시 돌아온 것이었다. 이번에는 그 자신이 바로 병원을 담당하는 의사 역할이었다. 그곳에서 어린 시절 자신처럼 통역 일을 하며 일을 돕고 있는 후배 학생들을 보고 감상에 빠진 시간도 있었을 것이다.

1903년까지 2년 정도의 시간 동안 김점동은 연평균 3천 명 이상의 환자를 진료했다고 한다. 현재에도 한국의 의료 체계는 의사 한 사람이 많은 환자를 진료해야 하는 것으로 유명하지만, 이 시절 김점동에게는 특히 더 힘든 일이었다. 이때 근대식 병원을 찾는 사람들은 보통 한참 동안 병에 걸려 힘들어하다가 견디다 못해 마지막 수단으로 병원을 찾았고, 그렇게 병원에 찾아오면 한 가지 병이 아니라 여러 가지 병에 시달리고 있는 경우가 흔했다. 김점동은 일주일에 6일을 일하기로 되어 있었지만 환자들은 휴일이나 퇴근 후에도 계속 집으로 찾아와 문을 두드렸다고 한다. 한 해에 왕진을 다닌 횟수만 180건 정도였다고 하는데, 1903년의 기록을 보면 그런데도 김점동은 더 많은 환자를 진료하고 싶다고 이야기하고 있다.

1902년 콜레라가 조선에 다시 돌게 되자, 김점동은 이것을 몰아내기 위한 일에 특별히 노력을 기울였다. 콜레라에 놀란 조선 사람들의 모습과, 콜레라를 일으키는 쥐 귀신을 물리치기 위해 고양이 그림을 그려놓는 조선의 풍습을 기록해 알리기도 했다. 이제 김점동은 그 원인이 콜레라균이라는 사실과

깨끗한 물을 지키는 것으로 콜레라균을 막을 수 있다는 사실을 알고 있었다.

김점동은 선교 활동 사이에 일반인들을 대상으로 위생 교육을 했고, 위생을 지키는 것으로 어떻게 세균을 막을 수 있고 어떻게 병을 예방할 수 있는지 알리고자 애썼다. 한편 보구여관에 있던 간호원 양성소에서는 마거릿 에드먼즈(Margaret Edmunds)라는 선교사가 간호사 교육 사업을 하고 있었는데, 김점동은 여기에도 도움을 주었다. 보구여관의 간호원 양성소가 한국 최초의 간호사들을 교육했던 곳이었으므로, 한국 간호사 역사의 시작 또한 김점동과 닿아 있는 것이다.

1903년이 되자 김점동은 다시 평양으로 가서 홀과 함께 일하게 되었으며 둘은 같이 힘을 합쳐 수술을 하기도 했다. 수술 환자는 1년에 스물네 명이었다고 하는데, 당시 치료를 받은 한국인들은 '신'만이 할 수 있는 놀라운 일을 하고 있다며 그 기술에 감탄했다고 한다. 김점동은 선교 활동도 활발히 했으며, 그러는 중에 1905년에는 병으로 쓰러져 진료를 중단하기도 했고, 1906년에는 평양의 병원이 화재로 모두 불에 타 사라지는 일도 있었다.

김점동이 한국에서 의사로 활동한 지 10년째인 1909년 대한제국 정부에서는 경희궁에서 '초대 여자 외국 유학생 환영회'를 열었다. 이때 윤정원, 하란사와 함께 김점동 또한 초대했다. 윤정원, 하란사에 비해서 김점동에 대해 관심을 갖는 사람은 적었다고는 하지만, 이 행사는 700명 이상의 사람들이 참여한 성대한 행사였고, 대한부인회, 자혜부인회, 한일부인회 같은 여성 단체들과 여러 여학교의 사람들이 모여서 주최한 것이었다. 김점동의 이름과 소식이 다시 한 번 여러 사람들에게 알려질 수 있는 기회였고, 김점동은 이 행사에서 받은 메달을 무척 자랑스러워했다고 한다.

그로부터 1년이 채 지나지 않은 1910년 4월 13일, 김점동은 세상을 떠났다. 김점동의 목숨을 빼앗은 것은 10년 전 남편 박여선을 죽인 것과 같은 결핵균이었다. 박여선의 몸속에서 가난 때문에 결핵균이 움직이기 시작했다면, 김점동의 경우에는 과로가 원인이 되지 않았을까 싶다. 김점동의 나이를 헤아려보면 35세밖에 되지 않은 젊은 나이였다.

같은 해 8월 29일에 대한제국은 멸망했지만, 김점동이 남긴 유산은 그 후에도 계속해서 가늘지만 꾸준히 이어졌다. 로제타 홀의 아들 셔우드 홀은 김점동의 마지막 모습에 깊은 인상을 받았으며 그때 한국에서 결핵을 퇴치하는 일에 일생을 걸기로 결심을 굳혔다고 기록을 남기고 있다. 셔우드 홀은 꾸준히 결핵 퇴치 사업을 진행했고, 결핵 문제에서 한국에 가장 큰 공로를 세운 사람으로 기억되고 있다. 그는 1920년대에 결핵 퇴치 사업을 위한 크리스마스실을 최초로 발행했는데 이 전통은 지금까지 이어져 내려오고 있기도 하다.

한편 로제타 홀은 한국에서 여성 의사를 양성하는 사업에 집요하게 달라붙었다. 일제강점기 조선총독부에서 의학 교육 기관을 설립했을 때에는 여학생들도 강의를 청강할 수 있게 해달라고 민원을 넣어서, 결국 그 뜻을 이루었다. 나중에 강의 과정이 모두 끝났을 때에는 이 여학생들에게도 의사 면허를 얻을 수 있는 기회가 생겼고, 그 덕택에 이 학생들은 한국 땅에서 근대 의학 교육을 마친 첫 번째 여성 의사들이 되었다. 로제타 홀의 손녀가 남긴 인터뷰를 보면 로제타 홀은 여성을 보면 누구에게나 의사가 되라고 하는 사람으로 변해 있었다고 하는데, 여러 가지 이유가 있겠지만 김점동의 삶에 영향을 받은 점은 적지 않았을 것이다.

이후에도 김점동은 한국 최초의 여성 의사로 꾸준히 이름이 언급되며, 많은 사람들에게 새로운 기회, 새로운 학문을 찾아 도전할 수 있다는 꿈을 주었다. 대한민국 시대가 된 이후로 조선 개화기의 여러 개척자, 도전자들에 대한 연구가 활발히 이루어지면서 상대적으로 김점동에 대한 관심과 연구가 줄어든 적이 있었다. 하지만 1990년대 이후로 다시 김점동은 활발히 언급되기 시작했다. 김점동의 이름은 2006년 대한민국 정부에 의해 '과학기술인 명예의 전당'에 올랐으며, 2013년에는 모교인 이화여고의 신축기숙사에 '김점동관'이라는 이름이 붙기도 했다.

김점동은 높은 직책을 얻거나 수많은 제자를 거느려 명성을 얻은 사람은 아니었다. 그 때문인지 여전히 김점동이 아주 잘 알려진 편은 아니다. 그러나 다시 역사를 여러 방향에서 돌려볼 때 그 도전과 성과는 뚜렷하게 드러난다고 생각한다.

조선 말의 역사를 바꾼 것을 이야기할 때, 임금이었던 고종의 역할이나 정변의 주역인 김옥균의 행동을 꼽을 수도 있을 것이다. 그러나 나는 천 분의 1밀리미터짜리 콜레라균과 결핵균이야말로 조선의 역사를 바꾸었다고 생각한다. 그리고 김점동은 당시 그 세균과 가장 열심히 맞서 싸운 사람으로 손색이 없다.

❹ 1m의 세계

동물과
제인 구달

: 사람이라는 말의 의미를 바꾼 사람

먼 옛날 그저 DNA와 걸쭉한 국물이 들어 있는 아주 조그마한 주머니 모양으로 시작된 생명은 이후 진화를 거치면서 여러 가지 다른 모양들을 보여주게 되었다. 몇억 년이 흐르는 사이에 온갖 물질을 빨아들이며 다른 물질을 만들어내는 갖가지 세포들이 나타났고, 그 세포들은 그 숫자를 계속 불려서 어느새 온 세상을 뒤덮었다.

　그러던 중에 세포라는 주머니 속에 DNA가 대충 널브러져 있는 것이 아니라, 핵이라는 덩어리를 이루어 중앙에 뭉쳐져 있는 새로운 형태의 생명체도 나타났다. 이런 형태의 생물을 진정한 핵이 있는 생물이라고 해서 진핵생물이라고 부른다.

　진핵생물은 세균과 같이 핵이 없는 생물, 곧 원핵생물보다 훨씬 더 복잡한 모양으로 변할 수 있는 형태가 되었다. 그래서 진핵생물 중에는 점점 더 복잡하고 커다란 것도 나타났다. 사람 역시 이러한 진핵생물이다. 또한 우리에게 친숙한 많은 지구의 생명체들도 대체로 진핵생물에 속한다. 눈에 잘 보이지도 않는 효모나 작은 곰팡이에서부터, 세상의 모든 식물, 세상의 모든 동물들이 다들 진핵생물이다.

그래서 보통 진정한 핵이 있는 진핵생물과 그렇지 않은 원핵생물은 아주 다른 것으로 구분한다. 우리가 눈에 보이지 않는 미생물이라고 할 때 쉽게 떠올리게 되는 아메바나 짚신벌레도 사실은 진핵생물이다. 그래서 같은 미생물이라도 이런 핵이 있는 세포로 되어 있는 미생물들은 핵이 없는 생물인 세균과는 아주 다르다. 세포의 구조를 놓고 보자면 아메바와 사람이 훨씬 비슷하게 생긴 가까운 친척이다. 맨눈에 보이지 않을 정도로 작고 생김새도 징그러우니 언뜻 아메바와 콜레라균은 비슷한 느낌이 들 수도 있겠지만, 사실 아메바와 콜레라균은 아주 다르게 생겼으며 서로 관계가 매우 먼 생물이다.

그렇게 보면 사실 하루살이와 같은 곤충이나 고등어와 삼치같은 물고기, 그리고 사람이 다 같이 진정한 핵이 있는 생명체라는 점에서 별달리 큰 차이는 없는 비슷비슷한 것 아닌가 하는 생각을 한번쯤 해볼 만하다. 이와 같은 생각은 1960년대에 한 학자가 자신의 연구 결과를 발표한 이후, 여러 가지 형태로 바뀌면서 세상에 다양한 영향을 끼치게 되었다. 그 학자가 바로 세상에서 가장 널리 알려진 동물학자로 꼽기에 부족함이 없는 제인 구달이다.

타잔의 여자친구 제인, 이것은 나의 운명

제인 구달은 마리아 스크워도프스카 퀴리가 66세로 세상을 떠난 해인 1934년 영국 런던에서 태어났다. 구달의 아버지는 1930년대 당시 최첨단 유행 스포츠로 인기 있던 자동차 레이싱 선수로 젊음을 보낸 인물이었다. 구달이 태어날 무렵에는 자동차와 관련된 사업을 비롯해서 이런저런 일을 했던 듯하다. 요즘으로 따지자면 20대에 프로게이머로 활동하다가 나이가 들면서 다른 일자리를 얻은 사람과 비슷한 느낌이다.

데일 피터슨(Dale Peterson)의 전기에 따르면, 구달의 아버지는 젊은 시절 같은 자취방 건물에 살던 연예 기획사의 비서, 밴나 모리스 구달(Vanne Morris-Goodall)에게 반했다고 한다. 어떻게 접근해야 할지 몰랐던 제인 구달의 아버지는 밴나가 볼 때 계단에서 일부러 굴러 떨어져서, 밴나의 관심을 끌고 치료를 받으며 가까워지는 수법을 썼다고 한다. 그런데 너무 본심이 쉽게 드러나서 겸연쩍게 웃으며 다른 농담을 해야 했다. 그래도 밴나가 그런 모든 점을 귀엽게 봐주었기 때문인지 두 사람은 결혼했고, 첫 번째 아이로 제인 구달을 낳았다.

어린 시절 제인 구달의 가정은 그럭저럭 형편이 나쁘지는 않았다고 할 수 있었다. 자동차 경주에 푹 빠져 있는 구달의 아버지가 많은 돈을 벌어 오지는 못했지만, 아버지의 선대 가문이 부유한 사업가 집안이었기 때문에 경제적 이유로 고통을 받는 일이 그리 많지는 않았다. 다만 가세는 세월이 지날수록 점차 기울었다. 제인 구달이 막 20대가 되었을 즈음, 아버지는 제2차 세계대전에 참전한 후 멀리 홍콩을 비롯한 태평양 전쟁의 무대로 떠나게 되었는데, 그러면서 어머니와의 사이도 멀어졌다. 결국 아버지는 이혼해서 가정을 떠나는데 그즈음에 구달은 돈 걱정을 해야만 하는 처지가 된 것 같다.

제인 구달은 많은 다른 아이들처럼 여러 동물들을 좋아하는 편이었다. 잡다한 벌레들을 잡아서 방 안에 두고 같이 지내겠다고 떼를 쓰는 때도 있었고, 초등학생 시절에는 친척과 친구들 몇몇을 모아 동물에 대한 지식을 탐구하는 어린이 모임을 만들어 그 모임을 이끈 적도 있었다.

구달이 나중에 떠올린 추억으로 잘 알려져 있는 것은 어릴 때 아버지가 곰 인형 대신에 그 무렵 유행한 침팬지 인형을 선물해주었고, 구달이 그 인형을 무척 좋아했다는 이야기다. 나중에 구달이 침팬지 연구를 통해 위대한 학자로 성장한 것을 생각해본다면 이것은 특별히 재미있게 느껴진다. 구달은 노인이 되어서도 아주 어릴 때 아버지가 준 그 낡디낡은 침팬지 인형을 보관하고 있다고 한다.

학교를 졸업하고 어른이 되었을 때 구달은 어떻게 평생을 보내야 될지에 대해 확고한 결심이나 목표를 갖고 있지 않았다. 대학 학비가 만만치 않았으므로 대학을 가겠다고 쉽게 결심할 수도 없었다. 이런 것은 로절린드 프랭클린이 차근차근 공부해나가는 과정에서 학자로 자연스럽게 성장했던 것과 다르고, 김점동이 학창 시절의 계기를 통해 의사가 되겠다고 굳게 결심했던 것과도 다르다. 훗날 동물학자로 누구보다 크게 성장하는 구달이었지만, 20대의 구달은 대학에 가서 생물학을 공부하지도 않았고, 그렇다고 동물을 연구하는 기관에 취직한 것도 아니었다.

제인 구달의 어머니 밴나 구달은 딸에게 비서 학교에 다니는 것은 어떠냐고 권했다고 한다. 밴나 구달 자신도 젊은 시절 비서로 일한 경험이 있었다.

"어느 회사건 비서는 필요하기 마련이지 않니? 비서 학교를 나오면 어디가 됐든 그때 네가 보기에 좋아 보이는 회사에 들어갈 기회는 생길 거야. 그렇지 않겠니?"

밴나 구달은 그렇게 딸이 독립해서 세상을 헤쳐 나가고, 현실적으로 생활을 버텨나갈 수 있기를 바랐던 것 같다.

밴나 구달이 딸에게 어려서부터 적성을 발견하고 생물 공부를 열심히 하라고 했다거나, 과학자가 되라는 꿈을 계속 불어넣어주었다고 보기는 힘들다. 그렇지만 밴나 구달은 제인 구달을 키우는 동안 제인 구달이 무엇이 되었건 삶을 스스로 헤쳐 나가는 용기를 갖도록 바랐던 것 같다. 과연 나중을 보면 제인 구달의 삶을 앞으로 이끌어간 것이 바로 그 용기였다.

구달은 어머니의 충고대로 비서 학교에 들어갔다. 과목 각각의 성적은 좋은 편이었지만, 아무래도 보통의 비서 역할이라고 당시 사람들이 기대하던 것에 구달의 성격이 들어맞는 편은 아니었던 듯싶다. 성적에 비해 비서 학교 선생님들의 평판은 그렇게 좋은 것은 아니었고, 제인 구달도 비서 일을 재미없었던 것으로 기억하고 있다. 그렇지만 비서 학교 졸업 후에 구달은 이런저런 일자리를 얻을 수 있었다.

그러던 중, 구달은 학창 시절 한 친구로부터 우연히 안부를 묻는 연락을 받는다. 구달의 친구는 케냐로 집안이 이민을 떠난 상태였다. 아직 케냐가 영국으로부터 독립하지 못한 채 지배를 받고 있던 시절이었다. 그러다보니 새로운 기회를 찾아 아직 개발될 곳이 많은 케냐로 떠나는 영국 사람들이 꾸준히 조금씩 있었다.

구달의 친구 집은 케냐에서 농장을 열었다고 했다.

"언제 이쪽으로 올 일 있으면 연락해. 케냐 우리 집에 와서 며칠 놀면서 지내다가 가."

아마 그 정도 내용으로 구달에게 연락했던 것 같다. 별 뜻 없는 인사말 정도로 넘어갈 수도 있을 만한 내용이었겠지만, 구달은 그 말을 여러 차례 돌아보았을 것이다. 1957년, 구달의 나이가 20대 중반으로 가고 있는 시점이었다. 뭔가 인생을 새롭게 해볼 계기가 필요하지 않나, 그런 생각을 했을 법도 하다.

마침 구달은 아프리카의 자연에 대한 동경도 갖고 있었다. 그렇지만 이때만 해도 구달이 아프리카에 대해 갖고 있었던 생각은 무척 막연했다. 2018년 가이 가와사키와 인터뷰한 내용을 보면, 구달은 어릴 때 본 타잔 이야기 때문에 아프리카와 아프리카에서 벌어지는 모험을 좋아하게 되었다고 한다. 이때 제인 구달은 농담으로 타잔 이야기에서 타잔이 마침 '제인'과 결혼하지 않느냐고 말하기도 했다.

별것 아닌 작은 일이지만, 어쩌면 타잔 이야기 속의 여자 주인공 이름이 자기 이름과 같았기 때문에 그 내용이 친숙하게 와 닿았는지 모른다. 그 작은 계기 때문에 한 사람의 인생이 바뀌고 나중에는 그 사람이 발전시킨 과학으로 세상의 지식이 모두 바뀌게 되었다.

구달은 삶이 어떻게 바뀌어갈지 전혀 알지 못한 채 동아프리카로 떠나볼 결심을 했다. 과연 세상일은 알기 어려운 것인지, 처음에는 친구 집에서 며칠 놀다 올 장소 정도로 생각했던 동아프리카 지역이 60년 이상 구달이 두 번째 고향처럼 뿌리를 내리고 계속해서 머무르는 곳이 되었다.

구달은 동아프리카로 갈 표를 사기 위해 한동안 식당 종업원으로 일하기도 했다. 그렇게 해서 산 표는 배를 타고 가는 여행 편이어서, 아프리카 대륙 전체를 빙 돌아 희망봉을 지나서 몇십 일에 걸쳐 천천히 항해하는 것이었다. 피터슨의 전기에 따르면, 구달은 아프리카를 도는 배 안에서도 여러 가지 기억할 만한 일들을 겪었다고 한다.

마침내 케냐에 도착한 구달은 우연히 번화가에 있는 한 건설과 관련된 회사의 사무실에서 비서를 뽑는다는 공고를 보게 된다. 그리고 구달은 케냐에서 오랫동안 머물며 지낼 생활비를 벌기 위해 그 회사에 취직할 생각을 했다. 비서는 어느 곳에서나 일자리를 구할 수 있다는 어머니 밴나 구달의 생각은 멀리 동아프리카의 길거리에서도 들어맞았던 것이다.

그렇게 해서 구달은 잠시 동아프리카를 여행하는 것이 아니라, 제법 오래 머물며 지낼 계기를 얻게 되었다. 그리고 그곳에서 몇 달간 머물면서 여러 사람들을 만나고 빠르게 그곳 사람들 사이에 적응했다. 이런 것을 보면, 젊은 시절의 구달은 현실과 환경에 빠르게 적응하고 낯선 사람들의 사회에서도 쉽게 녹아들며 잘 어울리는 성격이었던 것 같다.

그러다 구달은 루이스 리키 박사라는 사람에 대한 이야기를 듣게 된다.

"아프리카 자연이나 동물에 관심이 많다면 리키 박사님한테 언제 이야기 한번 들어봐. 정말 재밌는 사람이야."

"리키 박사님?"

"리키 박사님 몰라? 케냐에 있는 사람들 사이에서는 유명한 사람인데?"

리키는 케냐에서 태어나 자란 사람으로 고고학과 옛날 사람, 옛 동물들의 뼈를 발굴하고 연구하는 일로 잘 알려진 학자였다. 재미난 이야기를 잘 하고 신기한 사연을 늘어놓는 사람이었기 때문에 여러 사람들에게 널리 알려진 인물이었고, 특이한 학자로 기억하는 사람도 많았다.

구달은 리키와 친분을 갖고 이런저런 이야기를 듣게 되면 좋을 것이라고 생각했다. 그래서 친구의 말을 듣고는 대뜸 리키에게 전화를 걸었다고 한다.

리키는 처음에는 조금 놀랐던 것 같지만 곧 동물에 대해 관심이 많은 구달의 성격, 비서 일을 하면서 이런저런 회사 일을 익혔던 경험 등을 좋게 평가했던 것 같다. 리키는 구달을 만나 동물 이야기를 하기도 했고, 다양한 일을 부탁하기도 했다. 구달은 루이스 리키의 비서가 되어 직장을 옮기게 된다.

이렇게 해서 구달은 동아프리카 케냐에서 학자의 비서가 되었다. 얼마 후 구달은 루이스 리키와 메리 리키(Mary Leakey) 부부를 따라 발굴 조사 여행을 가게 되는데, 이것이 학자의 비서였던 구달이 스스로 학자가 되는 결정적인 계기였다.

어머니와 함께 정글로

발굴 조사 여행에서 리키 일행의 일을 돕던 구달은 자연을 관찰하고 조사하는 작업의 기초를 현장에서 직접 익히게 되었다. 어떤 점에 집중해서 무엇을 관찰해야 하며 어떻게 기록을 남기면서 연구해야 하는지 서서히 알아갔다. 동아프리카 정글의 험난한 자연 속에서 버티고 살아남는 방법에 대해서 경험을 쌓아나갔을 것이다.

이 무렵 루이스 리키는 정글 깊숙한 곳에 연구원을 보낸 뒤 긴 시간 머무르게 하면서 침팬지와 같은 영장류 동물을 가까이에서 관찰해보면 좋겠다는 생각을 갖고 있었다.

루이스 리키는 그 계획을 시도하고 나름대로 성과를 거두기도 했지만, 충분히 오래 정글 속에 남아 침팬지를 꾸준하고도 자세히 관찰하는 데 성공한 연구원은 없었다. 그러던 중에, 그는 비서로 일하고 있는 제인 구달의 실력에 점차 관심을 가졌다. 구달은 정글에서 잘 버티는 체력을 갖고 있었고 여러 가지 요령도 잘 익힌 것 같았다. 동시에 동물에 대한 관심이 깊고 관찰한 내용을 잘 기록하는 데도 재주가 뛰어나 보였다.

결국 리키는 1960년, 구달을 지금의 탄자니아 땅인 곰베 보호구역으로 보냈다. 터무니없는 계획이라고 생각하는 사람들도 분명히 있었겠지만, 리키는 재미있고 신기한 사람으로 잘 알려져 있었다. 주변의 관심을 끌고 자신의 연구를 주목할 만한 것으로 돋보이게 하는 데도 재주가 있었다. 리키는 구달의 정글 생활에 자금을 댈 후원자, 후원기관들을 찾아냈고, 이리하여 구달은 탄자니아의 정글 속으로 침팬지를 관찰하기 위해 출발할 수 있었다.

구달이 정글로 떠나기 직전 마지막 난관은 유럽인 여성 혼자 정글 속으로 들어가는 것을 관계 당국에서 허가해주지 않았던 일이었다.

너무 위험하다고 판단했던 것일 수도 있고, 당시 주변의 이목 때문에 뭔가를 꺼렸을 수도 있다. 만약 이런 상황이 할리우드 영화 속에 펼쳐졌다면 도시에서 온 여성 학자 곁에 현지 사정을 잘 아는 거친 남성 모험가 한 사람이 경호원처럼 따라붙는 이야기로 흘러가기 십상일 것이다. 그리고 두 남녀가 짝이 되어 정글을 탐험하는 이야기로 이어질지도 모른다.

그러나 구달이 내린 결정은 그런 흔한 영화보다도 더 참신했다. 당국에서 유럽인 여성 혼자 정글로 들어가는 것을 허가해줄 수 없다는 결정에 대해, 구달은 그렇다면 영국에서 자신의 어머니를 불러 와서 어머니와 함께 정글로 떠나겠다고 답한 것이다. 이렇게 해서 비서 출신 초보 연구원인 만 26세 무렵의 제인 구달은 왕년의 비서 출신 주부였던 자신의 어머니와 함께 탄자니아 동부 국경 근처의 깊숙한 정글을 향해 먼 길을 떠나게 된다.

구달은 목표 지점에 도착하자 캠프를 만들고 침팬지들이 나타난다는 정글 앞에 자리를 잡았다.

뜨거운 더위뿐만 아니라 온갖 잡다한 벌레들이 매 순간순간을 괴롭히는 곳이었고 편안한 잠자리나 좋은 음식을 기대하기 어려웠다. 그렇지만 구달은 용케 버텼고, 침팬지를 가까이서 관찰하고 그 습성을 기록하기 위해 날마다 정글 곳곳을 돌아다니며 애를 썼다. 다행히 지리에 익숙한 근처의 탄자니아인들이 많은 도움을 주었고, 구달 일행에 고용된 탄자니아인들 중에도 솜씨가 뛰어난 사람들이 많았다. 그 때문에 구달은 그럭저럭 살아남을 수 있었다. 제인 구달의 많은 업적은 처음부터 구달과 함께 일했던 탄자니아 현지인들의 힘이 없었다면 이룰 수 없던 것이기도 하다.

지금 기록을 돌아보면, 구달의 가장 큰 행운은 캠프에 도착한 지 며칠 되지 않았을 때 우연히 침팬지를 아주 가까이서 보는 데 성공했다는 점이다.

"이렇게 먼 곳까지 왔는데 도대체 일이 제대로 될 수 있을지 없을지는 감도 안 잡히고."

제인 구달이 그런 정도의 걱정을 하며, 터벅터벅 정글 속 산길을 오르내리고 있었는데 그러다 문득 갑자기 침팬지를 마주하게 되었다.

침팬지는 까만 털로 뒤덮인 커다란 영장류 동물이다. 다 자라면 사람보다 약간 작은 크기가 되지만 팔 힘은 사람보다 훨씬 강하다. 그러면서 여러 가지 행동과 얼굴 표정은 마치 사람을 연상시키는 다채로운 모습을 보여주기도 한다. 예상치 못하게 침팬지의 그런 모습을 본 순간 얼마나 놀랐을까?

처음에는 제대로 관찰하고 기록을 남길 만큼 구달이 오래 침팬지와 마주한 것은 아니었던 것 같다. 그러므로 사실 과학 연구의 실적으로 따져본다면 별로 결정적인 일은 아니었다.

그렇지만 막막하고 의지할 곳 없는 머나먼 오지에 달랑 어머니와 함께 둘이서 머무는 중에, 자신이 목표로 한 침팬지 관찰에 이렇게 빨리 다가섰다는 것은, 그냥 그런 일이 일어났다는 것만으로도 감동적이지 않았을까. 갑자기 마주한 커다란 야생 동물이 무섭기도 했을 것이고, 그래서 처음 본 침팬지의 눈빛, 자신을 보는 침팬지의 얼굴 모습, 그 하나하나가 마음 속 깊이 남았을 것이다.

정글에 온 지 얼마 되지 않아 침팬지를 마주한 바로 그 감격이 있었기 때문에 이후의 지루하고 힘겨운 정글 생활을 구달이 이겨나갈 수 있었다고 생각한다. 만약 험악한 날씨나 병든 몸 때문에 고생만 하고 일은 아무 진척이 없어서 연이어 낙심만 하게 되었다면, 그 뒤로 긴 시간을 버틸 만한 의지를 갖는 일은 더욱 어려웠을 것이다.

다만 그런 행운이 있었다고 해도 만약 구달이 동물을 관찰하는 일에 끈기 있게 매달리는 사람이 아니었다면, 그 행운을 진짜 연구의 기회로 발전시킬 수는 없었다. 구달은 동물을 대하는 일에 있어 조금 지독할 정도로 인내심이 강한 면이 있었다.

스페인의 다국적 금융 그룹인 BBVA에서 2019년 1월에 공개한 강연 내용에 따르면, 아주 어릴 때 제인 구달은 닭이 알을 낳는 순간이 너무 궁금해서 닭을 따라 닭장에 들어간 적이 있었다고 한다. 구달 때문에 놀란 닭은 당연히 닭장 밖으로 도망쳤다. 그러자 구달은 계획을 바꾸어 역으로 빈 닭장에 숨은 채로 닭이 그 안으로 들어올 때까지 기다리기로 했다. 그렇게 해서 구달은 닭장 안에 숨어 네 시간 이상을 기다리며 닭이 들어와 알을 낳는 모습을 보았다. 큰딸이 갑자기 보이지 않자 놀란 구달의 어머니는 경찰서에 신고까지 할 정도로 걱정했다고 한다. 구달은 나중에 자신이 집에 다시 돌아왔을 때, 어머니가 야단부터 친 것이 아니라, 우선 닭이 알 낳은 것을 본 어린 구달의 이야기를 차분하게 들어주었던 것을 무척 좋은 기억으로 이야기했다.

닭이 알 낳는 것을 보려고 했던 시절로부터 20여 년이 지났을 그때, 옛날 닭장 속에 들어가 있던 구달은 이제 탄자니아의 정글 산속에 들어와 있었다. 구달을 보살피던 어머니는 산 아래에서 구달의 잠자리를 지켰다. 몇 날 며칠씩 침팬지를 제대로 보지도 못하던 시절도 있었지만 구달은 닭을 기다리던 것보다 몇 배나 더 끈질긴 태도로 침팬지가 자주 나타날 만한 곳을 찾아다녔고, 계속 기다리고 또 기다렸다. 그러면서 먼발치에서라도 침팬지를 볼 수 있을 만한 곳을 찾아내려고 했다.

도중에 이런 식으로는 아무것도 안 될 것 같다고 절망할 뻔한 순간도 여러 번 있었다. 하지만 구달은 정글에서 살아갈 체력과 실력도 같이 갖추고 있었다. 많은 시간을 들여 애쓴 끝에 구달은 차츰 침팬지에게 가까워질 수 있었다. 그리고 결국 야생에서 살아가고 있는 침팬지를 지켜보며 그 습성을 기록하겠다는 목표에 도달하게 된다.

그러던 어느 날 구달은 침팬지들이 흰개미를 잡아먹는 모습을 본다. 그리고 그것은 구달이 정글로 들어온 첫해에 연구팀을 크게 감탄하게 한 첫 번째 결과로 보고되었다.

"침팬지가 풀을 이용해 흰개미를 낚시질해서 먹는 장면을 목격했습니다."

보고의 핵심은 침팬지가 긴 풀을 들고 잘 잡아서 그것을 낚싯대처럼 만든 뒤, 그 풀줄기를 흰개미 집에 넣어 거기에 붙어 나오는 흰개미를 핥아먹는 것을 보았다는 대목이었다. 즉 침팬지는 도구를 이용해서 흰개미를 잡아먹는다는 것이다.

사실 침팬지가 도구를 사용할 수 있다는 것은 어느 정도 사람들이 기대할 만한 일이었다. 예로부터 세상에는 원숭이를 훈련시켜 여러 가지 재주를 부리게 하면서 사람 흉내를 내도록 하는 구경거리가 많이 있었다. 그러니 훈련을 시키고 가르친다면 영장류 동물이라도 도구를 다루는 것처럼 만들 수 있다는 것은 널리 알려진 일이었다. 심지어 조선 후기에 나온 책인 『택리지』에는 '농원(弄猿)'이라고 하여 임진왜란 중에 일본군을 물리치기 위해 수백 마리의 원숭이를 훈련시키고 무기를 들려주어서 적군을 공격하는 부대로 활용했다는 소문이 돌았다는 기록도 있을 정도다.

그렇지만, 사람이 아무것도 가르쳐주지 않고 동물들끼리만 살아가는 야생의 상태에서 동물들이 스스로 도구를 만들 수 있을 것인가, 동물이 과연 어느 정도 수준의 도구를 스스로 만들 수 있을 것인가에 대해서는 여전히 의심하는 사람들이 있었다. 예로부터, 유럽권의 철학에서는 '호모 파베르'라는 말로 사람을 지칭하면서 사람만이 도구를 사용할 수 있고, 도구를 사용할 줄 안다는 것이 동물과 사람의 중요한 차이라는 생각이 깊게 자리 잡고 있었기 때문이다.

그런데 바로 스물여섯 무렵의 제인 구달이 야생의 침팬지가 낚싯대 비슷한 것을 만들어 흰개미를 낚아 먹는 장면을 똑똑히 목격하고 정식으로 보고한 것이다. 정글에 들어간 지 몇 달 후에 구달로부터 이런 소식이 들려오자, 구달을 보낸 리키 박사는 대단히 흥분했다고 한다. 2002년 2월 미국 캘리포니아 몬터레이에서 구달이 발표한 것을 보면, 이때 리키 박사는 이렇게 이야기하며 즐거워했다.

"이제 도구를 사용하는 것이 사람이라는 말을 믿는다면, 도구라는 말의 뜻을 바꾸든지, 사람이라는 말의 뜻을 바꿔야 한다. 아니면 이제부터 침팬지도 사람이라고 해야 할 판이다."

리키 박사는 구달이 발견한 사실이 동물 생태에 대한 중요한 발견임은 물론이고, 과연 사람이란 무엇이며 사람의 지성이나 사람의 마음이란 무엇인가에 대해 많은 사람들이 생각해볼 만한 문제를 던져줄 수 있는 큰 이야깃거리임을 직감했을 것이다. 리키 박사는 구달의 이런 발견이 앞으로 연구팀을 운영하며 더 투자를 받아 연구를 밀고 나가는 데도 중요한 일이 된다고 생각했을 듯싶다.

많은 문화권에서 사람과 짐승을 대하는 제도와 예절은 전혀 다르다. 누가 사람을 때릴 때에 받게 되는 처벌과 짐승을 때릴 때에 받게 되는 처벌은 천양지차다. 법과 제도에서 내리는 심판과 처벌이 다른 것은 물론이고, 다른 사람들이 마음으로 비난하는 정도도 다르다. 복지 제도가 있는 나라라면 사람에게 주는 수당이나 지원과 짐승을 보호하기 위한 제도는 그 방식도 다르고 그런 일에 들이는 돈도 다르다.

그렇다면, 왜 사람을 짐승보다 더 낫게 대하는가? 사람이 지성이 있기 때문일까? 그렇다면 어느 정도 지성이 있을 때 그렇게 사람대접을 해줘야 하는 이유가 생기는 것일까? 예로부터 사람이 지성을 갖고 있다는 특징을 이야기할 때 흔히 사람은 도구를 사용하는 동물이라는 점을 말했는데, 이제 침팬지도 도구를 사용한다면 침팬지 역시 사람대접을 해줘야 하나? 만약 갓난아기라서 다 자란 침팬지보다도 지성이 부족하다면 이 아기는 사람대접을 받을 가치가 없나?

짐승이 사람의 지성과 감성에 가까운 모습을 점점 더 보여줄수록, 그 모습은 사회 제도와 도덕에 대한 이런 여러 가지 고민을 같이 이끌어낸다. 그런 면에서 구달의 보고는 여러 가지로 화제가 될 수 있었다.

1퍼센트의 차이가 만드는 전혀 다른 세계

구달은 이후에도 계속해서 이어진 연구를 통해 침팬지들이

야생에서 겪는 온갖 삶의 면면들을 상세히 살피고, 침팬지들이 태어나서 자라나고 살다 죽는 여러 모습들을 포착해 방대한 기록을 남겼다.

정글 속에 머물고 나오기를 반복하는 가운데 구달의 연구는 수십 년에 걸쳐 계속되었다. 1970년대에는 '침팬지 전쟁'이라고 할 만한 침팬지들의 폭력과 싸움에 대한 활동을 심도 있게 관찰하기도 했는데, 침팬지들의 싸움 이야기는 잔혹하고 음침한 내용들도 많아서 '순리대로 움직이는 평화로운 자연 그대로의 상태'라는 환상을 깨기에 충분할 정도였다.

그렇게 구달이 남긴 자료들은 세상에 널리 알려지면서 영장류 동물의 생활과 생태계의 모습을 파악하는 데에도 큰 도움을 주었다. 그 영향력은 의외로 넓고도 깊어 보인다. 구달과는 관련이 적어 보이는 응용 분야에서도 구달 연구팀은 간접적으로 영향력을 미치고 있다.

예를 들어 사람의 병을 고치기 위해 개발한 새로운 약을 사람에게 쓰기 전에 침팬지에게 먼저 실험해보는 연구소가 있다고 해보자. 이런 일을 하기 위해서는 우선 침팬지를 잘 기르고 침팬지가 어떨 때 건강하고 어떨 때 아픈지 미리 잘 알고 있어야 실험을 정확하게 할 수 있다. 그렇다면 침팬지를 기르고 관찰하는 일에 당연히 구달 연구팀이 연구한 결과를 직접적으로, 간접적으로 활용하게 될 것이다.

침팬지의 삶에 대한 구달의 연구 결과는 영향력이 너무 막

강했기 때문에 때로는 엉뚱한 분야에서 그 결과를 왜곡해서 받아들일 때도 있었다. 예를 들자면 신문이나 잡지에 실리는 얄팍한 주장 중에는, 침팬지가 인간과 비슷하다는 점을 지나치게 내세우면서 사회 문제를 해석할 때에 구달의 연구를 아무렇게나 활용하는 경우도 있다.

대개 이런 식이다.

"구달이 연구한 것을 보면 침팬지는 잔인하다. 그러므로 인간도 잔인한 것이 본성이다. 따라서 우리를 위협하는 이웃 지역 사람들은 분명히 잔인한 마음을 품고 있을 것이다."

"구달이 연구한 것을 보면 침팬지는 서로 먹을 것을 나누어 먹을 때가 많다. 그러므로 인간도 서로 먹을 것을 나누려고 하는 것이 본성이다. 따라서 어느 도시가 갖고 있는 무슨 자원을 다 같이 나누는 것은 본성에 합당한 일이다."

나는 이렇게 확인도 없이 쉽게 갖다 붙이는 식으로 연구 결과를 아무 영역에나 근거로 돌려쓰는 것은 제대로 된 과학이 아니라고 생각한다.

침팬지와 사람이 닮았다는 대략의 느낌만을 이유로 침팬지의 습성과 사람의 일, 사회의 일을 적당히 연결시키는 것은 정확하지도 않고 확인할 근거도 없는 일이다. 게다가 우연하게나마 침팬지의 행동과 사회의 일을 연결시킬 수 있는 근거를 몇 가지 찾아낼 만한 사례가 설령 있다고 해도, 사회의 옳고 그름을 따질 때에 침팬지의 습성을 대는 것이 과연 어디까지 정당성이 있느냐 하는 점은 또 다른 문제다.

다만 구달의 연구를 통해 사람과 사람이 아닌 동물을 점점한 덩어리로 보는 관점은 점차 뚜렷해져가고 있다. 구달 스스로도 몬터레이의 발표에서 침팬지에 대해 연구를 계속하면 할수록, 사람과 짐승 간의 경계는 흐릿해지는 것 같은 느낌을 받는다고 밝힌 바 있다.

이런 관점에서 보면 사람을 포함한 모든 생물은 결국 거대한 하나의 친척인 셈이고, 그 친척 관계도 그 전에 생각하던 것처럼 그렇게 멀지 않다는 이야기가 된다.

먼 옛날 간단한 주머니 모양이었던 세포 하나가 진화를 거치는 동안 조금씩 조금씩 모습이 다른 여러 친척 무리로 나타나게 되었다. 그중에 하나의 세포로 된 짚신벌레가 있는가 하면 세포 몇 개가 간단하게 이어진 바닷말 종류도 있고, 그보다 좀 더 크고 복잡한 여러 식물과 동물들도 있게 된 셈이다. 그래서 그중에 어떤 친척은 고래처럼 헤엄치기 좋은 지느러미를 갖게 되었고, 어떤 친척은 박쥐처럼 날아다닐 수 있는 날개를 갖게 되었고, 어떤 친척은 사람처럼 책을 읽으며 고민할 수 있는 뇌를 갖게 되었다.

생물들 사이의 관계를 살펴보기 위해 우리는 로절린드 프랭클린이 연구했던 내용을 기초로 DNA 분자의 구조를 따져보는 방법을 사용해볼 수도 있다. 생물별로 DNA의 구조를 파헤쳐보면 그 내용은 더 재미있어진다.

김점동이 고민하던 콜레라균의 세포 속에 있는 DNA 분자는 아주 대략 말해보면, 여러 개의 탄소 원자, 수소 원자, 산소 원자, 질소 원자, 인 원자 등등 총 3억 개 정도의 원자들이 이리저리 새끼줄 모양으로 복잡하고도 길게 연결된 형태로 조립되어, 두 무더기 가량으로 덩어리져 있는 모양이다. 한편 짚신벌레의 세포 속에 들어 있는 DNA 분자는 60억 개 정도의 원자가 조립되어 있는 훨씬 더 큰 형태다. 사람의 세포 속에 들어 있는 DNA 분자는 2천억 개 정도의 원자가 조립된 모양이다. 그렇다면 말하기에 따라서는, 사람은 콜레라균보다 대충 말해서 700배 정도 더 복잡하다고 짐작해볼 만도 하다.

짚신벌레의 세포 속에 들어 있는 DNA 분자를 빼내고 대신 사람의 DNA 분자를 집어넣는다고 해보자. 말처럼 쉬운 일은 아니다. 그것을 그대로 계속 키우면 어떻게 될까? 그 세포 속의 DNA는 사람에게 필요한 효소들을 만들어낼 것이고, 그 효소들은 사람처럼 DNA와 세포들을 계속 키워나갈 것이다. 만약 그런 일을 계속할 수 있어서 하나의 세포가 둘로 불어나고 두 개의 세포가 넷으로 불어나는 식으로 계속 뭉쳐 그 수가 불어나도록 유지할 수 있다면, 이론상으로는 원래 짚신벌레였던 세포가 결국 수십조 개의 다양한 세포 덩어리가 된다. 그 덩어리는 결국 사람 모양으로 자라게 된다.

그러니까 하나의 세포에 어떤 구조를 가진 DNA 분자가 있느냐에 따라 그 세포가 어떤 생물로 자라날지가 결정된다. 짚신벌레가 될 수도 있고, 사람이 될 수도 있다.

그런데 제인 구달은 여러 강연에서 침팬지의 DNA 분자와 사람의 DNA 분자는 고작 1퍼센트밖에 다르지 않다는 점을 인용한 바 있다.[*] 이 말은 사람 세포 속의 DNA 분자를 1퍼센트 정도만 침팬지 DNA 분자 모양으로 다듬어 바꾸어버린다면 그 세포를 키웠을 때 사람이 아니라 침팬지가 된다는 이야기다.

그렇다면 이 이야기는 사람과 침팬지가 얼마나 비슷하냐는 이야기이기도 하면서, 반대로 뿌리에 있는 작은 차이가 얼마나 다른 결과를 만들어내느냐 하는 이야기가 되기도 한다. 1퍼센트의 차이지만, 한 생물은 풀에 흰개미를 묻혀 잡아먹는 것으로 지능을 증명하는 수준에 머물고, 또 다른 생물은 과학자가 되어 보고서와 논문을 쓰고 방송에서 강연을 하면서 그 많은 동물들의 세계를 설명한다.

루이스 리키 박사의 예상 이상으로 구달은 학자로서 크게

---

[*] DNA 분자는 '염기'라는 단위로 그 구조를 나누어서 설명할 경우, 아데닌, 구아닌, 시토신, 티민, 네 가지 염기가 아주 길게 연결된 모양으로 이야기해볼 수 있다. 보통 하나의 세포 속에 있는 DNA의 구조는 수백만, 수천만 개의 염기가 연결된 모양이다. 침팬지의 DNA 분자와 사람의 DNA 분자가 1퍼센트 다르다는 말은 침팬지의 DNA를 어떤 순서로 염기들이 연결되어 있는지 표시하고, 사람의 DNA를 어떤 순서로 염기들이 연결되어 있는지 표시했을 때, 그 염기들의 순서가 1퍼센트 다르다는 뜻이다. 예를 들어, 침팬지의 DNA가 아데닌-아데닌-구아닌-아데닌-티민 순서로 염기들이 연결된 모양인데, 사람의 DNA가 아데닌-아데닌-구아닌-아데닌-시토신 순서로 염기들이 연결된 모양이라서 다섯 개 중에 마지막 염기 하나가 다르다면 20퍼센트 정도 다르다는 식으로 이야기할 것이다.

성장했다. 그러자 리키 박사는 단순히 구달을 자신의 조수로 머무르게 하지 않고, 영국 케임브리지 대학의 대학원에 등록하여 구달 스스로 박사 학위를 받도록 지도했다. 리키 박사는 구달을 자신의 조수로 머물게 해서 명성과 공적을 자신의 것으로 삼는 데 그치기보다는, 구달 자신이 많은 사람들이 믿을 수 있는 학자가 되도록 해서 그만큼 연구 자체를 더 가치 있는 것으로 만들고자 했던 것 같다.

구달은 대학 졸업자가 아니었으므로 학사 학위도 없었다. 하지만 침팬지에 관한 한 구달 이상으로 잘 아는 사람은 없다는 특별한 배려에 따라, 대단히 예외적으로 대학원에 바로 진학하여 결국 박사 학위를 땄다.

한편으로 구달이 영향력이 큰 학자가 될 수 있었던 점에는 연구 활동이 당시 시대에 잘 들어맞았다는 데에서도 어느 정도 이유를 찾을 수 있을 것이다. 1960년대는 영국, 미국에서 컬러텔레비전이 보급되면서 신비로운 볼거리를 찾는 사람들이 유독 많아지던 시기였다. 지금도 그렇지만 신형 텔레비전이나 영상 기술이 나오면 사업가들은 항상 자연 다큐멘터리로 아름다운 자연의 광경을 보여주면서 이목을 끌고자 한다.

그러다보니 내셔널 지오그래픽 같은 미국 회사들이 나서서 구달의 연구 활동을 영상으로 촬영했다. 어머니와 단둘이 정글 속으로 떠나 침팬지를 연구한다는 젊은 탐험가의 이야기는 곧 전 세계적으로 인기를 끌었다.

정글 생활이 시작된 지 2년이 지난 1962년이 되자, 한국의 《경향신문》에서도 "남성보단 동물 좋아―미녀가 '정글' 생활"이라는 다소 자극적인 제목으로 구달의 연구를 소개하는 신문기사를 실을 정도였다. 1965년에는 명망 높은 배우이자 영화감독인 오슨 웰스가 내레이션을 맡은 TV 다큐멘터리가 나와 구달의 정글 생활과 연구 과정을 다루기도 했다. 이 역시 나중에 한국에도 방영되었다. 구달은 세월이 흐르는 동안 점차 세계적인 명사가 되어갔으며, 그에 따라 구달의 연구에 대한 투자도 늘어나서 구달의 연구팀도 같이 성장할 수 있었다.

비판과 오류를 넘어서는 방법

그렇다고 구달의 연구가 항상 넉넉한 지원을 받으며 줄기차게 발전하기만 한 것은 아니다. 1970년대에는 무장단체가 연구원들을 습격해 납치하여 곤혹을 치른 사건도 있었고, 연구비 부족과 조직 개편으로 고생하기도 했다. 자신이 중심이 된 연구소를 탄자니아에 건립할 때 돈 문제로 고민하던 시절도 없지는 않았던 것 같다.

다행히 1970년대 초부터 제인 구달이 직접 쓴 책이 세계 각국에서 인기를 얻었다. 자신의 연구와 삶이 세계 여러 나라에 널리 알려진 그 명성이 연구비를 투자 받는 데 도움이 되었을 것이다. 아닌 게 아니라, 구달은 뛰어난 작가이기도 하다. 자신의 재미있는 경험담과 아프리카의 고요한 정경을 서정적으로 묘사하는 내용을 읽기 좋게 섞어 넣으면서, 그 가운데 동물을 관찰하며 알게 된 사실과 느낀 감상을 극적으로 조합해놓은 글들은 매력이 풍부하다.

반면, 구달의 연구 초기에는 연구 방식 자체가 잘못되었다는 호된 비판을 받기도 했다. 구달이 대학원 박사 과정에 진학했을 시절, 케임브리지 대학의 교수들 중 다수는 구달의 연구에 오류가 있다고 심각하게 비판했다고 한다.

구달이 침팬지들에게 이름을 붙여주었다는 점도 많은 지적을 받았다. 구달은 침팬지들의 겉모습이나 습성을 보고 그에 걸맞은 이름을 붙여주고, 그 이름으로 침팬지들을 서로 구분했다. 다윗과 골리앗, 또는 프로도 같은 이름을 사용했다. 그런데 관찰 대상인 동물에게 이름을 붙이게 되면 동물에게 사람이 지나치게 친밀한 감정을 갖게 될 수가 있고, 이름에서 받는 인상 때문에 동물에 대해 고정관념이 생길 수도 있을 것이다.

예를 들어 침팬지 두 마리를 다윗과 골리앗이라고 부른다면, 무심코 골리앗은 무서운 싸움꾼이고 다윗은 작지만 용감하게 골리앗에게 맞서는 성격이라고 점차 상상하게 될 가능성이 있다. 그런 상상에 너무 깊게 빠져 있다면, 그 침팬지들이 서로 싸운다거나 경쟁하는 것을 보고 관찰할 때 침팬지들의 태도를 자기 상상대로 착각할 위험이 있다. 교수들은 그런 것이 옳지 않다고 생각했다. 즉, 관찰하는 사람이 관찰 대상에게 임의로 이름을 붙여주는 것은 객관적인 태도에 방해가 되기 때문에 1번 동물, 2번 동물과 같은 식으로 번호나 기호로 구분하는 것이 더 좋다고 지적했다.

그 외에도 연구 초창기에 구달은 침팬지를 가까이서 보기 위해 침팬지가 먹을 음식을 일부러 놓아두는 일을 하기도 했다. 이렇게 하면 침팬지가 바깥의 도움 없이 정글 속에서 스스로 버티면서 살아가기 위해 어떤 생활을 하는지 관찰할 수가 없다. 이 역시 야생 그대로의 침팬지를 연구하는 데에 방해가 되는 일이었다.

내 생각에 이런 문제는 어머니 외에 마땅히 동료 연구원도 없는 상황에서 홀로 누구도 해보지 못한 일을 하기 위해, 어쩔 수 없이 포기할 수밖에 없었던 부분이었던 듯싶다. 야생 침팬지와 가까운 곳에서 살면서 침팬지를 지켜보는 일이 어떤 것인지 그 경험과 지식을 알려줄 사람이라고는 아무도 없었다. 그런 시기에 혼자 살아남으며 침팬지를 어떻게든 살펴봐야 하는 것이 초창기 구달의 상황이었다.

이 상황에서는 침팬지에게 이름을 붙여주며 조금이라도 애정을 갖고 친숙해지려고 하는 태도가 있어야만 참고 더 달라붙어 있을 수 있었을 것이다. 침팬지에게 이름이라도 붙여주고 가깝게 여기고 있어야, 서로 다른 침팬지들을 눈으로 보고 쉽게 구분하는 데 유리하기도 했을 것이다. 각각의 침팬지가 어떻게 지냈는지 혼자 머릿속으로 기억하고 정리할 때에도 이름으로 침팬지를 기억하고 있는 것이 편했을 것이다.

다행히 이후 세월이 흐르고 구달의 연구팀이 점점 더 커지자, 더 체계를 갖추어 철저하게 객관적인 연구를 하는 방식도 같이 보완해갈 수 있었다.

1980년대 무렵부터 제인 구달은 자신의 영향력과 조직을 이용하여 동물을 보호하고 자연을 지키는 일에 대해서도 꾸준히 관심을 기울였다. 구달은 아프리카의 자연환경을 보호하고 침팬지와 같은 동물이 사라지지 않도록 지키기 위한 여러 가지 활동에 참여했다. 그 외에도 세계의 자연환경을 지키는 문제 전반에 대해서도 적극적으로 행동에 나섰다. 구달은 세계 각지에 이러한 활동을 하기 위한 조직을 만들었으며, 여러 나라를 다니며 자연을 지키는 일이 중요하다는 것을 알리기 위해 부지런히 다양한 행사에 참여했다.

제인 구달의 자연 보호 활동에서 내가 특히 인상 깊었던 점은 자연 보호를 위해서 경제 발전이 필요하다는 것을 깊게 이해하고 있으며, 이에 대해 정확히 지적하며 강조하고 있다는 대목이었다.

자연을 지키며 숲과 산, 강과 계곡을 깨끗하게 그대로 두자는 주장은 짐짓 언제나 아름답고 고결한 것처럼 보인다. 그런데 선진국 사람들이 신나게 지구를 파괴하며 산을 깎아 팔아먹고 나무를 잘라 돈을 벌며 은행에 많은 금을 쌓아놓은 후에,

이제 지구 환경을 더 이상 파괴하면 안 되니 개발도상국 사람들에게 다 같이 개발을 멈추자 한다고 생각해보자.

개발도상국 사람들은 이제 막 경제 발전을 위해 빈 땅에 건물을 짓고 토목 사업을 벌여 개발 계획을 펼치려는데, 그때 고상한 말투로 이야기하는 선진국 사람들이 나타나 자연을 파괴하는 것은 나쁜 짓이니 멈추라고 엄히 금지한다면, 개발도상국 사람들은 불공평하다는 생각만 들 것이다. 선진국 사람들은 잘 먹고 잘살면서 개발도상국 사람들은 영영 가난하게 살라고 하는 헛수작으로 보일지도 모른다.

때문에 구달은 진정으로 자연을 보호하기 위해서는 자연 보호에 엮이게 되는 사람들이 경제 발전을 할 수 있도록 같이 도와주어야만 한다는 점을 강조하고 있다. 당장 추운 겨울이 오는데 전기와 난방장치가 없다면 살아남기 위해서는 숲에서 나무를 잘라다 태우는 수밖에 없다. 그런 상황에서 침팬지가 사는 숲을 지켜야 하니 나무를 잘라 가면 징역이라는 식으로 무서운 법을 자꾸 만드는 것은 좋은 방법이 아니다. 숲을 지키려면 숲 근처에서 사는 사람들을 지원해주는 것이 공평할 뿐만 아니라, 목표를 쉽게 달성하는 방법이다.

다시 말해서, 엄한 법령을 만들고 집중 단속으로 사람들을 감옥에 집어넣는 방법으로 자연 보호를 하는 것이 아니라, 자연을 보호하고 싶다면 그에 필요한 자금을 투자해서 사람들을 지원해야 한다는 이야기다.

제인 구달은 1996년 이후 여러 차례 한국에 오기도 했다. 2017년 구달이 한국을 찾았을 때에는 여의도 국회 건물의 대강당에서 강연이 열렸다.

《경향신문》의 보도를 보면 강연에 참석한 사람들 중에는 어린이와 청소년들이 무척 많았다고 하는데, 구달이 자연과 환경 문제에 관심을 가지면서 다음 세대를 교육하는 문제에 역점을 기울였다는 점을 생각하면 강연은 성공한 셈이다. 옛날 침팬지 인형을 좋아하는 어린이였고, 비서 일과 식당 종업원을 경력으로 삶을 살아가던 구달이 세월이 흐른 뒤 위대한 학자가 되어 먼 나라의 국회에 와서 과학과 자연에 대해 말하는 모습은 그 자리의 청중들에게 무척 인상적이었을 것이다.

구달은 그날 강연에서 산업 발전으로 인해 온실 기체가 늘어나고 그 때문에 갑작스레 기후가 바뀌는 문제에 대해서도 시간을 할애해 언급했다. 기후 변화 때문에 식물이 말라 죽거나 홍수나 폭우의 피해로 나무 열매들이 없어지면 정글의 희귀한 동물들은 같이 죽어갈 수밖에 없다. 평생 희귀한 동물들을 연구한 구달로서는 기후 변화의 위험성을 여느 사람들보다 더 가깝게 느꼈을 것이다.

국회에서 국회의원의 초대로 열린 행사였던 만큼, 청중 중에는 정치인들도 있었다. 구달은 "정치인들이 세계를 파괴하도록 놔두지 않겠다는 결심을 하곤 한다"고 언급했고, 정치인들이 기후 변화란 사실 심각한 문제가 아니라고 가볍게 여기지만 않는다면 우리가 행동을 취해서 기후 변화를 늦출 수 있다고 말했다.

그리고 구달은 청중에 섞인 정치인들을 보면서 같이 웃음을 나누었다고 한다. 그것이 과연 어떤 느낌의 웃음이었는지, 또 그 시간 동안 강당의 정치인들이 정말 무엇을 느꼈을지는 아마 그때 참석했던 당사자들만 짐작할 수 있지 않을까.

❺ 1,000km의 세계

생태계와
김삼순

: 생태계의 그늘을 밝힌 노인

동물과 식물들이 사는 삶에는 저마다 곡절이 가득하고 그 굽이굽이마다 희로애락으로 보이는 일들이 있기 마련이다. 그 렇지만 어느 생물이건 대체로 먹어야 살 수 있다는 점은 같다. 그러니까 세포 속에서 DNA를 비롯한 여러 가지 물질을 계속 만들어내고 그렇게 만들어낸 물질을 보호하기 위해서는 그 재료가 있어야 하며, 그 재료를 화학 반응을 통해 변화시킬 수 있는 연료에 해당하는 것이 필요하다. 공장에서 물건을 만들 기 위해서는 원료와 전기가 필요하듯이, 생물이 자라나고 새 끼를 치기 위해서는 무엇인가를 먹어야 한다.

무엇을 먹고 사느냐로 생물을 크게 나누어본다면, 우선 가 장 먼저 눈에 뜨이는 생물은 물, 공기, 햇빛 따위에서 먹을 것 을 만들어내는 것들이다. 이런 부류의 생물 중에 우리가 살고 있는 행성인 지구에 가장 흔한 부류는 광합성을 하는 종류다.

길가의 풀이나 가로수들은 공기 속의 이산화탄소와 물을 빨아먹고 그것을 햇빛을 이용한 화학 반응으로 변화시켜 먹을 수 있는 물질로 바꾼다. 광합성은 대개 이 과정을 일컫는 말이다.

이 생물들은 허공에서 음식을 만들어내는 셈이다. 그렇기 때문에 이런 생물들을 보통 생태계의 생산자라고 한다. 호랑이, 사자, 소, 말 같은 동물은 결코 이렇게 허공에서 음식을 만들어낼 수 없다. 사람도 특별한 장치 없이는 물, 공기, 햇빛만으로 먹을 것을 만들어낼 수 없다. 그렇지만, 돌 틈에 핀 잡초나 물 위에 떠다니는 녹조 미생물들은 이런 놀라운 일을 할 수 있다. 그렇기 때문에 우리가 아는 대부분의 동물들은 결국 이 생산자들이 허공에서 음식을 만들어내는 능력에 얹혀서 살아가는 것이라고 할 수 있다.

그래서 풀벌레부터 물고기, 까치, 개, 사람 등등 광합성을 하지 못해서 음식을 스스로 만들어낼 수 없고 다른 생물을 먹어야 살 수 있는 생물들을 흔히 생태계의 소비자라고 부른다. 이런 생물들은 다른 생물을 잡아먹는 방법으로 음식을 구한다. 식물이 스스로 음식을 만들어내면 메뚜기, 토끼, 소, 말 등의 동물은 그 식물을 직접 씹어 먹는 방식으로 음식을 먹는다. 한편 사마귀, 고양이, 독수리 등의 동물은 식물을 직접 씹어 먹지 않고 다른 동물을 잡아먹고 산다.

사람은 전 세계적인 통계를 보자면 대체로 옥수수를 먹고 사는 동물이라고 볼 수 있다. 사람들의 세상에서 쌀이나 밀보다 옥수수를 소비하는 양이 더 많기 때문이다. 만약 누군가 강냉이 뻥튀기나 나초를 특별히 좋아해서 많이 먹는 습관이 있다면 그 사람은 옥수수를 직접 먹고 사는 사람일 것이다. 그렇지 않은 사람이라면 옥수수를 먹여서 돼지, 소 등을 기르고 그것을 요리한 음식을 먹기 때문에 옥수수로 가축을 살찌우고 그 고기를 먹는 방식으로 먹고사는 것이다.

그런데 우리가 사는 세상에는 음식을 직접 만들어내는 생산자와 다른 생물을 잡아먹고 사는 소비자 이외에 또 다른 부류의 생물들이 한 덩어리가 더 있다.

이 세 번째 부류의 생물들은 훨씬 눈에 덜 뜨인다. 생산자들, 식물들은 숲을 이루고 산을 덮고 있으며 농사를 지은 결과이기도 하기에 쉽게 관심을 끈다. 한편 세상에는 사람 스스로가 소비자 역할을 하기 때문에 소비자 생물 역시 친숙하게 느껴진다. 그에 비해 생산자나 소비자가 아닌 생물 무리들은 자칫 무시되기 쉽다. 이 세 번째 부류의 생물들은 눈에 덜 뜨이고 어둠 속에서 모습을 숨기고 있는 것처럼 보인다.

그래도 이 제3의 생물들에게 유독 특별히 관심을 갖고 깊게 연구한 과학자들이 있었다. 김삼순 역시 생태계에서 이 세 번째 부류의 생물들이 무슨 역할을 하는지 끈질기게 추적한 학자였다.

김삼순은 1909년 지금의 한국 전라남도 담양의 창평면에서 태어났다. 1909년이면 아직 순종을 황제로 모시던 조선왕조가 이어지고 있던 시기였다. 김삼순은 만 92세로 2001년에 작고했으므로, 조선왕조 시대에 출생한 후 일제강점기와 대한민국 제1공화국, 제2공화국, 제3공화국, 제4공화국, 제5공화국이 탄생했다가 끝나는 것을 모두 직접 목도하고 경험하면서 살았다. 또한 현재 한국인들의 정부인 제6공화국 정부에서 21세기가 시작되는 것을 볼 때까지 생존해 있었다.

그러니 김삼순은 현대사 격동기의 이런저런 굴곡을 직접 경험해본 인물이었으며, 인생에 걸쳐 겪은 역사의 변화 때문에 자신의 삶도 같이 굴곡지는 것을 경험한 사람이기도 했다.

유명한 과학자가 되는 사람들 중에는 로절린드 프랭클린처럼 부잣집에서 태어나 자란 경우도 있고 김점동처럼 가난한 집안에서 성장한 경우도 있다. 김삼순은 그중에서도 유례가 드물 정도로 대단히 부유하고 높은 명예를 얻은 집안에서 태어났던 사람이다.

국회의원이라는 직업을 한 가지 기준으로 살펴보자. 대한민국의 국회의원이란 국민이 선거로 직접 뽑은 민주주의의 대표자로 헌법 체계에서 중요한 인물로 꼽는 대표적인 사람이다. 그만큼 누군가가 국회의원이 되는 것은 어렵고 또한 국회의원은 보통 사람들 주변에 드물다.

그런데 김삼순의 오빠였던 김홍용과 김삼순의 남동생이었던 김문용, 김성용은 3형제가 국회의원이 되는 기록을 세운 사람들이었다. 이런 사례는 한국사에서 거의 유일하다. 게다가 김삼순의 남편이 되는 강세형 역시 국회의원이었다. 그러니까 김삼순은 가장 가까운 가족 중에 국회의원이 네 명이나 있는 사람이었다. 또한 김삼순의 여동생인 김사순의 아들, 그러니까 김삼순의 조카가 나중에 여당 당수이자 대통령 후보가 되는 이회창 전 국무총리다.

물론 이 사람들이 정치인으로 성공을 거둔 것은 대한민국 제1공화국 이후의 일이다. 김삼순이 태어난 당시에는 그 집안이 정치계에서 그렇게 큰 영향력을 갖고 있지는 않았다.

그렇다고는 해도 김삼순의 가정은 부유함으로는 진작부터 위세가 대단했다. 김삼순의 집은 창평에서 3천 석 농사를 짓는 천석꾼 집이라고 불리었다. 3천 석이라면 단순히 매년 농토에서 추수하는 쌀의 양만 해도 몇백 톤 정도는 될 거라는 이야기다. 천석꾼이나 만석꾼이라는 식의 말은 좀 과장되어 퍼지기 마련이라는 점을 감안해도 이 정도면 상당한 갑부였다고 볼 수밖에 없다.

일제강점기 시절 전국의 천석꾼을 조사한 통계를 보면 천석꾼 정도로 농사를 짓는 사람은 몇백 명 수준이었다고 한다. 그러니 모르긴 해도 대강 어림짐작해보자면, 김삼순의 부모는 지금 기준으로 대한민국의 부유한 사람 순위를 매겼을 때 상위 0.01퍼센트 안에는 우습게 들어가는 정도였을 것이다.

그 정도로 부유한 명문가에서 태어난 사람이었는데도 지금 생각해보면, 해괴하게도 김삼순은 어린 시절에 교육의 기회를 얻을 수가 없었다. 김삼순이 지금의 초등학교에 가야 할 나이가 되었지만, 당시 근방에 여자 어린이가 입학할 수 있는 학교가 하나도 없었던 것이다. 김삼순이 학교를 갈 무렵이던 1910년대에는 아무리 부유하고 고귀한 집안의 자식이라 하더라도 만약 여성이라면 학교 교육을 받는 것이 아예 불가능했던 지역이 드물지 않았다.

그래서 김삼순은 남자 어린이들이 학교에 가는 나이가 되었을 때에 학교에서 공부하지 못하고 집에서 지냈다고 한다. 김삼순은 한글을 배워 할머니께 책을 읽어드리곤 했다. 그때 김삼순이 많이 읽던 것은 주로 고전 소설책이었는데, 아마 『소대성전』이나 『구운몽』 같은 책들을 읽었을 것으로 보인다. 할머니는 동네 노인들을 불러 모아두고, 김삼순에게 책을 읽게 하여 같이 그 목소리를 듣곤 했다고 한다. 글을 곧잘 읽어 내려가는 김삼순의 듣기 좋은 목소리를 자랑거리로 여겼던 것 같다.

그렇게 몇 년을 지낸 후 동네 남자 어린이들보다 늦은 10세 무렵이 되어서야 김삼순은 뒤늦게 학교에 갈 기회를 얻게 되었다. 그 지역의 세력가였던 김삼순의 아버지가 창평에 있던 보통학교에 직접 부탁을 해서, 여자 어린이도 다닐 수 있는 여자반을 만들어달라고 했던 것이다. 그렇게 해서 그 학교에 실제로 여자반이 생겼다.

김삼순의 아버지가 인권과 평등 의식이 남달랐기 때문에 학교에 여자반을 만드는 일에 나섰던 것은 아니었을 거라고 생각한다. 그는 어찌 보면 오히려 조선시대에서부터 이어진 전통적인 관념을 굳게 믿고 있는 사람이었던 것 같다. 그렇지만 그런 태도를 갖고 있으면서도 커다란 농장을 운영하고 재산을 보살피는 가운데, 세상이 빠르게 변화한다는 것은 느끼고 있었다. 때문에 자연스럽게 여성에게 교육의 기회를 주는 일에도 관심을 가질 수밖에 없었다.

"세상이 얼마나 넓고, 또 과학과 기술은 얼마나 빠르게 발전하고 있는지 알지 않소? 조선 시대와는 완전히 다른 세상이 요즘이고 또 세상은 점점 더 바뀌고 있는데, 세상이 이렇게 바뀌어가는 것을 여성이 아무것도 모른다면 나중에 어머니가 되어 자식은 어떻게 키우겠소? 결국 여자 어린이들이 자라서 어머니가 될 텐데, 그 어머니가 최소한 세상이 어떻다는 것은 어느 정도 알고 있어야 자식들을 잘 기를 수 있지 않겠소?"

김삼순의 아버지는 그런 식의 생각을 갖고 창평에 여자 어린이들이 갈 수 있는 학교를 만들어야 한다고 주장했던 것 같다. 이때 김삼순이 간 학교가 지금의 창평초등학교로 이어지고 있다.

계기야 어쨌건 김삼순은 학교 가는 것을 너무나 좋아했다고 한다. 학교에서 새로운 것을 배우고 학교에 있는 누군가가 자신에게 지식과 학문을 알려주려고 한다는 것을 김삼순은 굉장히 소중하고 즐겁게 생각했다. 이렇게 배우는 것 자체를 즐기고 사랑하는 태도는 김삼순의 일생에 걸쳐 계속해서 나타난다.

"학교에 늦게 가면 지각이야. 그러면 선생님께서 가르쳐주시는 내용의 앞부분을 못 듣게 되니까 너무 안타까워. 학교에 일찌감치 가야겠어. 아니야, 그렇다고 학교에 너무 일찍 가면 친구들이랑 같이 놀게 되잖아. 너무 많이 놀다보면 노는 데 빠져서 선생님이 가르쳐주시는 것을 들을 때 집중이 흐트러질지 몰라. 딱 맞춰서 정확한 시간에 학교를 가야겠어."

그때 김삼순이 지내던 방에는 시계가 없었다. 그래서 김삼순은 방 안에 햇빛이 들어오고 그림자가 지는 각도를 봐두었다가, 어느 정도까지 들어오면 학교 등교 시간에 딱 맞아 떨어진다는 것을 기억해두었다고 한다. 그런 식으로 햇빛과 그림자를 시계처럼 활용해서 김삼순은 가장 공부를 열심히 할 수 있는 일정을 스스로 정해 지킬 정도로 열심히 학교를 다녔다.

남자 어린이들은 다 갈 수 있던 학교를 늦게나마 자신도 갈 수 있게 되는 바람에 더 가치 있게 느껴진 마음도 있었을 것이다. 김삼순은 그와 같이 학교를 다니면서 공부에 애쓰는 것을 아주 보람차고 행복한 일로 여겼다.

그러나 지금의 초등학교와 비슷한 수준을 가르치는 보통학교를 졸업하게 되자, 김삼순은 다시 학교를 갈 수 없게 되었다. 인근에 다닐 만한 학교도 없었고 집안에서도 그 이상의 교육을 시켜야겠다는 생각이 없었던 것 같다. 때문에 졸업 후에 김삼순은 집에서 그냥 머물렀다. 어떤 기록을 보면 이 시절 한학을 공부했다고 하는데, 아마 집 안에 있던 오래된 유교 경전이나 역사책 같은 것을 들추어보며 그것이라도 나름대로 익히려 했던 것 아닌가 싶다.

김삼순의 남자 형제들은 차곡차곡 학교를 다니며 상급 학교로 진학했다. 누구보다 신이 나서 학교에 다니고, 공부하는 일을 재미있게 생각하던 김삼순은 형제들의 그런 모습을 보면서 여러 가지 생각을 했을 것이다. 이 무렵은 김삼순이 사춘기 청소년일 때이니 답답한 심정에 빠진 때도 있었을지 모르겠다. 그 시대 사회의 문화와 주위 풍습과 어긋난다는 이유만으로, 그 유복한 집안에서도 중고등학교에 가보고 싶다는 정도의 바람을 이루지 못해 고통받게 된 것이다.

《과학과 기술》에 실린 대담을 보면 그러던 중에 김삼순을 상급 학교에 보내주자고 강하게 주장하기 시작한 사람은 큰오빠였다고 한다.

당시 큰오빠는 일본에서 유학 중이었다.

"서울에는 여학생들이 다니는 상급 학교가 있습니다. 기숙사에서 생활하면서 다니면 됩니다. 시골에서 도시로 혼자 건너가서 사는 여학생이라고 해서 다들 나쁜 물이 들고 범죄에 빠지는 것이 결코 아닙니다. 그런 이야기는 뜬소문일 뿐입니다."

그에 비해 어린 김삼순을 그렇게 아껴주던 할머니는 서울에 있는 학교를 보내는 데 반대했다고 한다.

"그래도 그렇지, 어떻게 우리 삼순이를 혼자 서울에 보내겠니. 이제 몇 년 지나면 삼순이가 결혼도 할 만한 나이가 될 텐데, 차분하게 그냥 창평 집에 있는 게 낫지."

"이곳보다 더 발전한 일본에서는 더 많은 여학생들이 상급 학교를 다니고 있습니다. 세상이 점점 더 발전하자면 당연히 그렇게 되어야 하는 겁니다. 삼순이가 공부하는 것을 얼마나 좋아하는지 할머니께서도 잘 아시지 않습니까? 그런 애를 더하기 빼기랑 한자 몇 글자 가르쳐주고 이제 더 못 배운다고 하면서 그냥 집에만 두어야 합니까?"

한동안 집안에서 격론이 벌어진 끝에, 겨우 김삼순은 서울의 경성 여자 고등보통학교에 진학하기 위해 집을 떠나게 되었다. 이 학교는 지금의 경기여고로 이어져 내려오고 있다.

김삼순이 서울로 떠나던 무렵은 옛 소설에 나오는 인력거꾼들이 활발히 일하던 시대였다. 담양 창평에 살던 김삼순이 서울에 가기 위해서는 일단 출발하기 전날 인력거꾼을 집에 불러와야 했다. 그리고 짐을 들고서 인력거를 타고 광주까지 가서는 광주에서 하룻밤을 묵었다. 다음 날 아침 일찍 기차를 타고 열두 시간쯤 가서 저녁이 다 되어서야 서울에 도착하는 여정이었다.

나중에 김삼순은 서울역에 도착해 기차에서 내리자마자 본 서울 풍경을 생생히 기억하며 회고했다.

전기 불빛이 환하게 켜진 서울 풍경은 너무나 신비로웠다고 한다. 옛날인 데다가 김삼순은 농사짓는 집안에서 지냈기 때문에 전등 불빛을 본 경험이 많지 않았다. 그런데, 열차에서 내리며 수많은 전등으로 반짝거리는 도시의 야경을 본 것이다.

이야기만 듣고 막연히 상상하며 동경하던 것을 막상 직접 보았는데 그것이 자신의 상상력을 완전히 뛰어넘을 정도로 강렬하게 아름다울 때. 그럴 때의 감동은 평생 마음에 남기도 한다. 서울에 가서 학생이 된다는 꿈을 꾸며 매일같이 학교에 갈 수 있는 그곳을 상상하던 김삼순이, 그날 변화한 도시가 빛나는 모습을 보면서 받은 충격은 아마 그런 정도였을 것이다.

김삼순은 이때 그 밤풍경을 가능하게 한 과학기술이 정말로 놀랍고 멋진 것이며, 자신도 그런 것에 대해서 더 배우고 싶다고 느꼈다. 김삼순은 짤막한 자신의 회고문에서 설레는 마음으로 기차에서 내리던 바로 그날 밤 그 순간, 과학이 멋진 것이고 과학을 알아가는 것이 좋겠다는 마음이 생겼다고 밝히고 있다.

그리고 그날 밤 생긴 그 마음은 평생 동안 사라지지 않았다.

김삼순은 경성 여자 고등보통학교 시절에도 대단히 열심히 공부하며 학교생활에 깊게 빠져 지냈던 것 같다. 이 시절 김삼순의 별명은 가마보코였다고 하는데, 아마도 어묵 종류와 비슷한 일본 음식인 가마보코(蒲鉾)에서 따온 말 같다. 이 시기에는 가마보코와 비슷한 반원 형태의 둥그스름한 물건이 있으면 그것을 가마보코 모양이라고 부르기도 했고, 나무 판에 붙어 있는 가마보코처럼 무엇인가 움직이지 않는 것이 있으면 그것을 가마보코 같다고 하기도 했다. 옛날 일본 영화계에서는 엑스트라 중에 관중이나 시체 역할처럼 움직일 필요조차 없는 역할을 가마보코라고 부르기도 했다니, 아마 항상 책상에 붙어 둥그스름한 모양으로 엎드린 채 꼼짝 않고 공부만 하는 김삼순의 모습을 보고 친구들이 붙인 별명인 듯하다.

그러면서도 김삼순은 친구들과 어울려 지내며 즐거운 추억을 쌓았을 것이다. 김삼순이 남긴 이야기들을 보면 이 시절 사귄 친구와 이후에 오랫동안 교류한 일이나, 이 시절의 기억을 긴 시간 간직하고 있던 흔적이 종종 보인다.

1990년 8월 《동아일보》에 실린 한 이야기를 보면, 어느 휴일 늦은 오후에 어김없이 김삼순은 기숙사 방의 자리에 붙어 공부를 하고 있었다고 한다. 그런데 룸메이트였던 친구가 김삼순에게 문득 창살로 비치는 지는 해 그림자를 보면서 창살 모양이 평행사변형을 이루는 것이 몇 개나 되느냐고 물었다고 한다. 김삼순은 무슨 쓸데없는 것을 묻느냐는 듯이 답을 했다는 것 같은데, 그 친구는 놓치기 쉬운 평행사변형 모양이 더 있다고 지적을 했다고 한다. 설명을 듣고 보니 친구 말이 정말로 맞았다. 김삼순은 그날의 기억이 깊게 남아 신문 기사가 나온 80세 무렵까지도 평행사변형 생각만 하면 그 시절의 룸메이트가 생각이 난다고 이야기했다.

김삼순은 수학 과목에 뛰어났던 것으로 보인다. 학교 졸업 후에 공부를 계속 이어나가는 학생들이 제법 있었으니, 김삼순 역시 수학과 관련이 있는 과목으로 공부를 계속한다는 생각을 했을 것이다. 그리고 그에 따라 상급 학교로 도쿄에 있는 도쿄 여자 고등사범학교에 진학했다.

도쿄 여자 고등사범학교는 학교 교사가 될 사람을 키워내는 교육 기관이었다. 현재 한국의 교육 과정과 정확하게 연결되지 않기 때문에 지금의 어떤 대학 무슨 학과에 해당한다고 설명하기는 쉽지 않다. 그렇지만 도쿄 여자 고등사범학교는 현재 도쿄 시내에서 잘 알려진 대학인 오차노미즈 여대로 계승되어 내려오고 있다. 그러므로 도쿄 여자 고등사범학교 학생은 당시 사회 분위기를 봐서는 지금의 대학생과 비슷하다고 보아도 큰 무리는 없을 것이다.

이때 일본에서는 교육을 많이 받은 여성에게 잘 어울리는 직업으로는 학교 교사만한 것이 없다는 생각이 많이 퍼져 있었다. 때문에 도쿄 여자 고등사범학교는 공부하고 싶어 하는 일본 여성들이 특히 모여드는 곳이었다. 그래서 학생들을 가르치는 교수진도 썩 훌륭한 편이었다.

김삼순은 야스이 코노(保井コノ)나 구로다 치카(黒田チカ)와

같은 사람들의 강의를 인상 깊게 기억하고 있다. 야스이 코노는 수학, 과학 계열에서는 일본인 여성 중에 최초로 박사 학위를 취득하여 명망이 높은 사람이었다. 구로다 치카 역시 그 무렵 일본인 여성 중에서는 아주 초창기에 박사 학위를 받은 사람이어서 둘 다 일본 과학 역사에서도 중요하게 회자되는 인물이다. 김삼순이 화학과 생물학 등의 과목에 관심을 갖고 이 분야에서 계속 학업을 이어간 것은 이런 학자들의 강의에서 영향을 받은 점도 있었을 것이다.

한편 반대로 교수들이 김삼순의 모습을 인상적으로 여기기도 했다. 특히 김삼순은 구로다 치카와는 상당히 돈독한 관계를 이어나갔다. 그럴 만도 했던 것이 김삼순은 남들 눈에 잘 뜨이는 과목에서 유독 남들에게 지지 않고 좋은 모습을 보이려고 애를 썼다고 한다.

그래서 김삼순은 체조, 수영, 승마 같은 체육 과목을 대단히 열심히 했는데, 체조는 강의 중에 시범을 보일 일이 있으면 항상 지목받을 정도로 잘해서 강사 자격증까지 땄다고 한다. 수영 역시 계속 실력을 키워서 몇 킬로미터씩 바다에서 헤엄을 치며 운동하곤 했다고 한다. 광복 후에 한참 세월이 지나 이루어진 인터뷰를 보면 도쿄 유학 시절에는 남의 나라에서 일본인 학생들 사이에 둘러싸여 공부하다보니, 식민지 조선 출신인 김삼순으로서는 특별히 강한 경쟁심이 치솟았다는 이야기도 하고 있다.

도쿄 유학 시절에 대해 김삼순이 또 한 가지 인상 깊게 기억하는 것은 입학한 지 얼마 되지 않아 도쿄 여자 고등사범학교의 선배 졸업생인 가토 세치(加藤セチ)가 방문했던 일이다. 가토 세치는 화학을 전공한 인물이었는데 농작물에 관계된 연구를 하고 있어서 일본에서 최초로 농학 분야를 연구하는 여성 박사로 언급되던 것으로 보인다. 가토 세치는 모교에 와서 자신이 쓴 논문을 후배 학생들 앞에서 설명했는데 김삼순은 어떤 분야에서 최초의 여성 박사가 되어 연구하는 길을 걷고 있는 가토 세치의 모습에서 큰 감명을 받았다고 한다.

가토 세치의 연구 분야가 농학이었던 것도 인상적이었을 것이다. 김삼순은 창평의 고향 마을을 사랑했다. 처음 학교를 다닐 수 있게 되어 기뻐하며 즐겁게 지내던 시절의 기억은 풍요롭고 행복했을 것이다. 훗날 은퇴한 뒤에도 김삼순은 고향 마을로 돌아가 지냈다. 커다란 농장을 운영하며 갖가지 농사일을 고민하던 부모님들의 모습과 온갖 작물과 가축을 기르느라 모두들 분주했던 풍경 역시 좋은 추억으로 남아 있었다. 그런 김삼순이 농사짓는 일에 대한 학문이 있다는 것을 알게 되었을 때, 그리고 그에 대해 연구하는 학자로 성과를 거둔 선배를 볼 때의 심정은 각별할 만했다.

그때까지 김삼순은 새로운 것을 배우고 깊이 파고드는 것을 좋아했고, 학교 다니는 것과 공부하는 것을 신나는 일로 여기며 살아왔다. 공부하는 것으로는 항상 남들보다 잘한다고 생각했을 것이다. 김삼순은 선배 가토 세치가 일본 최초의 여성 농학자라면, 자신도 어떤 분야에서 조선 최초의 여성 박사가 되어보겠다고 결심하게 된다.

그러나 그 결심이 쉽게 이어지지는 않았다. 체력에 비해 지나치게 무리를 했기 때문인지 김삼순은 도쿄 여자 고등사범학교 시절에 1년간 휴학을 했다. 게다가 졸업 후에도 바로 상급 학교로 진학할 수가 없었다. 이 무렵 조선인 학생들에게는 고등사범학교를 졸업하고 나면 반드시 학교에서 교사로 2년간 일을 해야 한다는 의무가 부과되어 있었다. 김삼순은 이 의무 때문에 공부를 잠시 멈추어야 했다.

그렇게 해서 1933년 20대 중반의 김삼순은 교사가 되었다. 처음에는 지금의 진명여고로 이어진 진명 여자 고등보통학교에서 1년이 조금 못 미치는 시간 동안 수업을 했고, 그 뒤에는 자신의 모교인 경성 여자 고등보통학교로 자리를 옮겼다.

김삼순은 중고등학교 과정의 화학이나 수학을 가르쳤다고 하는데, 이 시대에는 여성이 과학이나 수학을 전공하는 경우가 많지 않아, 자연히 그 분야를 가르치는 여성 교사도 적게 배출되고 있었다. 그러다보니 김삼순처럼 과학, 수학을 가르치는 여성 교사는 여학교에서 인기가 있었다.

원래 김삼순은 2년의 의무만 채우면 바로 다시 자기 공부를 계속할 계획이었다고 한다. 그런데도 교사 생활을 4년간 하게 된 데에는 아마 그런 까닭도 있었을 것이다. 1935년 7월

20일 《동아일보》에는 조선 최초로 여자 수영 강습을 열겠다는 보도가 보이는데, 이때 수영 강사로 소개된 사람이 경성 여자 고등보통학교의 김삼순이다.

곰팡이를 연구하는 단 한 명뿐인 조선인 여학생

그렇게 시간이 흐르는 사이에 김삼순의 집안에서는 결혼을 하라는 채근을 한다. 이 시대 식민지 조선 사람들은 나이가 20대 중반 정도 된 여성은 당연히 결혼을 한 상태일 것이라고 여기고 있었다. 아닌 게 아니라, 김삼순보다 나이가 어린 동생 김사순도 이미 결혼을 한 상태였다. 그러다보니 집안사람들은 더 깊이 공부를 해나가고 싶다는 김삼순의 생각에 동의하지 않았다.

그렇지만 김삼순은 연구를 계속하겠다는 꿈을 포기하지 못하고 있었다. 결국 동생 김사순의 남편의 형제 중 한 사람, 그러니까 사돈 한 사람이 김삼순의 의견에 적극 동조한 것이 도움이 되어 마침내 김삼순은 다시 공부의 길로 나설 수 있었다. 이때 편을 들어준 사돈이라는 사람이 다름 아닌 한국 과학계에서 가장 깊은 연구를 한 화학자로 손꼽히게 되는 한국 화학계의 거목, 이태규였다.

김삼순은 우선 옛날 자신을 가르치던 구로다 치카의 주선으로 모교인 도쿄 여자 고등사범학교로 다시 돌아갔다. 그리고 그곳의 연구과에서 공부하면서 다음에 진학할 대학 입학 시험을 준비했다. 규슈 대학의 한 연구실에서도 잠시 머무르며 입시를 준비했다고 한다.

김삼순이 입학을 원했던 곳은 히로시마 문리대학이었다. 히로시마라면 이런저런 이유로 조선 사람들이 제법 많이 모여드는 곳이기도 했다. 그러나 김삼순은 히로시마 문리대학교 입학시험에서 떨어지게 된다.

"내가 불합격이라고? 믿을 수 없어!"

김삼순이 공부와 학문의 영역에서 실패를 경험한 것은 그때가 거의 처음이었다. 항상 모든 과목에서 남들보다는 뛰어난 편이었고, 수학에서 수영까지 학교에서 하는 것이라면 애를 써서 잘해내던 것이 그때까지 김삼순의 삶이었다. 말리는 사람들을 뒤로하고 일본에 다시 돌아왔는데 정작 대학 입학에는 성공하지 못한 것이다. 모르긴 해도, 자신을 믿고 친근하게 받아주었던 구로다 치카의 얼굴을 보기가 부끄러웠을지도 모른다.

실의에 빠져 있던 김삼순은 누군가로부터 입학생 지원자를 추가 모집하는 다른 대학에 한번 도전해보라는 이야기를 듣게 된다. 그러던 중 멀리 떨어진 홋카이도 삿포로에 있는 홋카이도 제국대학에서 지원자를 추가 모집한다는 소식을 듣게 되었다. 제국대학은 당시 일본의 독특한 제도로 지금 한국의 국립대학과 얼추 비슷한 것으로 볼 수 있다.

"네 인생의 목표가 친구를 사귀면서 놀고 여러 인생 경험을 쌓거나, 아니면 동문으로 인맥을 잘 만들어 출세하는 것이라면 삿포로에 있는 홋카이도 제국대학은 적합하지 않은 학교일지도 모른다. 그렇지만 학식을 깊이 쌓고 연구를 제대로 하고 싶다면 홋카이도 제국대학은 좋은 선택이다."

김삼순은 그런 식으로 떠도는 이야기를 들었다고 한다. 다른 것보다 학문과 연구에 집중한다는 것이야말로 김삼순이 기대하고 있었던 것이다. 그렇게 해서 김삼순은 홋카이도 제국대학에 지원했다.

홋카이도 제국대학이라고 해서 입학 경쟁이 치열하지 않은 것은 아니었다. 어찌 보면 제국대학 입학이 히로시마 문리대학 입학보다 더 어려운 것이었을지도 모른다. 그렇지만 김삼순은 결국 합격에 성공했다.

"김삼순 양은 독일어를 잘하는가?"

"기본은 조금 압니다만, 과학 공부를 하게 되면 더욱더 열심히 독일어를 익히겠습니다."

당시 일본 학계에서는 독일의 과학기술을 잘 받아들이기 위해 수학이나 과학을 공부하는 사람이라면 독일어를 어느 정도 익혀야 한다는 풍조가 있었다. 《주간경향》에 실린 전북대 김태호 교수의 "구석구석 과학사" 기고문에 따르면, 애초에 일본에서 학생들을 이과와 문과로 분류한 이유도, 어떤 학생들에게 독일어를 가르치고 어떤 학생들에게 영어를 가르칠 것이냐 하는 점이 기준이었다고 한다. 독일어를 배운 학생은 과학을 하게 하고, 영어를 배운 학생은 인문학을 하게 한다는 1910년대 일본의 너무 단순한 제도 때문에 그 후로 괜히 "어떤 사람은 이과 쪽이고, 어떤 사람은 문과 쪽"으로 구분하는 생각이 아직까지 내려오고 있다는 이야기다.

입학 무렵 김삼순 역시 학교의 사카무라 테츠(阪村徹) 교수에게 독일어에 대한 질문을 들었기 때문에 대학 시절 독일어를 배우기 위해 독일 출신 수녀인 구사베라 레메와 가까이 지내게 되었다. 그리고 그 때문에 김삼순은 가톨릭을 종교로 받아들이게 된다. 별 관련 없어 보이는 엉뚱한 계기가 한 사람의 삶에는 큰 변화를 만들어낸 셈이다.

김삼순은 일본의 제국대학에서 과학을 전공하는 사람 중에는 결코 흔치 않은 여학생이었고, 그중에서도 더욱 드문 조선인 여학생이었다. 도쿄보다 훨씬 먼 곳인 삿포로에서도 김삼순은 비슷한 처지의 조선인 학생들을 만나 친분을 쌓기도 했고, 한편으로는 식물학을 전공으로 선택해서 꿈꾸던 대로 공부를 계속해나가기도 했다. 대담집에서 김삼순이 기억한 것을 보면, 홋카이도 제국대학에서 조선인 여학생은 김삼순 단 한 명뿐이어서 입학할 때에도 졸업할 때에도 신문 기사에 실릴 정도였다고 한다.

한편으로 이 시절 김삼순은 처음으로 곰팡이와 균류(fungus)

에 대해 관심을 갖게 되기도 했다. 독일어를 잘하느냐고 물어보던 그 사카무라 테츠 교수의 강의에서 큰 재미를 느꼈기 때문이다.

사카무라 테츠는 당시 일본에서는 제법 알려진 생물학자였다. 사카무라는 젊은 시절 대표적인 곡식인 밀의 세포 속에 DNA가 어떤 모양으로 들어 있는지 그 형태를 살펴보는 연구에서 공적을 세워 명성을 얻었다. 조금 더 구체적으로 살펴보자면, 사카무라는 DNA가 세포 속에서 엉켜 뭉쳐 있는 단위인 염색체라는 뭉치가 밀 세포 속에 몇 개나 있느냐 하는 것을 관찰하는 데 공을 세웠다. 사람은 사람 몸을 이루는 모든 세포 하나하나마다 DNA 뭉치가 46개 있어서 염색체의 숫자가 46개라고 하는데, 밀에는 42개의 염색체가 있다고 한다.

사카무라는 이후 밀 이외에도 여러 식물이 어떻게 자라나느냐를 세세한 세포의 모양을 따지면서 살피는 연구를 해나갔다. 그런데 아마 이 무렵에는 식물과 관계가 깊은 곰팡이 부류에도 상당한 관심을 갖게 된 것 같다. 김삼순은 사카무라가 곰팡이에 대해 강의하는 것을 들었고, 졸업 논문도 사카무라의 지도를 받으며 곰팡이에 대한 내용으로 써나갔다.

곰팡이와 같은 균류는 핵이 있는 생물인 진핵생물이다. 그렇기 때문에 세균보다는 식물이나 사람에 훨씬 더 가깝다. 여러 가지 버섯 역시 균류에 속하기 때문에 곰팡이와 비슷한 부류로 볼 수 있는데, 얼핏 보기에도 요리 재료인 버섯들은 채소와 비슷한 느낌이다. 그러니 균류라는 말의 발음은 세균이라는 말과 조금 비슷할지 몰라도 사실 곰팡이와 균류는 세균과는 아주 다르다.

곰팡이 부류인 균류의 중요한 특징 중 하나는 보통의 동물이나 식물이 할 수 없는 아주 이상한 화학 반응을 일으킬 수 있다는 점이다. 사람이 과일을 먹는다면 과일이 사람 배 속에서 나오는 여러 효소와 함께 화학 반응을 일으켜서 사람 몸의 재료가 되고 힘의 원천이 되는 물질로 변하게 된다. 이런 과정을 두고 사람이 과일을 소화시켰다고 말한다. 그렇지만 사람이 잡초를 먹는다면 그것을 소화시킬 수 없다. 잡초를 사람 몸의 재료나 힘의 원천이 되는 물질로 바꿀 수 있는 화학 반응을 일으키는 것은 사람에게 너무 어렵기 때문이다. 다만 잡초를 뽑아 던져두면 서서히 썩게 되는데 이 썩는 과정은 세균이 잡초를 소화시키는 과정이라고 설명해볼 수 있다.

그런데 곰팡이와 버섯은 동물, 식물과 비슷한 진핵 생물이면서도 마치 세균처럼 온갖 물건을 썩게 만드는 것과 비슷한 일을 아주 잘 해낸다. 균류가 다른 물질을 빨아 먹으며 변화시키는 재주는 대단히 강력하고도 독특하다.

곰팡이, 버섯과 함께 대표적인 균류인 효모는 그중에서도 친숙한 사례다. 효모는 주변의 당분을 빨아 먹고 사는 과정에서 당분을 알코올로 바꾸는 이상한 화학 반응을 일으킨다. 당분을 아주 크게 확대해서 보면 그것은 탄소, 산소, 수소 원자 몇 개가 줄줄이 목걸이 모양으로 연결되어 있는 형태다. 효모는 목걸이 모양으로 붙어 있는 원자들을 막대기 같은 조각으로 쪼갠다. 그 조각 중에 탄소 두 개와 산소 하나, 수소 여섯 개로 되어 있는 조금 기다란 조각도 있다. 바로 그런 기다란 조각이 에틸알코올, 다시 말해서 술이다. 균류인 효모는 이런 반응을 아주 잘 일으켜서 알코올 머신이라고 불러도 될 정도다. 때문에 동서양을 막론하고 술을 담가 먹을 때에는 바로 이 효모를 이용했다.

균류의 특이한 화학 반응은 그 외에도 다양한 예가 있다. 아시아권에서 된장이나 간장을 담글 때는 누룩곰팡이가 화학 반응으로 콩의 성분을 바꾸는 것을 이용해서 독특한 맛을 이끌어낸다. 균류 중에는 심지어 세균조차 썩게 만들지 못하는 몇몇 물질까지도 부수고 녹여 소화시켜버리는 종류도 있다.

곰팡이들은 세상 곳곳에 바람을 타고 퍼져 나가면서 이런 식으로 한 물질을 다른 물질로 바꾸는 이상한 변화를 일으킨다. 보통 집에서 된장이나 간장을 담글 때는 일부러 누룩곰팡이를 주입하지 않아도 어디선가 날아온 누룩곰팡이가 붙어서 저절로 자라나기 마련이다. 축축한 지하실 벽에서 자라나는 곰팡이 역시 누가 거기에 심어놓은 것이 아닌데도 어디서인가 나타나 끈질기게 자라난다. 그렇게 온 세상 구석구석으로 균류는 지금도 이리저리 떠다니며 퍼져 나가고 있다.

세상 많은 곳의 산과 들에서 흔히 볼 수 있는 흙 역시 많은 지역에서 곰팡이의 활동으로 유지되고 있는 것이라고 볼 수 있다.

낙엽이나 나뭇가지가 땅에 떨어지면 그것이 썩어 흙으로 변하는 과정에서 곰팡이가 중요한 역할을 한다. 곰팡이는 이런 것들을 쪽쪽 빨아 먹으면서 다양한 화학 반응을 일으켜 온갖 동물과 식물의 시체를 녹여버린다. 그렇게 해서 곰팡이는 흙이 있는 곳이라면 어디든 발을 뻗쳐 퍼져 있으려고 한다. 곰팡이는 흙을 만드는 데 참여하고 흙에서 살며 흙을 붙들고 엉겨붙게 해준다. 그 흙에서 식물이 살게 되니까, 따지고 보면 식물이 살 수 있는 것도 곰팡이나 버섯 같은 균류 때문이고, 사람과 동물은 식물을 먹고 사니까 우리 삶도 균류와 관련이 깊어진다.

나중에 원로 학자가 되었을 때 김삼순은 종종 소나무와 송이버섯을 예로 들곤 했다.

소나무 중에는 척박한 돌 틈에 뿌리를 내고 살고 있는 것도 있다. 한편으로 송이버섯은 꼭 소나무 근처에서만 자라난다. 이것은 송이버섯이 다른 물질을 부수고 녹여서 소나무가 자랄 수 있는 원료로 바꾸어주고, 대신 소나무는 광합성을 통해 햇빛, 물, 공기 속의 이산화탄소로 음식을 만들어 자기 몸을 살찌우면서 그것을 송이버섯이 나눠 먹게 해준다. 상상해보자면, 사람 배 속에 위액을 먹고 사는 작은 요정 같은 것이 있어서, 사람이 종이를 씹어 먹어도 소화할 수 있게 마법을 부려준다는 것과 비슷한 이야기다.

이런 식으로 곰팡이와 버섯들, 그리고 비슷한 역할을 하는 세균들은 생산자와 소비자만으로는 부족한 생태계를 완성하는 세 번째 역할을 맡고 있다. 그 세 번째 역할이 바로 분해자 역할이다.

생태계의 생산자인 식물과 광합성을 하는 생물들은 햇빛, 물, 공기 속의 이산화탄소를 재료로 자라난다. 소비자인 동물은 그런 생물을 먹고 자기 몸을 살찌운다. 생산자나 소비자가 죽으면 곰팡이, 버섯, 세균 같은 분해자들은 그 시체를 분해해서 일부는 식물이 빨아 먹을 수 있는 형태로 바꾸고, 일부는 다시 이산화탄소로 만들어 공기 중에 뿌린다. 비유하자면, 생산자인 식물은 음식을 만들고, 소비자인 동물은 음식을 먹어 살을 찌우며, 분해자는 살찐 것을 다시 음식의 재료로 되돌린다.

그런 식으로 계속 빙빙 돌아가는 흐름에 따라 생태계는 유지되고 있다. 그리고 곰팡이와 버섯은 그 분해자들 중에서도 특별한 실력을 갖고 있는 무리들이다.

50대, 다시 시작된 연구와 농학 박사

김삼순이 대학을 졸업한 해는 1943년이었다. 맨 처음 학교라는 곳에 발을 들일 때부터 김삼순은 한 해 두 해 남들보다 늦게 학교를 다니게 되었는데, 그런 시간이 조금씩 쌓이다보니 대학을 졸업한 것은 30대 초반이 되어서였다. 학교를 다니는 동안에도 창평의 집에 오면 항시 결혼하라는 재촉을 받았다고 하는데, 그때마다 김삼순은 그게 싫어서 바삐 짐을 싸서 일본으로 다시 도망 오곤 했다고 기억하고 있다.

김삼순은 홋카이도 제국대학의 대학원에 진학했다. 하지만, 얼마 후 제2차 세계대전 종전으로 일본제국이 패망하면서 어수선한 분위기가 이어지는 통에 혼란에 휩싸인다. 결국 김삼순은 광복된 대한민국에 돌아와 학생들을 가르치라는 옛 선생님들의 말을 듣고 대한민국으로 돌아온다.

광복 직후 한국에는 대학생들을 가르칠 만한 인력이 극히 부족했다. 때문에 많은 대학 졸업생들이 학사 학위만 갖고 있는 상태에서 다른 대학생을 가르치면서 대학 교수가 되어 활동했다. 그런 식으로 대한민국 학계는 어떻게든 학교를 유지하려고 애쓰고 있었다. 김삼순 역시 그렇게 광복 직후 혼란한 한국 학계를 개척해나간 사람들 중 한 명이었다.

그러는 중에도 김삼순은 다시 더 깊이 공부를 해나가고 싶다는 생각을 잊지 못하고 있었다. 특히 대학 시절, 그리고 짧게 다녔던 대학원 시절에 관심을 품었던 곰팡이를 비롯한 미생물과 식물의 관계에 대해 연구하는 것은 애정을 품고 있는 분야였다.

적지 않은 일본 교수들은 남성에 비해 여성이 요리에 친숙하다는 생각을 갖고 있었다. 때문에 그들 사이에는 간장을 담그거나 술을 담그는 일과 관련된 음식 발효에 대한 학문은 여성에게 잘 어울린다는 의견도 퍼져 있었다. 그러나 내가 보기에 김삼순은 그것과는 다른 면에서 미생물과 식물에 대한 연구에 이끌렸던 것 같다.

홋카이도 제국대학의 대학생 시절, 김삼순이 듣던 강의 중에는 한자와 준(半澤洵)이라는 교수의 강의가 있었다. 한자와 준은 일본 전통 식품인 낫토에 대한 연구로 유명한 인물이어서 일본 언론에서 흔히 낫토 박사라고 부르는 사람이었다.

한자와는 농학 교수로서 미생물들이 어떤 화학 반응을 일으켜 농작물에게 영향을 주는지를 연구하고 있었다. 어릴 때부터 김삼순이 친숙하던 농사일과 관련이 있으면서, 학창 시절 가깝게 지내던 선생님인 구로다 치카의 연구 분야인 화학과도 연결되어 있는 연구였다. 발효와 연결된다는 점에서는 대학 시절 공부하던 것과도 관련이 있다. 모교에 찾아온 멋있는 선배, 카토 세치가 연구하던 농학 분야이기도 했다.

"나도 저런 것을 하고 싶다. 나도 저런 것을 할 수 있겠다."

김삼순이 한자와 준의 강의를 듣고 미생물과 농작물의 관계를 연구하는 농학 분야가 있다는 것을 알았을 때, 평소 막연하게 마음에 품고 있던 것들이 딱 맞아 들어가며 구체적인 모양으로 보이는 느낌을 받았을 거라고 나는 생각한다.

그러나 다시 공부할 기회를 찾는 것이 쉽지는 않았다. 회고문을 보면 김삼순은 본래 미국 유학을 생각했던 것 같다. 대한 민국이 광복되면서 일본과 관계를 끊어버렸기 때문에 다시 일본을 방문하기가 쉽지 않았기 때문이다. 그런데 시간이 흐르는 동안 일본으로 갈 수 있는 좀 더 쉬운 길이 생겨서 다시 일본 유학을 준비하는 것으로 방향을 바꿨다고 한다.

그러나 그러던 차에 갑자기 한국전쟁이 발발했다. 김삼순이 40대에 막 접어들었을 무렵이다.

어릴 때 "삼순이를 더 공부하게 해주자"라고 하던 큰오빠가 전쟁의 혼란 통에 사망했고, 어릴 적 추억이 남아 있던 창평의 커다란 저택도 전쟁 때문에 불타서 사라져버렸다. 그러면서 집안 형편도 예전에 비해서는 기울어졌다. 김삼순의 회고록을 보면, 전쟁이 끝나고 시간이 흘러 제2공화국 정부가 수립되었을 때 일본으로 유학을 갈 수 있는 비자를 다시 받기도 했다는데, 이번에는 5.16으로 군인들이 정부를 장악하면서 모든 제도가 엎어지는 바람에 비자는 휴지 조각이 되고 말았다.

그사이 김삼순은 결혼을 하기도 했다. '몽달귀신'이 되면 어쩌냐는 어머니의 간청 덕분에 별로 원하지도 않는 결혼을 했던 것 같은데, 1990년 《경향신문》에 실린 기사를 보면 결혼한 다음 날부터 이혼할 궁리만 했다고 한다. 기사에는 다행히 학자 출신이었던 남편이 계속 공부하고 싶어 하는 김삼순의 마음을 이해해주었다는 말이 덧붙여져 있다. 이 시절 김삼순은 유학을 위한 비자를 조금이라도 쉽게 얻기 위해 정부 공무원이 되려고도 했었다. 실제로 김삼순은 잠시 공무원 생활을 했다.

마침내 김삼순이 다시 대학원에 진학할 수 있게 된 것은 1961년 10월 12일의 일이다. 남편은 세상을 떠난 후였다. 김삼순의 나이도 50대가 된 시점이었다. 30대에 한국으로 돌아온 뒤, 10년이 훌쩍 넘도록 계속 다시 공부를 이어나갈 기회를 찾았는데, 인생의 한 굽이를 지나고 나서야 겨우 길을 찾은 것이다.

김삼순은 다시 홋카이도로 갔다. 우선은 대학 시절 자주 드나들었던 수녀원에 머물렀고, 그곳에서 여학교의 학생을 가르치는 일을 했다고 한다. 그러면서 김삼순은 모교인 홋카이도 대학의 대학원에 입학했고, 드디어 오랜 세월 바라던 대로 공부를 이어갈 수 있었다.

그러나 그 이후에도 공부가 쉽지만은 않았던 것 같다. 대학원생치고 학위를 따는 것이 쉬웠다고 할 수 있는 사람이 얼마나 되겠느냐마는, 김삼순의 기록을 보면 1963년 홋카이도 대학에서 규슈 대학으로 학교를 옮겼다는 사실이 보인다. 정확한 사정은 알 수 없지만, 연구에 매진하며 지도 교수의 허락에 따라 논문을 통과시켜야 하는 대학원생 입장에서 도중에 학교를 옮긴다는 것이 결코 편안한 상황은 아니었을 것이다.

박사 과정 시절에 김삼순이 쓴 논문에서도 고생한 흔적을 찾을 수 있다. 회고문을 보면 김삼순은 곰팡이가 다른 물질들을 녹이면서 일으키는 화학 반응이 빛을 받으면 어떤 영향을 받는지 연구하고 싶어 했다. 그런데, 그런 실험을 해보려면 곰팡이를 직접 일정하게 길러내면서 그 곰팡이에서 화학 반응을 일으키는 물질만 순수하게 뽑아내야 한다. 이런 준비 과정은 쉬운 일이 아니다. 이것은 설렁탕을 맛있게 끓이는 조리법을 개발하는 것이 목표인데 일단 소부터 길러야 한다는 것과 비슷한 일이다.

김삼순이 연구 결과로 쓴 논문을 보면 연구 재료로 다카-아밀라아제A(Taka-amylase A)를 쓰고 있다. 다카-아밀라아제A는 누룩곰팡이류의 곰팡이가 화학 반응을 위해 뿜어내는 물질이다. 곰팡이의 화학 반응이 빛에 받는 영향을 살펴보기에 괜찮은 재료로 보인다.

그런데 다카-아밀라아제A는 시중에서 구할 수 있는 소화제인 다카디아스타아제(takadiastase)의 성분이기도 하다. 다카미네 조키치라는 학자는 강력하고 독특한 화학 반응을 일으키는 누룩곰팡이의 힘을 활용해서, 소화불량인 사람에게 도움을 주고자 했다. 누룩곰팡이가 뿜어내는 물질들을 약으로 쓰자는 생각을 했던 것이다. 그래서 다카미네는 다카디아스타아제라는 약을 개발했고, 이것이 대량 생산되어 시중에 팔리고 있었다. 다카디아스타아제는 지금도 시중에 유통되는 약이다.

나는 김삼순이 연구 재료로 다카-아밀라아제A를 택한 이유가 바로 대량 생산되는 소화제의 성분이라서 구하는 것이 쉬웠기 때문이라고 생각한다. 세상의 대학원생들이 학위를 따기 위해 연구하는 과정을 보다보면, 중요한 주제라거나 관심이 가는 주제이냐 하는 점 못지않게 빨리 논문을 완성해서 기한 내에 졸업을 할 수 있느냐 아니냐에 따라 연구 방향을 정하는 경우가 적지 않다. 나는 김삼순이 다카-아밀라아제A를 연구할 재료로 고른 것이, 50대가 넘은 나이에 여러 곡절을 겪어가며 대학원생 생활을 하는 중에 어떻게든 조금이라도 졸업할 가능성을 높여보기 위해 애쓴 흔적이라고 보고 있다.

김삼순은 대단히 열심히 연구에 몰두했다. 곰팡이가 뿜어낸 물질로 실험하는 데 매달리느라 실험복을 항상 입고 있어서 다른 옷이 도무지 필요 없을 정도였다고 한다. 더군다나 빛의 영향에 대한 실험이었으므로 외부의 빛이 들어오지 않는 깜깜한 암실에서 실험을 진행했다고 하니, 더욱더 옷은 문제가 아니었을 것이다.

그렇게 해서 완성한 연구의 결과는 썩 좋은 편이었다. 김삼순은 누룩곰팡이가 뿜어내는 다카-아밀라아제A에 빛을 쪼여주면, 화학 반응이 방해를 받는다는 사실을 확인했고 그 정도가 얼마나 심한지를 측정했다. 비타민 B2인 리보플래빈 등의 물질을 넣어주면 빛을 받았을 때 화학 반응이 더 심하게 방해받는다는 점도 세밀히 관찰했다. 그리고 이런 현상이 다카-아밀라아제A라는 물질을 이루고 있는 원자들 중에 어느 부분에 빛이 들어올 때 일어나는지, 빛이 들어오면서 원자 속의 전자가 움직이는 것을 어떻게 바꾸기에 화학 반응이 방해를 받는 것인지, 자신이 추론한 바에 대해서도 설명했다.

이 연구 내용은 1965년 8월 28일, 과학계의 학술지 중에서 가장 유명하다고 꼽을 만한 《네이처》 제207호에 실렸다. 다른 학자와 같이 쓴 논문 형태로 실렸으며 짤막하고 간단한 결과 보고 형태의 글이기는 했지만, 한국인 학자가 쓴 논문이 《네이처》에 실린 것은 남녀를 통틀어서 매우 초창기의 사례다. 그것이 농학을 전공하는 50대 후반의 대학원생 김삼순이 대한민국 과학 발전의 역사에 남긴 기록이다.

김삼순은 1966년에 농학 박사 학위를 받았다. 만 57세의 나이였다. 20대 초 최초의 일본인 여성 농학자인 선배 학자를 보았던 때로부터 30년이 훌쩍 지난 뒤였다. 하지만 마침내 그 때 꿈꾼 곳에 도착했다. 1966년 김삼순이 귀국하는 시점에서는 국내에서 활동하고 있는 여성 화학 박사, 여성 물리학 박사, 여성 수학 박사도 사실상 없었던 시기였다. 때문에 김삼순이 한국 최초의 여성 농학 박사였다는 것은 농학뿐만 아니라 과학계 전체에서도 뜻깊은 일이었다. 《경향신문》은 김포공항에 도착하는 김삼순에게 기자를 보내 사진을 촬영하고 그 사진을 신문에 실으면서 "금의환향한 한국 최초의 농학박사 김삼순 여사"라고 제목을 달기도 했다.

요즘 김삼순은 보통 버섯에 대해 깊이 연구한 학자로 알려져 있다. 그렇지만 김삼순이 정작 본격적으로 버섯에 대해 연구하기 시작한 것은 한국에 돌아와 서울여대 교수로 자리 잡은 이후의 일이다. 자신이 균류에 대해 연구한 경험을 한참 경제 발전에 골몰하고 있는 한국에 어떻게든 적용하고 활용해볼 방법을 찾다가 같은 균류에 속하는 버섯 연구에 초점을 맞춘 것으로 보인다. 버섯은 키워서 팔 수 있고 수출도 할 수 있으니까 경제 발전에 바로 도움을 줄 수 있다.

즉 김삼순은 지금 버섯 박사로 통하지만 정작 버섯에 관심을 쏟기 시작한 것은 환갑이 넘은 후의 일이라는 이야기다.

그런데 그렇게 늦게 시작한 버섯 연구에서도 김삼순은 누구 못지않은 중요한 공적을 남겼다. 우선 김삼순은 버섯과 곰팡이에 대해 연구하는 학술 단체인 한국균학회를 창설하고 이끌어가는 일에 큰 역할을 했다. 김삼순은 늦은 나이에 박사 학위를 받았지만 오랫동안 학계에서 활동해온 인물이었다. 그리고 이런 점을 일하는 데 잘 활용했다. 대한민국 과학의 초창기에서부터 여러 다른 학자들과 친분을 갖고 있었으므로, 새로운 학회를 만들고 이끌어나가는 역할을 잘 해낼 수 있었다.

학창 시절 기숙사에서 평행사변형 수수께끼를 냈던 바로 그 친구의 오빠가 그 무렵에는 제법 유력한 인물이 되어 있었는데, 신문 기사를 보면 한국균학회를 처음 만들어서 한참 학회을 알리려고 다닐 때에는 그 사람을 찾아간 일도 있었다고 한다. 그런 식으로 다른 학계를 이끌면서 후배 학자들이 활동할 수 있는 장소를 만들어주기 위해 김삼순은 노력했다. 심지어 후배 학자들의 학비를 대주었다는 이야기도 보인다.

김삼순이 느타리버섯을 재배하는 데 성공한 학자라는 말도 가끔 보이는데, 나는 이것도 한국균학회 초창기의 활동과 관련이 있는 것으로 본다.

김삼순이 사상 처음으로 느타리버섯을 인공 재배한 학자인 것은 아니다. 그러나 1960년대까지만 해도 느타리버섯은 나무토막을 잘라내서 그 위에서 키워야 했다. 1970년대에 농촌진흥청 연구원들이 볏짚을 이용해서 느타리버섯을 키우는 방법을 개발한 이후, 점차 재배 방법이 개선되면서 지금처럼 흔하게 느타리버섯을 먹을 수 있게 되었다. 김삼순은 한국균학회의 1대 회장이었는데 이 시기 한국균학회와 농촌진흥청 연구원들 간에 교류가 있었다는 기록이 보인다. 그러므로 아마 김삼순은 그런 교류 과정에서 느타리버섯 재배 방법을 개선하는 일에 어느 정도 영향을 주었을 것이다.

한편 김삼순은 한국에 사는 버섯들을 조사하고 이름을 정해 사전을 만드는 작업을 이끌기도 했다. 10여 년 동안 젊은 학자들과 한 팀이 되어 전국 각지의 버섯을 조사한 끝에 김삼순은 농업기술연구소 김양섭 박사와 함께 1990년 『한국산 버섯도감』이라는 책을 냈다. 김삼순이 80세가 되던 해의 일이었다. 이 책을 완성하는 과정에서 김삼순은 혼란스럽던 버섯의 이름들 몇몇을 통일하는 일에 관심을 기울이기도 했다.

이 책은 한국의 버섯 325종을 사진과 함께 소개하고 있다.

그 전까지 한반도 생태계의 소비자인 한국인들은 생태계의 생산자인 나무와 풀은 항상 익숙하게 보아왔을 것이다. 그렇다면 김삼순의 『한국산 버섯도감』은 그동안 소비자와 생산자가 아니라서 덜 주목받던 분해자들을 다룬 책이라고도 할 수 있다. 잘 보이지 않는 생태계의 그늘 곳곳에 숨어서 온갖 생물들이 같이 어울려 세상을 돌아가게 하는 데 큰 역할을 하고 있던 그 분해자들의 모습에 관심을 갖고, 그것들을 우리에게 소개해주는 책이다. 그러니까 한국 생태계의 분해자들을 아름답게 펼쳐 보여주는 책을 80대 학자가 완성한 셈이다.

김삼순은 2001년 12월 11일 만 92세의 나이로 세상을 떠났다. 김삼순은 생전에 현미경을 들여다보고 있으면 확대되어 보이는 작은 곰팡이들의 모습이 자기 제자들의 모습만큼이나 귀엽고 예뻐 보인다고 인터뷰한 적이 있었다. 이제 연구의 대상이던 생태계의 분해자들에게 자기 자신을 넘기게 되어 흙으로 돌아가게 된 것이라고 할 수도 있겠다.

부고를 전한 《중앙일보》의 기사를 보면, 세상을 떠나기 직전까지 김삼순은 활발히 활동했다고 한다. 아흔이 넘어서도 김삼순은 영어 회화를 더 익히겠다고 공부에 집중했으며, 한편으로는 직접 웹사이트를 만들어보겠다면서 컴퓨터를 다루는 방법과 HTML에 대해 익히기도 했던 것 같다. 김삼순은 인터넷 관련 기술에 관심이 많았던 것 같은데, 실제로 이 무렵 처음 생긴 한국균학회의 웹사이트를 보면 한구석에 그 웹사이트는 김삼순 회원의 기증으로 만들어졌다는 문구가 나와 있었다.

조선왕조시대에 태어나『구운몽』같은 고전 소설을 읽는 재미로 어린 시절을 보낸 사람. 그러면서도 새로운 것을 알아가려고 성실히 노력하는 것이 가장 보람찬 일이라고 생각하면서 과학 연구로 일평생을 보낸 사람이 김삼순이었다. 그렇게 생각하면, 그 마지막 순간까지도 아주 김삼순다웠다는 생각이 든다.

❻ 10,000km의 세계

정보화 사회와
그레이스 호퍼

: 생태계 바깥, 정보화 사회로 우리를 이끈 길잡이

First actual
case of
bug!

　사람이 이 세상에 살아온 역사를 모두 다 살펴본다고 할 때 가장 많은 돈을 긁어모은 회사가 어디인지 순위를 매겨본다면 적지 않은 사람들이 17세기 유럽의 네덜란드 동인도 회사를 1위로 선정할 것이다. 흔히 VOC라고 표기하기도 하는 네덜란드 동인도 회사는 어마어마한 돈을 전 세계에서 긁어모았고, 이 회사에 투자하는 사람들도 아주 많아서 그야말로 돈이 넘쳐났다.

　당시 세계 경제에서 네덜란드 동인도 회사가 차지하는 비중이 얼마나 컸느냐를 헤아려본다면 이 정도로 덩어리가 큰 회사는 세계 역사상 지금까지도 어느 곳도 없었다고 할 수 있을 정도다. 2017년 웹사이트 '비즈니스 인사이더(Business Insider)' 기사에서 추산한 바에 따르면, 막대한 돈을 벌어들이고 있는 현대의 가장 큰 대기업들조차 17세기 네덜란드 동인도 회사에 비하면 절반은커녕 반의반도 채 되지 않는 가치를 갖고 있다고 한다.

이 네덜란드 동인도 회사가 처음 돈을 벌어들이기 시작한 계기는 발달한 항해술로 세계 여러 곳의 바다에 배를 보내 후추와 비단 등을 거래한 사업이었다. 지금처럼 거의 모든 나라들이 수출과 수입을 당연하게 여기는 분위기가 아니었던 시기에, 네덜란드 동인도 회사는 유럽부터 아프리카, 아시아 각지역에 배를 보냈다. 어떤 나라에서 싸게 살 수 있는 물건을 사서 그 물건이 비싸게 팔리는 나라에 파는 방식을 응용하여 막대한 돈을 벌어들였다.

농사가 좀 잘되는 것 말고는 변변한 자원도 없으며 땅도 좁은 작은 나라 네덜란드는 이 시기에 강대국으로 발전하여 대표적인 선진국이 되었다. 어떤 사람들은 네덜란드가 지금껏 부강한 이유도 결국 네덜란드 동인도 회사가 그때 돈을 어마어마하게 많이 벌었기 때문이라고 말하기도 한다. 한편으로는 그 과정에서 네덜란드 동인도 회사가 몇몇 나라들에 끼친 피해나 침략의 역사도 기억해야 할 것이다.

그런데 이 회사의 거래 품목이었던 후추와 비단을 살펴보면, 후추는 땅에서 자라는 농작물이므로 스스로 먹을 것을 만들어내는 생태계의 생산자에 속한다. 그리고 비단은 뽕나무잎을 갉아 먹고 자라는 곤충인 누에가 뿜어내는 실로 만드니, 따지고 보자면 다른 생물을 잡아먹는 생태계의 소비자에 속한다. 그러므로 영원히 깨어지지 않을 정도로 역사상 가장 부유한 회사에 도달했던 네덜란드 동인도 회사가 돈을 번 상품은 바로 생태계의 생산자와 소비자를 거래하는 것이었다.

어쩌면 이것은 당연해 보이기도 한다. 사람도 생태계 안에서 살아가는 만큼, 사람들을 대상으로 큰돈을 벌려면 생태계에서 중요한 무엇인가를 사고팔아야 한다는 것은 그럴듯한 이야기 같다.

그런데 그런 당연한 생각이 20세기 후반에 들어서면서 점차 바뀌게 되었다. 사람들이 가치 있게 생각해서 돈을 쓰는 대상이 옮겨가기 시작했다. 사람들은 생태계의 생산자나 소비자가 아닌 생태계 바깥의 무엇인가에 관심을 두게 되었다.

지금 세상에서 많은 돈을 벌어들이고 있는 회사는 삼성전자, 네이버, 구글, 애플, 페이스북 같은 회사들이다. 이 회사들은 후추나 비단을 팔면서 돈을 벌지 않는다. 이들은 사람들이 보고 싶어 하는 글이나 그림을 화면에 보여주는 기술과 장비를 팔아서 돈을 번다. 돈을 잘 벌 수 있는 방식이 바뀐 것이다. 수많은 생물들이 당장 가치 있는 것이라고 생각했던 생태계의 물건들이 아니라, 정보로 초점이 옮아 갔다.

어떤 정보를 사람들에게 잘 전해주려면 어떻게 해야 하느냐를 두고 사람들은 고민하고, 경쟁하고, 돈을 벌며 살고 있다. 비단을 판매하는 회사보다 옷 파는 사람의 모습을 보여줄 수 있도록 SNS나 검색 사이트를 운영하는 회사들이 돈을 벌고, 후추를 판매하는 회사보다 유명한 사람들이 인터넷 방송으로 음식을 맛있게 먹는 모습을 보여주는 회사들이 돈을 더 잘 벌고 있다.

사람들이 생태계 바깥의 형체가 없는 정보라는 것에 초점을 맞추면서 살게 된 것은 큰 변화였다. 또한 무척 낯선 변화이기도 했다. 생태계 속에서 항상 머물러 살아가던 사람을 그 바깥으로 이끌었다고 할 수 있는 변화다. 이런 커다란 변화는 컴퓨터 기술의 발전 때문에 일어날 수 있었다고 설명한다면, 그 발전에 영향을 미친 주인공 중 한 사람으로 많은 사람들이 기억하고 있는 인물이 그레이스 호퍼다. 즉 그레이스 호퍼야말로 바로 우리 모두를 생태계 바깥의 정보화 사회로 이끈 길잡이라고 할 수 있다.

수학 천재, 컴퓨터와 만나다

그레이스 호퍼는 김삼순과 거의 같은 시대인 1906년에 태어났다. 김삼순이 태어난 곳은 한반도의 농촌 마을이었지만, 그레이스 호퍼는 태평양을 건너 미국에서도 가장 큰 대도시인 뉴욕 시에서 태어났다. 태어날 때 사용하던 성은 머리(Murray)였고, 부모가 보험 업계에 종사하는 집안의 첫째 딸이었다고 한다.

어린 시절 호퍼는 책 읽기, 피아노 치기, 숨바꼭질, 술래잡기를 좋아하는 어린이였다고 한다. 오코너(John O'Connor)와 로버트슨(Edmund Robertson)의 글을 보면 호퍼는 그 외에도 기계가 어떻게 움직이는지에 대해 특별히 호기심이 많은 어린이였다고도 한다.

이 대목은 호퍼가 나중에 컴퓨터 기술 발전에 큰 공헌을 한 것과 연결을 짓느라 요즘에 더 강조되는 이야기인 것 같다. 어린 시절 호퍼는 자명종 시계가 어떻게 움직이는지 궁금한 나머지 시계를 분해해서 내부를 보려고 했다. 그런데 분해해서 다시 조립할 수가 없게 되자, 다른 시계를 다시 또 분해해보았다. 그런 식으로 온 집 안의 시계 여덟 개를 분해해버렸다고 한다. 이런 이야기를 보면 기계에 대한 호퍼의 호기심이 평균 이상이었던 것은 확실해 보인다.

그레이스 호퍼의 어머니는 수학을 좋아했다고 하는데, 호퍼가 수학에 친근감을 느끼고 수학에 뛰어났던 것이 아마 그 영향이었을지도 모르겠다. 또한 호퍼는 아버지가 자신에게 무엇인가 신기한 것을 가르쳐주려고 했던 것도 좋은 기억으로 간직하고 있었다. 크리스티 막스(Christy Marx)의 전기를 보면 그레이스 호퍼는 1910년 어느 날 밤 아버지가 자신에게 밤하늘을 보자고 했던 일을 추억한 적이 있었다고 한다. 어린 시절, 호퍼의 아버지가 밤하늘의 핼리 혜성을 보자고 한 것이다.

"핼리 혜성은 태양 중력에 이끌려서 계속 빙글빙글 돈단다.

한 바퀴를 도는 데 76년이 걸린대."

"그럼 76년이 지나면, 또 별이 보여요?"

"그렇지. 지금 그레이스가 네 살이고 4에다 76을 더하면 80이니까, 그레이스가 여든 살 할머니가 되면 핼리 혜성이 다시 나타나서 또 볼 수 있겠네."

그런 식으로 아버지가 이야기해주었던 것을 그레이스 호퍼는 나중에 나이가 들어서도 기억하고 있었다. 그리고 실제로 1986년 핼리 혜성이 다시 나타났을 때 80세의 그레이스 호퍼는 그것을 보았다. 아마도 76년 전 혜성을 본 기억과 함께 아버지를 떠올렸을 것이다.

학창 시절 그레이스 호퍼는 체구가 작은 편이었지만 체육 과목도 좋아해서 농구라든가 하키도 곧잘 했다고 한다. 그렇게 뉴욕 시에서 학교를 다니다가 만 16세 정도가 되었을 때 바사 대학이라는 뉴욕의 여자 대학에 조기 입학으로 지원했다.

20세기 초 미국에서는 대학에 일찍 입학하는 경우가 종종 있었다는 것을 감안하더라도 만 16세는 아주 이른 나이다. 짐작해보기에는 학창 시절 몇몇 과목에서 그레이스 호퍼가 놀라울 정도의 실력을 갖고 있었던 것이 아닌가 싶다. 그 때문에 주변에서 호퍼 정도라면 남들보다 앞서서 그 뛰어난 재능을 빨리 발휘할 기회를 찾아야 한다고 생각했던 것 같다.

그렇지만 막상 대학 입학시험에는 실패해버리고 말았다. 라틴어 과목에서 기준을 넘기지 못한 것이다. 한국의 고전이

한문으로 쓰여 있는 것과 비슷하게 유럽권의 고전은 라틴어로 쓰인 것들이 많았다. 때문에 고전 교육을 중요시하던 당시에는 라틴어가 중요한 과목이었다. 하지만 그런 만큼 라틴어는 학생들이 어려워하고 싫어하는 과목으로 자주 손꼽히던 것이기도 했다.

"친구들에게 나는 내년에 대학에 갈 거라고 했는데, 떨어졌으니 어쩌나."

호퍼는 그렇게 실망했을 것 같기도 하고 10대의 나이였으니 부끄러움을 느꼈을 것도 같다. 그렇지만 그런 생각은 곧 훌훌 털어버렸던 것으로 보인다. 호퍼는 다른 학교에 진학해서 1년간 활기찬 학교생활을 더 했고, 그 후 만 17세로 결국 바사 대학에 입학했다. 처음 계획보다는 1년이 늦었지만 여전히 일찍 대학에 입학하는 데 성공했다. 호퍼의 이런 모습은 학교 가는 것이 계속 늦어졌던 비슷한 시대의 김삼순 같은 예와 대조적으로 보이기도 한다.

호퍼는 바사 대학에서 수학과 물리학을 전공했다. 대학 시절에도 꾸준히 수학에 강했던 것 같다. 게다가 학교에서 본격적인 학문의 세계를 알아가면서 점점 더 많은 관심을 품었던 것으로 보인다. 그러면서 호퍼는 더 깊이 공부를 해서 학자의 길을 걸으면 어떨까 하는 생각을 했을 것이다. 그렇게 해서 호퍼는 대학원에 진학하기로 결심했고, 과학 분야에서 뛰어난 학자들이 많이 모여 있던 예일 대학의 대학원에 진학한다.

예일 대학 대학원에서 호퍼는 석사 학위와 박사 학위를 차례로 땄다. 20대 후반이던 1930년에는 빈센트 호퍼(Vincent Hopper)라는 연구자와 결혼을 했다. 그레이스 호퍼가 호퍼라는 성을 쓰게 된 것은 이때 결혼을 하면서부터다. 한편 박사 과정 중에는 가르치는 입장이 되어 모교인 바사 대학으로 강의를 하러 다니기도 했다.

수학자로서도 호퍼는 준수한 편이었다. 대학원 박사 과정 시절 호퍼의 지도 교수는 노르웨이 출신의 외위스테인 오레(Øystein Ore)였는데, 오레는 흔히 그래프 이론의 발전에 중요한 공을 세운 사람이라고 평가되는 학자다.

그래프 이론은 여러 개의 점을 이런저런 선으로 연결해놓은 관계를 따져보는 방법을 체계적으로 연구해보자는 것이라고 할 수 있다. 쉽게 떠올릴 수 있는 예를 들어보자면, 스무 개정도의 도시가 있고 그 도시들 몇 개를 연결하는 열 개 정도의 고속도로가 있는 모양도 그래프라고 부를 수 있다. 그렇다면 그런 모양을 따질 때 생기는 문제도 그래프 이론으로 분석해볼 수 있다. 이를테면 그런 도시들 간의 고속도로들 중에 어느 고속도로가 가장 많이 막힐지, 어디에 고속도로를 새로 건설하는 것이 가장 유용할지 등을 계산하는 여러 방법에 그래프 이론의 연구 결과를 활용할 수도 있다는 뜻이다.

그래프 이론의 결과는 전선과 부품들이 복잡하게 연결되어 있는 전기 회로를 연구할 때에도 쓸모가 있다. 많은 자료를 다루는 업무에서 여러 가지 자료들의 관계와 그것들이 처리되는 흐름을 따질 때에도 유용하다. 인터넷 시대 이후에는 링크로 연결된 웹사이트들 간의 관계를 따지거나, 인터넷 통신망이 어떻게 연결되어 있어서 어느 부분이 통신 속도가 빠를지, 느릴지를 따질 때에도 그래프 이론을 활용해볼 수 있다.

호퍼의 박사 학위 논문도 썩 멋진 것이었다. 그렇지만 아마 이 시기까지만 해도 호퍼는 자신이 컴퓨터 기술에서 큰 성과를 내는 사람이 될 거라고는 상상하지 못했을 것이다. 모르긴 해도 이 시기 호퍼는 세상에 컴퓨터라는 기계가 생길 거라는 데 대해서도 별로 진지하게 생각하지 않았을지 모른다. 호퍼가 박사 학위를 딴 것은 1934년이었으니 세계 최초의 전자식 컴퓨터로 자주 언급되는 ENIAC 컴퓨터가 나오기까지 10년 이상이 더 지나야 하는 시점이었다.

이 시기 호퍼는 대학에서 더 큰 역할을 할 수 있을 거라고 보고 교수가 되는 미래를 상상했을 가능성이 높다. 대학에 머물던 시절, 호퍼는 어려운 수학 문제나 과학 문제를 남들이 잘 이해할 수 있도록 설명하는 재주가 특출했다고 한다. 모교인 바사 대학에서 꾸준히 강의할 수 있는 기회를 얻었던 것도 아마 그런 실력 때문이었을 것이다. 세계 경제 대공황의 여파가 이어지던 시대였던 것을 고려한다면, 호퍼는 대학에서 학생들을 가르치는 일을 안정적인 수입원으로 생각했을지도 모른다. 실제로 호퍼는 박사 학위를 딴 지 5년 만인 1941년에 바사 대학의 부교수가 되었다.

그런 식으로 그대로 흘러갔다면, 호퍼는 컴퓨터계를 바꿔놓기보다는 수학계에서 공적을 남긴 학자가 되었을 것이다. 그렇지만 호퍼가 부교수가 되던 바로 그해에 전 세계에 충격을 준 사건이 일어난다. 일본이 미국의 진주만을 공격한 것이다.

미국은 전쟁에 참전하게 되었다. 제2차 세계대전에 미국이 참전하게 되자, 세계의 운명을 건 전쟁에서 반드시 승리해야 한다는 생각이 미국 사회에 감돌게 되었다.

그런 분위기 속에서 대학 교수였던 호퍼 역시 미 해군에 입대하고자 했다. 호퍼가 평소 이야기를 들어오던 자신의 선조 중에는 남북전쟁에서 활약한 해군 제독이 있었다. 호퍼는 그 선조를 명예롭게 생각하고 있었다. 전쟁이 발발하자 해군에 입대하려고 했던 데에는 그런 영향도 있었을 것이다.

호퍼는 여러 차례 도전했지만 몇 가지 이유로 기준을 만족하지 못해 해군에 입대하지 못했다. 우선 30대 초반으로 나이가 다소 많기도 했고, 몸무게가 너무 적게 나가서 신체검사 기준을 만족하지 못한 이유도 있었다. 또한 대학에서 학생들에게 수학을 가르치는 직업 자체가 전쟁 중인 국가에서도 꼭 필요한 일이어서 실전에서 싸우는 일 못지않게 중요했다. 때문에 굳이 군대에 들어올 필요가 없다는 평가 결과도 있었다.

결국 호퍼는 어떻게든 군대에 들어갈 방법을 찾았고, 전쟁 중에 창설된 WAVES(Women Accepted for Volunteer Emergency

Service)라는 조직을 통해 해군에 발을 들여놓았다. WAVES는 제2차 세계대전 중에 생긴 미국의 독특한 제도였기 때문에 비교하는 것이 쉽지는 않지만 굳이 찾자면 현재 한국의 예비군 제도와 비슷한 점이 많아 보인다.

그러니까, 호퍼는 전쟁이 발발하자 일부러 군대에 자원입대하기 위해서 온갖 방법을 찾았으며, 계속 탈락한 끝에 예비군 조직을 통해서라도 입대하는 기회를 찾아낸 것이다. 법을 어겨서라도 군 입대 면제를 받기 위한 편법을 찾으려는 사람들과 극히 대조적으로 보이는 장면이다. 한편으로는 만화책 속 '캡틴 아메리카'와 가까운 현실의 인물이 다름 아닌 호퍼라는 생각도 해본다. 캡틴 아메리카와 다른 점은 호퍼가 덩치 좋은 근육질 사나이가 아니라 조그마한 수학 교수로서 미군의 무기 개발에 공을 세웠다는 것이다.

1943년 휴직을 하고 군대에서 일하기 시작한 호퍼는 군사 훈련을 받았다. 매사추세츠 주의 한 학교 안에 있는 군사 학교를 졸업한 것은 1944년이었다. 이후, 호퍼는 수학 교수였던 경력을 살려서 해군에서 수학을 활용해 일할 수 있는 곳에 배치를 받았다. 수학자가 전쟁 때문에 군대에 입대하는 이런 이상한 사건 덕택에 호퍼는 드디어 컴퓨터라는 새로운 세계와 엮이는 운명으로 빠져들게 된다.

호퍼가 자대 배치를 받은 곳은 태평양의 항공모함 위나 대서양의 상륙함 위가 아니었다. 호퍼는 하버드 대학으로 가라는 명령을 받았다. 이때 호퍼의 계급은 해군 중위였는데 처음 하버드 대학에 갈 때만 해도 정확히 무엇을 해야 하는지 알지 못했다고 한다.

자신의 근무지라는 하버드 대학의 한 건물로 가보니, 그곳에는 군함이나 대포 대신에 알 수 없는 커다란 기계가 한 대 있었다. 건물 한쪽을 꽉 채운 그 시커먼 기계 덩어리는 높이가 사람 키보다 훨씬 컸고 좌우 너비는 20미터가 좀 못 되는 정도였다. 무엇을 하는 데 쓰는지도 알 수 없는 그 기계는 뭔가 일하는 것처럼 열심히 찰칵거리면서 움직이고 있었다.

"이것이 무엇을 하는 기계입니까?"

"중위님, 이게 바로 사람 대신 계산을 해주는 기계예요. 계산하는 것을 컴퓨트(compute)한다고도 하니, 컴퓨터(computer)라고 불러도 되겠죠."

"그래서 이 기계로 무엇을 계산합니까?"

"이게 있으면 무기를 설계하거나 군사 작전에 필요한 계산을 할 때 사람이 손으로 계산하는 것보다 훨씬 더 일을 빨리 할 수 있죠. 그러니까, 일본군보다 더 좋은 무기를 만들고 또 먼저 만들 수 있는 거죠."

당시에 호퍼가 하버드 대학에서 본 기계는 흔히 하버드 마크 I(Havard Mark I)이라고 하는 것이었다. 하버드 마크 I은 계산을 할 수 있는 장치로 지금 우리가 사용하는 컴퓨터에 비해서는 훨씬 단순한 기계였다. 하지만 그럭저럭 계산을 빠르게 할 수 있다는 점에서는 컴퓨터와 비슷한 목적으로 쓸 수 있는 장치였다.

기계 장치를 이용해서 사람이 하는 계산을 대신 하게 한다는 생각에 도전하는 사람들은 예전부터 꾸준히 있었다. 그중에는 기계를 정교하게 짜 맞춰서 제법 그럴싸한 것을 만들어낸 사람들도 있었다.

예를 들어서 톱니바퀴가 하나 있는데 그 톱니바퀴가 한 바퀴 돌아갈 때마다 숫자가 차례대로 적힌 종이를 한 장씩 넘기는 장치를 만들었다고 해보자. 그러면 이 톱니바퀴를 한 바퀴 돌리면 숫자 1이 나타나고, 두 바퀴 돌리면 숫자 2가 나타나고 세 바퀴를 돌리면 숫자 3이 나타날 것이다. 이 장치 옆에 비슷한 장치를 하나 더 만들어놓는데, 이번에는 3분의 1 정도로 작은 톱니바퀴를 달았다고 해보자. 그렇다면 첫 번째 톱니바퀴가 한 번 돌면서 종이를 넘겨 숫자 1을 보여줄 때, 두 번째 톱니바퀴는 세 번 돌면서 종이를 세 장 넘겨 숫자 3을 보여줄 것이다. 비슷하게 첫 번째 톱니바퀴가 숫자 2를 보여줄 때는 두 번째 톱니바퀴가 숫자 6을 보여줄 것이다. 그러니까 이 톱니바퀴 두 개가 연결된 간단한 장치는 곱하기 3을 계산하는 장치인 셈이다.

이런 식으로 연결된 장치를 더 정교하고 더 복잡하게 만들면 덧셈을 하거나, 뺄셈을 하거나, 나눗셈을 하는 데 쓸 수 있는 기계 장치가 만들어질 수도 있을 것이다. 17세기 조선의 송이영 같은 학자는 이런 톱니바퀴 장치를 한층 더 복잡하게 만들어서 태양과 달의 위치를 계산해주는 혼천시계라는 장치를 만든 적도 있었다.

그런 식의 생각을 발전시켜서 만든 기계 장치가 바로 하버드 마크 I이었다. 이것은 몇 개의 톱니바퀴가 연결되어 있는 정도가 아니라 76만 5천 개의 전기 부품이 서로 연결되어 있는 장치였다. 그러니 곱하기 3 정도를 계산하는 일은 쉬웠고, 간단한 미적분학 문제를 푸는 데 필요한 계산도 해낼 수 있었다.

그렇지만 이 기계를 운영하는 방식은 기본적으로 톱니바퀴 장치를 돌리는 수준의 장치와 비슷한 점이 많았다. 어떤 계산을 하기 위해서는 필요한 규칙대로 기계 장치 손잡이와 스위치를 조작하고 배선을 연결하고, 그것을 계속 바꾸어가면서 기계를 조작해야 했다. 계산을 해주는 장치라고 하지만 지금처럼 키보드를 누르거나 터치스크린 화면을 건드리면서 간편하게 조작할 수 있는 기계는 아니었다.

때문에 호퍼가 처음으로 맡은 일은 이 기계를 조작하는 방법에 관해 해설하고 설명해주는 책을 쓰는 것이었다. 군대의 무기 설계 등에 필요한 여러 가지 다양한 계산을 할 때 이 복잡한 기계를 어떻게 조작하면 되는지, 이 기계를 어떻게 활용하면 보다 유용한 계산을 많이 할 수 있는지에 대해 생각해서 알아보기 좋게 정리하는 일이었다.

"저는 이런 기계를 처음 보았습니다. 갑자기 그런 책을 쓰는 일은 너무 어려운 일 아니겠습니까?"

"중위! 이곳은 미합중국의 해군이라네."

과연 호퍼는 전쟁 중의 군인답게 세상에서 본 사람이라고
는 몇 명 되지도 않을 그 낯선 기계를 작동하는 방법을 단숨
에 익히고 그것을 여러 가지로 활용하는 방법에 대해서 설명
하는 책을 썼다. 컴퓨터 회사에서 하버드 마크 I을 개발하는
데 참여했던 하워드 에이킨(Howard Aiken)도 호퍼가 속한 팀
의 팀장과 비슷한 위치에서 이 작업을 같이 했다. 하버드 마크 I
의 사용 방법을 해설한 책은 500페이지가 넘었다고 한다.

호퍼는 이 기계로 다양한 복잡한 문제를 계산하는 방법을
만드는 데 참여했을 것이다. 군함에 실려 있는 대포와 포탄의
성능이 어느 정도라고 할 때 몇 도의 각도로 발사를 하면 어
디까지 날아갈 것인가 하는 기본적인 계산에서부터, 그보다
훨씬 더 복잡한 계산을 하는 것까지 작업은 쉴 새 없이 이어
졌다.

컴퓨터가 세상에 별로 퍼져 있지 않았던 당시에는 이런 계
산을 할 수 있는 장치가 매우 드물었다. 때문에 호퍼의 팀이
붙잡고 있는 하버드 마크 I 컴퓨터가 해야 할 계산은 밤새워
해도 끝이 없을 만큼 쌓일 때도 있었다.

한번은 온갖 분야에서 활약했던 놀라운 학자, 존 폰 노이만
이 하버드에 찾아와 원자폭탄을 개발하는 데 필요한 계산을
하기도 했다. 그러니까 호퍼가 다루고 가꾸던 그 컴퓨터의 선

조쯤 되는 기계가 원자폭탄을 만들어 일본제국을 패망시키는 데에도 쓰였다는 이야기다.

이런 과정에서 몇 가지 계산을 할 수 있는 컴퓨터로 복잡한 수학 문제를 풀어내기 위해 여러 가지 기교를 사용해서 문제를 바꾸거나 나누어 계산하는 방법에 대해 호퍼는 팀원들과 함께 궁리해야 했다. 말하자면 더하기만 할 수 있는 기계가 있는데 이 기계로 42만 6,426 곱하기 3을 계산해야 한다면 42만 6,426을 세 번 더하는 방식으로 답을 낼 수 있다는 식의 방법을 찾아야 했다는 말이다. 호퍼는 이런 일에 대해 짧은 기간 동안 무척 많은 경험을 쌓아나갔다. 게다가 그 경험 속에서 단순히 수학 문제를 이리저리 다루는 것뿐만 아니라, 컴퓨터라는 장치의 특징이나 기계 장치를 다루면서 발생할 수 있는 여러 잡다한 문제에 대해서도 많은 지혜를 갖게 되었다.

돌이켜보면, 호퍼는 어린 시절부터 갖고 있던 기계에 대한 호기심과 학창 시절부터 쌓아온 수학 실력, 전기 회로에서부터 복잡하게 연결된 자료의 관계를 따지는 그래프 이론을 연구했던 경험 등등을 갖고 있었다. 그 모든 호퍼의 경험과 특기가 바로 이때 컴퓨터 기술을 접하면서 딱 맞아 들어갔다는 상상을 해본다.

게다가 이 시기에 호퍼가 대학 강의를 위해서 익혔던 것, 바로 어려운 것을 쉽게 설명하는 능력이 같이 빛나기 시작했다. 복잡한 전기 회로 기계로 골치 아픈 수학 문제를 다루는 일을 하는데, 이런 내용을 상관인 군대 간부들에게 설명하고 이해시키고 대답을 들어야 하는 것이 중위였던 호퍼의 일이었다.

다른 곳도 아닌 군대에서, 다른 사람도 아닌 군대 간부들에게 이런 이야기를 잘 해내려면 여러 분야에 대한 깊은 이해, 뛰어난 설명 실력, 독특한 형태의 용기가 동시에 필요하다. 호퍼는 바로 그런 것을 갖고 있는 학자이자 군인이었고, 군 생활 동안 그 실력을 점점 더 잘 키워나갔다.

그러나 모든 일이 잘 풀리기만 한 것은 아니었다. 예일 대학에서 발간한 '예일 뉴스' 웹사이트의 기사를 보면, 1940년대 후반 40대였던 호퍼는 술에 빠지기도 했고 우울감에 시달리던 시기도 있었다고 한다. 그리고 무슨 이유인지 잘 알려져 있지는 않지만 1945년 제2차 세계대전이 끝날 무렵 호퍼는 남편과 이혼하기도 했다. 호퍼는 이혼 후에도 남편의 성에서 딴 호퍼라는 성을 계속 사용했다.

직장 관련해서도 상황이 쉽지 않았다. 대학 교수 자리를 물리치고 군대에 들어와서 컴퓨터 기술에 대한 새로운 일에 흠뻑 빠지게 되었는데 갑자기 제대를 하는 바람에 갈 곳이 없어지는 일까지 생겼다. 어쩌면 그 때문에 괴로워했을지도 모르겠다. 무엇이 호퍼가 40대 중 한때를 슬프게 보낸 주원인인지 속단할 수는 없다고 생각한다.

그러나 그런 시기를 보내면서도 호퍼는 결국 다시 유쾌하고 여유롭고 여러 사람들이 엮인 팀을 잘 결합해 굴러가게 만

드는 사람으로 돌아왔다. 호퍼의 나중 행적을 고려해보면, 이 시절 괴로운 시기를 보내면서 어려운 처지의 사람을 이해하거나 힘겨운 시기를 보내는 사람들을 인간적으로 공감하는 면은 더 깊어지지 않았을까, 나는 상상해본다.

호퍼는 군대의 예비역 조직에 남아 있으면서 하버드에서 해군과 계약을 하고 연구하는 연구원으로 일자리를 얻어 계속해서 컴퓨터 기술 분야에서 일했다. 이 무렵 호퍼의 모습을 보여주는 유명한 일화라면 역시 호퍼가 컴퓨터 프로그램의 오류라는 뜻의 '버그(bug)'라는 말을 유행시킨 것이다.

예로부터 기계 장치가 고장 났을 때 미국 기술자들은 '무슨 벌레가 들어갔냐'는 식의 말을 하고는 했다고 한다. 호퍼가 기계로 수학 계산을 하기 위해서 여러 가지 복잡한 방법을 고안하고 그 방법대로 하버드 마크 I을 작동시키려고 하는 동안에도 다양한 오류가 있었을 것이다. 복잡한 계산을 하겠다고 밤새도록 기계를 붙들고 있는데 도무지 무슨 오류인지 계산이 제대로 안 될 때면 호퍼와 그 팀 동료들은 "무슨 벌레가 들어갔나? 왜 이렇게 계산이 잘 안 되냐"라면서 농담 섞인 푸념을 했을 것이다.

그런데 1947년의 어느 날 그레이스 호퍼는 자신이 처음 접했던 하버드 마크 I의 후계 기종인 하버드 마크 II 기계에 실제로 나방 한 마리가 들어간 것을 발견했다. 호퍼는 그 나방을 붙잡아서 공책에 붙여놓고, 재미 삼아 "최초로 발견된 실제 버

그"라고 밑에 써두었다. 호퍼와 팀원들은 그것을 보면서 참 별일도 다 있다고 한바탕 웃었을 것이다. 그리고 그 일 이후로 버그라는 말은 컴퓨터 프로그램의 오류를 지적하는 말로 점차 더 유행하게 되었을 것이다. 호퍼와 호퍼의 동료들이 컴퓨터 업계에 퍼져 나가면서 이 이야기를 전할 때마다 버그는 컴퓨터 프로그램의 오류를 일컫는 말로 더 깊이 자리 잡게 되었을 거라는 짐작도 해본다.

지금은 컴퓨터 전문가가 아닌 사람들도 흔히 컴퓨터 프로그램의 오류를 버그라고 부르고 있다. 그때 호퍼가 나방을 붙여놓은 공책은 지금도 박물관에 잘 보관되어 있다.

더 많은 사람이, 더 편하고 쉽게 쓸 때
새로운 세상이 만들어진다

1949년 호퍼는 에커트-모클리 컴퓨터 회사(Eckert-Mauchly Computer Corporation)로 자리를 옮겼다. 에커트와 모클리는 사상 최초의 전자식 컴퓨터라고 한동안 언급되던 ENIAC을 개발한 제작진들의 대표격인 인물이었다. 이들은 앞으로 컴퓨터가 세상에 크게 쓰일 것이라는 꿈을 꾸면서 그것을 좇는 사람들이었다. 그에 비해 당시 세상 대부분의 사람들은 컴퓨터라는 기계가 현실 세계에 실제로 있다는 것을 들어본 적조차 드물었다. 그러니 두 사람이 차린 컴퓨터 회사란 아주 새로운 분야에 도전하는 대단히 특이한 벤처 기업이었을 것이다.

에커트-모클리 컴퓨터 회사는 컴퓨터의 가치를 이해하고 돈을 써줄 손님을 붙잡아 와야 했다. 이 시절 그나마 컴퓨터가 쓸모 있다고 생각하던 사람들은 복잡한 계산을 빨리 해내려고 했던 군 관계자들이나 복잡한 계산이 필요한 수학 문제를 푸는 분야에서 일하던 사람들이었다. 이런 사람들에게 컴퓨터를 팔기 위해서는 그런 내용을 아는 직원이 필요했다. 수학자이자 컴퓨터 기술에 대해 지식이 많으면서 군대 경험도 있는 그레이스 호퍼는 거기에 딱 맞는 인물이었다.

호퍼는 상업적으로 판매하는 데 성공한 최초의 컴퓨터로 자주 거론되는 UNIVAC의 개발에도 참여했고, 에커트-모클리 컴퓨터 회사가 더 큰 규모의 레밍턴 랜드에 팔렸을 때에도 계속 회사에 남아 일을 했다.

그리고 그동안 호퍼는 컴퓨터 기술 분야에서 자신이 남긴 업적 중에 가장 결정적인 생각 한 가지를 품게 된다.

"컴퓨터를 조작하고 다루기가 지나치게 어렵다. 쉽고 간단하게 할 수는 없을까?"

1940년대 말에서 1950년대 초의 컴퓨터는 그나마 조금은 발전되어 있어서 호퍼가 처음 하버드 마크 I을 접했을 때처럼 직접 전기 회로 배선과 장치들을 복잡하게 조작해야 하는 일은 많지 않았다. 그렇지만 여전히 컴퓨터를 사용하려면 컴퓨터 조작을 위해 정해놓은 몇 가지 이상한 부호나 숫자를 잔뜩 입력해 넣을 줄 알아야 했다.

예를 들어 화면에 'HELLO'라는 글자를 보여주라는 명령을 컴퓨터에게 내리려면 186 8 1 180 9 205 33 195 105 102 108 108 111 36이라는 숫자를 차례로 입력해주어야 하는 방식을 따라야 했다. 이것은 소위 '기계어'로 컴퓨터를 조작하는 것으로, 현대의 컴퓨터 역시 굳이 하려고 하자면 이런 방식으로 조작할 수도 있다. 실제로 위에 써놓은 숫자는 'HELLO'라는 말을 화면에 보여주기 위해 요즘 컴퓨터 내부에서 사용하고 있는 숫자 부호들이다.

호퍼는 이런 방식으로 컴퓨터를 조작하면 불편하며 알아보기 어려워서 컴퓨터 프로그램을 만드는 데 시간이 오래 걸릴 뿐만 아니라 오류가 생긴 곳을 찾아내고 고치는 것도 힘들어 문제라고 생각했다. 그래서 사람이 눈으로 봤을 때 훨씬 알아보기 쉬운 일상생활에서 쓰이는 말을 컴퓨터에 입력하면, 컴퓨터가 그 말을 컴퓨터에 사용되는 숫자 부호로 자동으로 바꾸어주면 좋을 것이라고 생각했다. 예를 들어 저런 숫자들 대신에 영어 단어인 DISPLAY 'HELLO'라고 컴퓨터에 입력해준다는 것이다. 그러면 미리 만들어놓은 컴퓨터 프로그램이 그 영어 단어로 되어 있는 DISPLAY 'HELLO'라는 말을 186 8 1 180 9 205 33 195 105 102 108 108 111 36이라는 컴퓨터용 숫자 부호로 자동으로 바꿔준다. 바로 이렇게 사람이 알아보기 좋은 말을 컴퓨터가 작동할 때 읽어 들일 수 있는 숫자 부호로 바꿔주는 프로그램을 '컴파일러'라고 한다.

"컴퓨터의 빠른 계산 능력을 활용하면 그런 식으로 자동으로 바꿔주는 작업을 충분히 해낼 수 있을 거야."

이것은 컴퓨터의 불편함이라는 단점을 극복하기 위해 다름 아닌 컴퓨터의 빠른 처리 능력이라는 장점을 활용하는 방법이라고 볼 수도 있다.

호퍼가 처음 컴파일러를 만들어서 사람들이 이해하기 쉬운 말로 컴퓨터 프로그램을 만들자는 생각을 했을 때, 모든 사람들이 기꺼이 동의한 것은 아니었다. 당시에는 적지 않은 사람들이 진정한 컴퓨터 전문가라면 컴퓨터 전용 숫자 부호들을 잘 익히고 있어야 제대로 일할 줄 아는 것이라고 생각했다. 아닌 게 아니라 1980년대만 해도 취미로 컴퓨터를 하는 사람들 중에서도 기계어에 해당하는 숫자들을 익히고 있는 경우가 많았고, 지금도 컴퓨터 CPU를 직접 다루어야 하는 사람들은 이런 숫자들을 어느 정도는 알고 있다. 그러다보니 호퍼가 생각한 컴파일러 같은 프로그램이 있다면 그것은 자동으로 컴퓨터 프로그램을 짜주는 것이나 다름없다고 생각했다.

사람이 알아보기 쉬운 말을 컴퓨터용 숫자 부호로 바꾸어 주는 컴파일러라는 것을 만들면 좋기야 하겠지만, 그런 것을 만들어내는 과정이 너무 힘들고 어려울 거라고 하는 사람들도 있었을 것이다. 당시의 컴퓨터는 터무니없이 비싸고 거대한 장비였지만 정작 성능은 지금 유아용 장난감들 속에 들어 있는 전자 회로보다도 못한 것이 대부분이었다. 그러다보니, 컴퓨터용 숫자 부호에 익숙한 사람들이라면 그냥 그런 숫자 부호들로 바로 컴퓨터 프로그램을 짜면 편한데, 굳이 복잡한 또 다른 컴파일러라는 것을 이용해서 사람이 쓰는 말을 컴퓨터용 숫자로 한참 동안 바꾸는 과정을 거치면 귀찮기만 하지 않느냐는 의견이 있을 만도 했다.

개중에는 컴파일러라는 게 등장해서 컴퓨터를 다루는 것이 너무 편해지는 것 자체를 꺼려하는 사람도 있었을 거라고 생각한다. 그러니까 자동으로 프로그램을 만들어주는 컴파일러라는 컴퓨터 프로그램이 생긴다면, 컴퓨터 기술자들이 일자리를 잃을지도 모른다고 걱정한 사람들도 있었을 거라는 이야기다.

그렇지만 호퍼는 이런 방식을 사용하면 다양한 프로그램을 쉽게 만들 수 있을 것이고, 그렇게 될수록 온갖 분야에 컴퓨터를 더 널리 활용할 수 있게 될 거라는 꿈을 갖고 있었다. 이 시절 사람들은 다수가 기본적으로 컴퓨터는 더하기 빼기 곱하기 나누기를 하는 기계라고 여겼다. 호퍼는 프로그램을 쉽게 만들 수만 있다면 여러 사람들이 갖가지 프로그램을 만들어서, 컴퓨터를 전화번호부 같은 인명부를 찾는 데 활용하거나 문자와 단어를 다루는 온갖 다양한 용도로 사용할 수도 있다고 판단하고 있었다.

그렇게 해서 그레이스 호퍼는 1952년 'A-o'라는 이름의 프로그램을 만들었다. 본인이 꿈꾸었던 대로 사람이 알아보기 쉬운 영어 단어로 되어 있는 말들을 입력해주면, 그것을 컴퓨터용 숫자 부호로 바꿔주는 프로그램, 곧 컴파일러였다. 이것은 컴파일러라는 것이 가능하다고 생각했던 사람들의 사례들 중에서 아주 초기에 속하는 일이었다. 실제로 컴퓨터에서 작동시킬 수 있는 완성된 컴파일러 프로그램을 꼽아본다면, 그때로서는 거의 유일하다고 할 수 있는 것이었다.

그리고 결국 세상은 그레이스 호퍼가 이끌었던 방향으로 움직였다. 1954년 그레이스 호퍼는 팀을 이끌며, 회사에서 손님들에게 판매할 수 있는 제품으로 MATH-MATIC과 FLOW-MATIC이라는 컴파일러를 공식적으로 만들어내도록 했다. MATH-MATIC은 여러 가지 수학 계산용 프로그램을 만드는 데 편리한 컴파일러였고, FLOW-MATIC은 다른 업무를 처리하는 데 편리한 컴파일러였다. 호퍼가 일하던 회사 이외에 다른 회사와 연구자들도 또 다른 컴파일러를 하나둘 만들어냈고, 그러는 동안 컴퓨터 프로그램을 만드는 방식 자체가 호퍼가 꿈꾸던 대로 변화하게 되었다.

컴퓨터 프로그램을 만드는 것은 과거에 알 수 없는 신비한 기호와 숫자들을 다루는 컴퓨터 신전의 사제들이 비밀스러운 의식처럼 하는 일이었다. 그런데 컴파일러 덕택으로 더 많은 사람들이 좀 더 쉽게 컴퓨터 프로그램을 만들 수 있는 방향으로 바뀌고야 말았다. 그렇게 되면서 컴퓨터를 사용하는 사람들은 계속해서 늘어났고 컴퓨터 활용 분야도 어마어마하게 늘어났다. 컴퓨터 기술자들이 필요한 일자리 숫자는 줄어들기는커녕 폭발적으로 많아졌다.

나는 이런 변화의 방향이야말로 그레이스 호퍼가 세상에 보여준 결정적인 핵심에 해당하는 생각이었다고 본다.

그레이스 호퍼는 한 놀라운 기술을 많은 사람이 다양한 분야에서 편하고 쉽게 쓰는 방향으로 널리 퍼뜨릴 때에 새로운 세상을 만들 수 있다고 여긴 것이다. 심지어 그레이스 호퍼는 컴퓨터 프로그래밍 언어가 꼭 영어로 될 필요가 없다고 생각해서, 영어를 쓰지 않는 사람들을 위해 영어가 아닌 말을 이용해서 컴퓨터 프로그램을 만드는 것이 가능하다는 것을 보여준 일도 있었다. 새로운 기술과 학문에 대해 이런 발전의 방향을 생각하는 것은 컴퓨터 이외의 다른 분야에서 지금까지도 필요한 일이라고 생각한다.

현재에도 컴파일러를 이용해서 프로그램을 만드는 것은 컴퓨터 프로그램을 만드는 기본적인 방법이다. 요즘 컴퓨터를 구동시키는 리눅스나 MS윈도우 같은 프로그램은 물론, 많은 워드프로세서나 스프레드시트 프로그램, 적지 않은 숫자의 컴퓨터 게임을 만들 때, 프로그램을 만드는 회사에서는 사람이 좀 더 알아보기 쉬운 말로 '소스 코드'라고 하는 것을 먼저 쓴다. 그리고 그 소스 코드를 컴파일러 프로그램을 이용해서 컴퓨터가 알아들을 수 있는 숫자와 부호로 바꾸는 방식을 쓴다. 말하자면 언제든 우리가 컴퓨터 프로그램을 사용할 때마다 그 레이스 호퍼의 유산에 영향을 받은 제품을 쓰고 있는 셈이다.

코볼의 할머니가 우리에게 남긴 것들

그레이스 호퍼는 컴퓨터 업계에 좀 더 직접적으로 영향을 미치기도 했다.

1959년 무렵부터 미국 정부는 업무용 컴퓨터 프로그램을 만들기 위한 표준 컴파일러를 만들어야겠다는 생각을 갖고 있었다. 미국 정부에서 여러 회사의 컴퓨터를 사서 쓰고 있는데 서로 다른 회사의 컴퓨터를 쓸 때마다 매번 프로그램을 다시 만들어야 한다면 그것은 불편한 일이었다. 그렇다고 한 회사의 컴퓨터만 항상 사서 쓰자니 모두에게 공정해야 할 정부가 한 회사에 너무 얽매이는 것 같았다.

"프로그램은 사람이 알아보기 좋은 말로 공통으로 만들고, 그 말을 컴퓨터용 숫자 부호로 바꿔주는 컴파일러만 컴퓨터 회사별로 갖춰놓으면 되는 것 아닌가요?"

"무슨 말이지?"

"만약에 컴퓨터를 끄고 싶다고 할 때, 어떤 대기업 제품 컴퓨터는 00이라는 숫자를 입력해주면 컴퓨터가 꺼지는데, 어떤 중소기업 제품 컴퓨터는 99라는 숫자를 입력해주어야 컴퓨터가 꺼진다는 식으로, 다 달라서 문제라는 거잖아요."

"그렇지."

"그러면 우리가 사람이 알아보기 좋은 말로 되어 있는 공통의 프로그래밍 언어를 하나 정해두자고요. 그래서 'END'라는 명령이 컴퓨터를 끄는 명령이라는 표준에 다 따르자고 정부에서 공통으로 정해주는 거예요. 그렇게 하면, 대기업은 END라는 명령을 00이라는 숫자로 바꾸는 컴파일러를 만들 것이고 중소기업은 END라는 명령을 99라는 숫자로 바꾸는 컴파일러를 만들겠죠. 그렇게 하면 우리는 컴퓨터 회사 별로 어떤 숫자들을 써서 컴퓨터를 움직이는지 알 필요가 없어요."

"공통 표준으로 정해놓은 END라는 말만 알고 있으면 된다는 거지? 그러면 회사별로 만들어놓은 컴파일러를 이용해서 END라는 말을 컴퓨터 기종마다 다르게 번역하면 된다는 거고. 그렇게 하면 되겠네."

그런 식으로 한번 만든 프로그램을 여러 컴퓨터에서 돌려쓰기 위해서, 미국 정부 주도로 업무 처리를 위한 공통 컴퓨터 프로그래밍 언어를 하나 만들자는 계획이 추진되었다.

이 계획을 이끈 회의를 보통 코다실(CODASYL, Conference on Data Systems Language)이라고 부르는데, 이 코다실에서 공통 컴퓨터 프로그래밍 언어를 만들기로 협의하면서 다름 아닌 그레이스 호퍼의 작품인 FLOW-MATIC을 많이 참조하게 되었다. 코다실은 다소간 혼란이 있기도 했지만 마지막에 가서는 FLOW-MATIC과 제법 닮은 방식의 공통 컴퓨터 프로그래밍 언어가 만들어지는 것으로 결론이 났다. 그렇게 해서 1959년 발표된 공통 컴퓨터 프로그래밍 언어가 흔히 약자로 코볼(COBOL)이라고 부르는 '공통 업무 지향 언어(Common Business-Oriented Language)'이다.

그레이스 호퍼가 직접 코볼을 전부 만든 것은 아니지만, 코볼이 FLOW-MATIC의 영향을 받았고 호퍼 또한 상담역 역할로 코볼을 만들던 코다실을 지원하고 있었다. 그러므로, 그레이스 호퍼는 코볼의 할머니라는 이름으로 널리 유명해졌다. 호퍼는 애초에 수학 계산 목적이 아닌 다양한 업무 처리를 위해서 FLOW-MATIC을 만들었으므로 자연히 코볼 역시 이런 여러 가지 업무 처리에 요긴한 점이 있었다.

때문에 1960년대를 거치는 동안 코볼은 컴퓨터가 사용되는 영역 곳곳에 퍼져 나갔고, 1970년대에는 기업에서 업무를 처리하는 각종 계산용 프로그램을 코볼로 만드는 것이 아주 흔한 일이 되었다. 지금 우리가 MS 엑셀과 같은 스프레드시트로 처리하고 있는 온갖 업무들을 1970년대의 대기업 컴퓨터 부서에서는 코볼로 프로그램을 하나씩 만들어서 처리하곤 했다.

코볼은 워낙 널리 쓰여서 심지어 1990년대 초반까지도 한국의 컴퓨터 학원에서 컴퓨터 프로그램을 만드는 방법으로도 흔히 가르쳤다. 그렇게 보면 컴퓨터가 세상 곳곳에 널리 퍼져 나가게 된 이유 중에 하나는 사람들이 코볼을 이용해서 회사의 업무용으로 편하게 프로그램을 만들 수 있었기 때문이라고 할 수 있다. 1980년대 이후로 코볼의 인기가 차츰 줄어드는 바람에 21세기에 와서는 코볼보다 더 알아보기 쉽고 더 간단하게 프로그램을 만들 수 있는 다른 프로그래밍 언어들이 훨씬 널리 쓰이고 있기는 하다. 하지만 아직까지도 옛날에 나온 컴퓨터 프로그램 중에는 코볼을 이용해서 만들어진 것이 그대로 돌아가고 있는 경우가 간혹 있다.

특히 1970년대 전후로 한창 은행 업무나 증권거래에 컴퓨터가 도입될 때에 돈 계산을 하는 프로그램을 코볼로 만든 경우가 많았는데, 그런 프로그램 중에는 오랜 시간 버틴 것들이 있다. 전설처럼 도는 이야기 중에는 21세기에 한국의 한 은행에서 오래전 코볼로 만든 돈 계산 프로그램에 오류가 생겼는데 그것을 고칠 사람이 없어 은퇴한 할머니 할아버지 프로그래머 중에 코볼에 능숙한 사람을 겨우 찾아내서 거액을 주고 다시 데려와서는 오류를 해결했다는 사연이 있을 정도다.

코볼 프로그램이 한창 스멀스멀 퍼져 나가고 있던 1966년, 그레이스 호퍼는 만 60세로 해군 예비역에서 은퇴했다. 계급은 중령이었다. 그러나 얼마 안 되어 다시 해군 내의 임무를 위해 군대로 돌아오게 되었다. 1971년 호퍼는 다시 은퇴하게 되었는데 1972년 한 번 더 임무를 받아 군대로 돌아왔고

1973년에는 대령이 되었다. 이후 1980년대가 되자 계급은 더 높아져서 1983년에는 준장이 되었고, 1985년에는 80세에 가까운 원로 군인으로서 소장이 되어 호퍼 제독으로 불리게 되었다. 나중에는 여러 훈장을 받고 미 해군의 주력 군함 중 하나인 알레이버크급 구축함 한 척에 호퍼함(USS Hopper)이라는 이름이 붙게 되는 등, 호퍼는 군인으로서 높은 명예를 누렸다. 물론 군인들 이외에도 컴퓨터 공학을 연구하는 많은 사람들로부터 존경을 받았다.

그레이스 호퍼가 군대의 컴퓨터 기술 개발 임무와 관련해서 중요한 역할을 많이 맡았던 것은 호퍼가 컴퓨터 기술에 정통한 뛰어난 전문가였을 뿐만 아니라, 여러 사람들 사이의 의사소통을 돕고 혼란스러워진 과제를 정돈해서 해결하는 실력이 출중해서였기 때문인 것으로 보인다. 호퍼는 상황을 잘 이해하지 못하는 여러 집단 사이에서 한쪽이 다른 쪽을 이해할 수 있게 돕고, 복잡한 기술 문제의 핵심을 간파하여 사람들이 같이 이해하면서 답을 찾도록 이끄는 데 능했다. 때문에 호퍼는 마치 지휘자처럼 활약하며 군대에서 진행하는 복잡한 연구 개발 사업에 도움을 줄 수 있었다.

그러다보니 호퍼는 첨단 기술을 잘 이해하지 못하는 군 고위층, 정부 인사 등의 사람들에게 컴퓨터 기술이 중요하다는 것을 일찌감치 이해시키기 위한 강연과 강의에서도 크게 활약했다. 전기 신호가 1나노초 동안 갈 수 있는 거리를 보여주기 위해 전선 한 도막을 보여주면서, 그 한 도막의 전선을 전기 신호가 달려가는 데 1나노초가 걸린다고 이야기하고는 전기 신호가 왔다 갔다 하는 데에도 시간이 걸린다는 점을 보여준 일은 지금도 자주 언급되는 예시다.

그레이스 호퍼는 1992년 85세의 나이로 세상을 떠났고 워싱턴 DC의 알링턴 국립묘지에 묻혔다. 세상을 떠나기 몇 년 전 그레이스 호퍼는 데이비드 레터먼이 진행하는 인기 텔레비전 토크쇼에 출연해서 자신의 삶과 자신이 생각하는 바에 대해 언급한 적이 있었다. 이 토크쇼 중에 호퍼는 자신이 인생에서 대단히 자랑스러워하는 일은 바로 다음 세대를 교육하는 일에 공을 들인 것이라고 언급했다. 새로운 과학자, 새로운 기술자를 길러내고 젊은 세대가 잘 성장할 수 있도록 돕는 일이 보람차고 중요한 일이라고 피력한 것이다.

특히 호퍼는 젊은 세대들이 틀을 깨고 다른 방식으로 일을 할 수 있도록 북돋워주고자 애썼다. 군인이 되기 위해 도전하고, 새로운 컴퓨터의 세계를 개척하고, 탐탁지 않게 생각하는 사람들이 적지 않은 가운데 컴파일러를 만들어낸 자신의 젊은 시절을 돌아보며 그런 생각이 더 강해졌다는 상상도 해본다. 조이스 리니크(Joyce Linik)의 글을 보면 호퍼는 이렇게 말한 적이 있다고 한다.

"가장 위험한 것은 '우리는 항상 이런 식으로 일했어'라는 말이다."

이 역시 젊은 세대가 이전 세대의 틀을 깨줄 것을 강조하는 이야기였을 것이다.

그렇게 성장한 호퍼의 다음 세대들은 결국 21세기에 와서 세상이 움직이는 방식과 가치가 평가되는 방법을 완전히 바꾸어놓았다. 정보화 사회는 그렇게 해서 시작되었다. 그렇게 본다면, 그레이스 호퍼가 꿈꾸었던 것들은 마지막까지도 잘 이루어진 듯하다.

❼ 100,000km의 세계

지구와
발렌티나 테레시코바

: 최초의 여자 우주 비행사가 처음 송신한 말, "나는 갈매기"

SF에서 지구에 사는 사람보다 더 뛰어난 기술을 가진 외계
인이 나오는 이야기는 대단히 흔하다. 실제로 지구 바깥을 보
면 우주에는 수많은 행성들이 아주 많이 있으므로 그중에 생
명체가 사는 행성도 있을 거라는 생각을 해봄직도 하다. 만약
그렇다면, 그중에는 분명히 지구의 사람들 못지않은 기술을
가진 생명체도 있을 것이다. 그리고 그런 외계인들이라면 우
주선을 타고 우주 이곳저곳을 여행할 수도 있을 것이다.

　이미 지구에 사는 사람들도 지구 바깥을 여행하는 기술을
개발하는 데 성공했다. 소련 시절 러시아의 대표적인 우주비
행사인 발렌티나 테레시코바를 예로 들면, 이미 1963년에 깔
끔하게 우주 비행을 해내는 데 성공했다.《모스크바 타임스》
기사에서는 이 테레시코바를 우주에 나간 최초의 민간인이라
고 소개했으며, 세계적으로도 테레시코바는 세계 최초로 우주

비행을 한 여성으로 널리 인정받고 있다.

그런데 우리보다도 기술이 더 발전한 외계인들이 있다면 그들은 왜 우주를 건너 지구에 찾아오지 않는 것일까? 우주에 온갖 행성들이 어마어마하게 많다는 것을 생각해본다면, 그 많은 외계인들 중에 하나둘 정도는 지구에 찾아와야 하는 것 아닐까? 영화처럼 도시 상공에 접시 모양의 초대형 우주선을 타고 나타나지는 않는다고 하더라도 적어도 지구에서 외계인의 어떤 흔적을 발견할 수는 있어야 하는 것 아닐까? 왜 지구에서 외계인의 흔적을 찾는 것이 이렇게 어려울까? 이런 궁금증을 널리 유행시킨 사람은 엔리코 페르미였으므로, 이런 문제를 가리켜 페르미 역설이라고 한다.

페르미 역설에 대해서 마땅한 대답을 찾기란 쉽지 않아 보였다. 20세기에 들어서자 사람들은 더 멀리, 더 빨리 갈 수 있는 갖가지 기계들을 계속 만들어냈다. 게다가 계속 새로운 지역에 가보고, 숨겨져 있던 곳을 탐험하고 더 멀리 가고 싶어하는 사람들은 많아 보였다. 그러니 만약 우주 저편 어딘가에 사는 외계인 종족도 사람과 비슷하게 발전한다면 그중에 사람들보다 먼저 역사를 시작하고 더 빨리 발전해서 우주를 자유롭게 누비는 데 성공한 무리가 있을 법도 했다.

그런데 왜 우리를 찾아온 외계인이 이제껏 아무도 없는 것일까?

이 이상한 페르미 역설에 대해 사람들은 여러 가지 답을 생각했다. 그 여러 답 중에는 SF에 종종 나오는 것으로 문명과 기술의 발전이 바깥 세계를 탐험하는 방향으로 이루어지지 않게 된다는 것이 있다.

즉, 기술이 발전해서 정보화 사회가 오고 그에 맞춰 발전을 계속하다보면 사람들은 언젠가 먼 곳을 돌아다니거나 새로운 것을 탐사하는 일을 자발적으로 포기하게 될 수도 있다는 것이다. 종족이 발전하다보면 다른 외계 행성을 찾아다닐 수 있는 우주선을 개발하는 일보다 SNS 사이트를 운영하거나 온라인으로 동영상을 주고받는 기술에 매달리게 된다는 말이다.

그러니까 우주의 저편에 설령 사람보다 대단히 발전한 외계인의 행성이 있다고 해도, 그 행성에 사는 외계인들이 우주선을 타고 온 우주를 누비게 되지는 않는다는 이야기다. 대신에 그 행성 사람들은 다들 끝내주는 성능을 가진 가상현실 기계 속에 들어가서 밤이고 낮이고 즐거운 환상의 세계에서 놀면서 시간을 보낼 뿐이라는 것이다. 모두들 부유하고 평화로운 삶을 사는 데 성공한 외계인들이 있다면 힘들고 위험하게 우주 탐사를 하는 데 신경을 쓰기보다는, 컴퓨터와 통신 기술을 이용해서 느긋하게 노는 데 신경을 쓸 것이라는 주장이다. 이 주장에 따르면 우주 탐사를 그만두고 컴퓨터 게임에 투자하게 되는 것은 기술이 발전한 종족들의 다 같은 운명이다.

이런 이야기는 실제로 사람들이 역사에서 겪은 방향과 비슷하게 가는 측면이 있기 때문에 더욱 흥미를 끈다. 1960년대만 하더라도 21세기가 되면 화성에 식민지를 건설하고 달나라로 신혼여행을 가는 세상이 올지도 모른다고 예상하는 사람들이 제법 많았다. 실제로 달에 처음으로 발을 디딘 닐 암스트롱 일행이 한국에 찾아왔을 때, 한국 대통령은 농담 삼아 서울에 인구가 너무 많이 몰려서 걱정인데 달나라를 개발해서 서울 사람들을 좀 보내서 살게 하면 좋겠다고 말한 적도 있었다.

그러나 미래가 발전한 방향은 그런 쪽이 아니었다. 21세기도 한참 흐른 지금, 여전히 신혼여행을 달나라로 가는 것은 먼 미래의 일처럼 보이기만 한다. 그렇지만 대신에 1960년대에 성능이 세계 최고였던 컴퓨터보다 몇만 배쯤은 강력한 컴퓨터를 전화기 속에 담아 누구나 들고 다니는 세상이 찾아왔다. 말하자면 세상 사람들의 문화는 더 멀리 가기 위한 노력을 포기하고, 대신 자리에 앉아 더 긴 대화를 나누는 것을 택한 것이다.

발렌티나 테레시코바의 삶도 그 변화의 가운데에 걸쳐 있다고 할 수 있다. 테레시코바는 정보화 시대가 시작되기 전, 사람들이 한창 우주에 나가려고 온 힘을 다해 애쓰던 시절을 상징한다고 할 수 있는 인물이다. 그러면서, 동시에 그 이후에도 꾸준히 활발하게 일하면서 세상이 다른 방향으로 옮겨 가는 것을 생생히 지켜본 사람이기도 하다.

테레시코바는 1937년에 태어났다. 야로슬라블이라는 곳은 소련의 수도 모스크바에서 동북쪽으로 250킬로미터 이상 떨어져 있는데, 테레시코바의 고향은 그 야로슬라블에서도 좀 더 찾아 들어가야 하는 마을이었다. 테레시코바의 아버지는 트랙터를 운전하는 사람이었고, 어머니는 옷감을 만드는 공장에서 일하는 직원이었다. 온갖 새로운 일이 벌어지는 대도시 지역에서 태어난 그레이스 호퍼나 제인 구달과는 사정이 많이 다른 셈이다. 1937년에 마리아 스크워도프스카 퀴리가 만약 살아 있었다면 70세에 가까울 무렵이니, 대략 따져보자면 테레시코바는 퀴리의 손녀뻘이 된다.

테레시코바가 만 2세가 되었을 무렵인 1939년, 소련과 독일이 함께 폴란드를 침공하며 제2차 세계대전이 발발했다. 소련은 초창기에는 가뿐히 폴란드의 절반을 차지하는 데 성공했다. 마리아 스크워도프스카 퀴리가 젊은 시절 내내 꿈꾸다가 겨우 이루어졌던 폴란드 독립은 채 20년 만에 끝나버리고, 폴란드는 다시 소련의 지배를 받는 처지가 되었다.

그러나 1941년 상황은 급변했다. 독일이 소련을 배신하면서 이번에는 독일군이 소련 점령지로 쳐들어간 것이다.

독일군이 소련 공격에 나선 초창기에 소련군은 밀려서 후퇴하는 경우가 많았다. 반대로 독일군은 쉽게 승리를 거두곤 했다. 독일군 수뇌부에서 이대로라면 소련의 중심지인 모스크바를 빼앗는 것도 간단할 것이라는 환상이 퍼져 나갈 정도였다. 반면에 소련에는 이대로 독일에게 져서 나라가 망할 거라고 생각하는 사람도 생기고 있었다.

소련이 가장 힘겨웠던 이 시기, 독일군의 공격을 받은 곳은 주로 서쪽 지역이었다. 그러므로 아마 테레시코바의 고향 마을은 직접 큰 피해를 받지는 않았을 듯하다.

하지만 이 시기 소련은 독일을 물리치기 위해 온 나라의 힘을 쥐어짜고 있었다. 때문에 야로슬라블 근처의 마을도 적지 않은 영향을 받았다. 청년들이 군대에 가서 싸우다가 전사한다든가, 갑자기 무기를 만드는 공장에서 일하라는 지시를 받고 급하게 다른 일을 하는 사람들이 생겼을 것이다. 독일군과의 전투는 아니었지만, 농촌의 트랙터 기사였던 테레시코바의 아버지 역시 탱크 승무원이 되어 핀란드군과 싸우다가 테레시코바가 아기일 때 전사했다.

남녀노소 모두 동원해서 전쟁에서 지지 않으려고 애쓰다 보니 소련군 내부에서도 변화는 많았다. 초창기에 소련 공군은 강하다고 할 수 없는 군대였다. 하지만 시간이 지나자 공군과 군사용 비행기들이 크게 늘어났다. 단숨에 정예 군대를 만들 수는 없었겠지만 소련은 땅이 넓고 인구가 많았으므로 군인과 무기의 숫자는 시간이 있으면 최대한 늘려볼 수 있었다. 이 시기에는 미국도 같이 독일과 맞서 싸우는 처지였으므로 미국에서 소련으로 많은 양의 자원과 무기를 보내주기도 했다. 그런 물자들이 모이면, 독일의 공격을 피할 수 있는 러시아의 동쪽 지방에서는 밤낮을 가리지 않고 무기를 찍어냈다.

소련군에서 여성의 활약이 크게 늘어나기도 했다. 원래부터 소련군에는 여성 군인의 숫자가 적지 않은 편이었지만, 한 명이라도 더 군인을 늘려야 했던 이 시기에는 더 많은 여성들이 입대해 전쟁터에서 싸웠다. "밤의 마녀들(Ночные ведьмы)"이라는 별명으로 불렸던 소련의 여성 폭격기 조종사들은 독일군과 싸우는 데 활약하면서 이름을 떨쳤다. 전쟁에서 이기기 위해 어떻게든 사람들에게 사기를 불어넣어야 하는 소련 당국에서는 이런 이야기들을 멋진 영웅의 감동적인 사연으로 선전했다. 하늘을 날며 침략자 독일군을 물리치기 위해 용감하게 싸우는 용사들의 이야기는 소련 각지에 퍼져 나갔다.

전쟁이 끝나던 1945년에 테레시코바는 만 8세였다. 자신의 아버지도 전쟁 중에 전사했다고 듣고 자랐으니 아마도 이런 전쟁 영웅들의 이야기를 유독 관심 있게 들은 어린이였을 것이다. 테레시코바는 어릴 때부터 낙하산을 타고 비행기에서 뛰어내리는 일을 재밌을 것이라고 생각하며 동경했다고 하는데, 아마 전쟁 시절 보고 들은 것 때문에 그런 성향이 생겼을 거라고 상상해본다.

학창 시절 테레시코바가 특별히 학자가 되려고 했던 것 같지는 않다. 또한 공학자나 기술을 개발하는 사람이 되기 위해

차근차근 길을 밟아나갔던 것 같지도 않다. 하물며 우주인이 되겠다는 생각을 했을 가능성은 더욱더 낮다고 본다. 테레시코바가 학생이던 1940년대 말, 1950년대 초에는 단 한 대의 우주선도 아직 성공다운 성공을 거두지 못했다. 우주선을 타고 지구 바깥으로 나가는 일을 직업으로 하는 우주인이라는 사람이 있을 수 있다는 생각조차 흔치 않았다. 우주인에 대한 이야기는 SF 팬들 사이에서나 조금 유행하는 정도였다.

테레시코바가 학교에 다니는 것을 그만둔 나이는 만 16세였다. 그리고 나서는 옷감을 만드는 공장의 직원이 되어 일을 했다. 어머니와 같은 직업이었다. 다만 직장을 다니면서 공부를 해나갈 수 있는 몇 가지 기회를 이용해서 이런저런 공부를 계속하고 있기는 했다. 그러나 그렇다고 해도 공부하는 도중에 놀라운 것을 발견한다거나 학계에 큰 영향을 줄 발명을 해낸 것 같지는 않다.

소련 정부에 적극적으로 협조하려고 노력하는 청년이어서 사회주의 조직이나 공산당 조직에 참여하기도 했다는 점은 눈에 뜨인다. 하지만 역시 나중에 정치인으로서 성공할 가능성이 높아 보인다거나 하는 상황과는 거리가 있었던 것 같다.

테레시코바에게 그래도 특이한 점이 있었다면 20대 초반부터 실제로 낙하산을 타고 비행기에서 뛰어내리는 취미를 가졌다는 점이다.

테레시코바가 20대 초반일 때는 1950년대 후반이었다. 아직까지 제2차 세계대전 중에 전쟁용으로 생산한 비행기들이 넉넉하게 있을 때였다. 전쟁 중에 훈련시키고 그 후에도 꾸준히 가르친 조종사들 역시 이곳저곳에 많던 시절이었다. 어찌 보면 21세기인 요즘 못지않게 비행기가 흔한 시대라고도 할 수 있었다.

테레시코바가 살던 지역에도 스카이다이빙을 할 수 있는 동호회 같은 것이 있었다. 테레시코바는 처음에는 자기 어머니에게도 숨기고 몰래 동호회를 찾아가 날아가는 비행기에서 낙하산을 메고 뛰어내렸다고 한다.

테레시코바는 여러 차례 하늘에서 뛰어내렸다. 위험하고 힘든 취미였지만 시속 수십 킬로미터의 속도로 고공에서 떨어지는 데서 재미를 느낄 만한 체력과 담력을 갖추고 있었다. 아무것도 붙잡는 것 없이 바닥으로 떨어지면서 오히려 드넓은 하늘을 홀로 차지하고 있는 듯한 자유와 상쾌함을 느꼈을지도 모르겠다.

세상 모든 것들은 서로 잡아당기는 힘을 갖고 있다. 이 힘은 거리가 가깝고 무게가 무거울수록 더 세진다. 정확하게 말하자면 거리가 가깝고 물체의 질량이 커질수록 세진다. 이 힘을 만유인력이라고 하고, 중력이라고도 한다. 그런데 우리에게 가까이 있는 것들 중에서는 지구가 대단히 무거운 물체, 즉 질량이 큰 물체다. 그래서 우리 주변의 물건들은 대체로 지구가 잡아당기는 힘, 곧 지구의 중력을 받는다. 일상생활 중에 우리는 언제나 이 힘을 느끼고 산다. 서 있을 때 다리에 걸리는 힘이나, 누워 있을 때 등이 바닥에 닿는 힘, 물건을 들 때 팔에 걸리는 힘은 모두 다 지구의 중력 때문이다.

그런데 스카이다이빙을 하기 위해 높은 곳에서 떨어지고 있는 동안에는 이런 느낌이 없다. 물론 강한 바람이 온몸을 스치고 지나가기 때문에 정말로 둥둥 떠다니는 것 같은 느낌이 나는 것은 아니다. 그렇지만 무거운 아령을 들고 뛰어내렸다고 하더라도 공중에서 떨어지는 중에는 아령의 무게 때문에 걸리는 힘이 느껴지지 않는다. 몸 어느 곳에도 걸리는 힘이 느껴지지 않는 이상한 상태가 된다.

이것은 중력이 없는 느낌이고, 무중력 상태의 느낌이기도 하다. 이 기분은 상당히 낯선 기분이다. 흔들거리는 '바이킹' 같은 놀이기구를 타다가 내려올 때 갑자기 배 속이 쑥 꺼지는 듯한 이상한 느낌이 들 때가 있다. 그것이 바로 순간적으로 닥쳤다 사라지는 무중력의 느낌 때문에 생긴 것이라고 할 수도 있겠다. 테레시코바는 그런 느낌을 받으며 하늘에서 뛰어내리곤 했다. 모를 일이지만, 테레시코바는 도리어 그 괴상한 느낌을 즐겼던 것 같기도 하다.

한편 한창 테레시코바가 스카이다이빙을 즐길 그 무렵 세상은 어느새 냉전 시기의 한가운데에 와 있었다.

제2차 세계대전 당시 독일군을 막기 위해 미국의 지원을 받았던 소련은 어느새 미국의 가장 위험한 적이 되어 있었다.

미국과 소련, 두 강대국은 모든 분야에서 치열한 경쟁을 벌이고 있었고, 군사력을 제외하면 과학기술 분야가 두 강대국이 가장 열렬히 대결하는 무대였다.

세상이 그렇게 돌아간 계기는 우주에서 찾아왔다. 처음에는 미사일에 관한 문제였다고 보는 것이 더 옳을 듯하다. 소련에서 더 강력하고 더 좋은 미사일을 개발하고 있다는 정보가 계속해서 미국에 전해진 것이다.

더 높이 더 멀리까지 보낼 수 있는 미사일을 만드는 것은 냉전 시기에 아주 중요한 문제였다. 이 시기에 개발 경쟁이 치열했던 미사일은 '탄도' 미사일이라고 하는 것으로 포탄의 움직임과 비슷한 모양으로 빠르게 날아가는 미사일이었다. 멀리 보낼 수 있는 탄도 미사일에 핵무기를 담아 실어 보낼 수 있다면 단 한 발만 맞춘다고 하더라도 상대에게 굉장한 피해를 입힐 수 있다.

포탄을 쏘아 보내면 처음에는 높이 올라갔다가 나중에는 점점 떨어지는데 이때 곡선 모양을 그리면서 움직이게 된다. 해군에 입대한 그레이스 호퍼가 컴퓨터와 비슷한 계산 기계를 붙들고 열심히 계산하던 것도 대포를 어떻게 쏘면 어떤 모양으로 얼마나 날아갈지 따져보는 문제였다. 그런 계산을 정확하게 할 수 있다면 포탄을 보내 목표를 잘 맞힐 수 있다.

포탄이든 미사일이든 어떤 물체를 높이 쏘아 보내도 연료가 떨어지면 언젠가 다시 바닥에 떨어지게 된다. 이 역시 중력 때문이다. 물체를 천천히 던지면 얼마 못 가서 코앞에 떨어질 것이고 물체를 빠르게 던지면 제법 멀리 날아가서 떨어질 것이다.

만약 총알을 쏘거나 대포를 쏘는 것처럼 아주 빠른 속도로 물체를 던지면 강을 건너가거나 바다를 건너갈 정도로 멀리 물체를 보낼 수도 있을 것이다. 물체가 대단히 빠른 속도로 앞으로 가다가 바닥에 닿게 되기 때문이다. 예를 들어 K9 자주포 같은 무기로 포탄을 발사하면 40킬로미터 떨어진 거리까지 포탄을 보낼 수도 있다.

만약 어마어마하게 빠른 속도로 물체를 붙잡아 던지는 것이 가능해서 떨어지기 전에 지구를 한 바퀴 돌 정도의 속도로 던질 수 있다면 어떻게 될까? 그러니까 아주아주 세게 공을 앞으로 던졌는데 그 공이 지구를 한 바퀴 빙 돌아서 던진 사람 본인의 뒤통수를 맞힐 정도로 공을 던질 수 있다면 어떻게 될까? 그러면 바닥에 떨어지는 일 없이 물체가 계속 지구 주위를 빙빙 돌게 할 수 있다. 물체가 너무나 빨리 움직이는 바람에 중력을 받아 떨어지는 모양이 딱 지구의 동그란 모양을 따라가면서 그 굽어지는 정도에 맞춰서 떨어지는 것이라고 볼 수도 있다.

그러므로 적당한 높이에서 아주 빠른 속도로 무엇인가를 앞으로 나아가게 하면 그 물체가 땅에 떨어지지 않고 계속해서 빙빙 지구를 돌게 할 수 있다. 어느 정도 높이에서 어떤 속력으로 돌아야 그렇게 계속 돌게 되는지 계산하는 방법은 지구의 중력을 고려해서 그레이스 호퍼가 포탄이 떨어지는 것을 계산하던 것과 비슷한 방식으로 계산해낼 수 있다. 이것을 물체의 변화하는 위치에 대한 계산 방법이라고 하여, 뉴턴이 개발했기 때문에 흔히 '뉴턴 역학'이라고 부른다.

그렇게 뉴턴 역학에 따라 계산한 방향으로 빠르게 움직이게만 하면 어떤 물체나 기계를 지구를 돌면서 공중에 계속 떠 있게 만들 수 있다는 이야기다. 사실 달이 지구의 중력을 받고 있지만 지구에 추락하지 않고 지구를 돌고 있는 것도 같은 원리다. 나아가서, 지구가 태양의 중력을 받고 있지만 태양에 끌려들어 가지 않고 태양 주위를 돌고 있는 것도 같은 원리이고, 수성, 금성, 화성 같은 행성들이 태양 주위를 계속 돌고 있는 것도 같은 이유다.

학자들은 로켓을 이용해서 적당한 높이로 무엇인가를 보낸 다음 충분한 속력으로 지구를 돌게 만들면 바로 이런 원리로 사람이 만든 기계 장치가 달처럼 지구 위에 계속 떠 있는 채로 지구를 돌 수 있도록 만들 수 있다는 결론을 내렸다. 그리고 1956년 소련의 기술자들이 무선 신호를 보내주는 어린애만 한 쇳덩어리 하나를 그런 식으로 지구 높은 곳, 우주로 보내 지구를 빙빙 돌게 만드는 데 실제로 성공해버리고 말았다.

그것이 바로 세계 최초의 인공위성 스푸트니크 1호였다. 스푸트니크는 대략 600킬로미터 높이의 상공에서 시속 3만 킬로미터에 가까운 속력으로 지구를 돌았다.

"우주에 뭔가를 보내서 지구 위에 띄워놓는 데 소련 기술자들이 성공했다고?"

"미국인들은 우주에 대해 아무것도 해낸 게 없는데, 소련 사람들은 세계인들의 머리 위에 기계를 띄워놓았다니."

"무선 신호를 보내는 기계가 아니라 핵폭탄을 공중에 올려놓는다면 세계 어디든 바로 핵 공격을 할 수도 있다는 것이 아닌가?"

"미국이 세계 제일의 강대국이고, 미국 과학기술이 세계 최고라는 게 맞는 거야? 소련의 과학기술이 이 정도로 뛰어난데, 미국만 믿고 있으면 정말 외교에 아무 문제가 없는 걸까?"

미국이야말로 모든 분야에서 세계 최고라고 믿었던 미국인들에게 미국의 과학기술이 경쟁 상대인 소련에 뒤지고 있다는 충격을 준 이 사건을 흔히 '스푸트니크 쇼크'라고 부른다.

스푸트니크 쇼크는 그저 미국만의 일도 아니어서, 세계 여러 나라 사람들을 크게 놀라게 만들었다. 한국에서도 스푸트니크가 성공한 거의 바로 다음 날에 신문 기사가 났고, 정치인들도 놀라서 국회에서 '스푸트니크 시대의 국제 외교 정책'이 어쩌니 하는 이야기가 나올 정도였다. 그도 그럴 것이 대한민국 정부 입장에서는 공산주의와 전쟁을 멈춘 지 고작 3년이 지난 시점이었다. 공산주의 국가가 세계 최고의 과학기술을 갖고 있는 것 같다는 이야기에 두려울 수밖에 없었다.

덕분에 한국에서 로켓에 대한 관심이 갑자기 드높아지기도 했다. 1959년에는 인천 고잔동에서 이루어진 로켓 발사 시험에 수만 명의 시민들과 함께 대통령까지 찾아올 정도였다.

그러다보니, 미국 정부로서는 미국이 세계 최고라는 것을 전 세계에 다시 입증하기 위해 우주 기술에 과감하게 투자할 수밖에 없는 형편이었다.

미국과 소련이 세계 전체의 운명을 걸고 핵전쟁을 벌인다는 내용을 담은 소설이나 만화가 하루가 멀다 하고 나오던 시기에, '미국의 기술이 소련보다 뛰어나다'고 증명하는 일은 미국 국민들을 안심시키는 데 꼭 필요한 일이기도 했다. 또한 이런 소식에 신경을 쓸 수밖에 없는 한국과 같은 다른 동맹국들을 안심시키기 위해 외교상 꼭 필요한 일이었다. 게다가 더 좋은 로켓과 더 정밀하게 움직이는 우주선을 만드는 기술은 그대로 더 뛰어난 미사일을 만들 수 있는 기술로 써먹을 수도 있어서 더욱 로켓과 우주선은 관심을 받았다.

그래서 1950년대 말과 1960년대는 미국과 소련이 로켓과 우주선의 기술로 맹렬히 대결하는 시대였다. 소련의 스푸트니크 1호보다 몇 달 늦은 1958년 2월에 미국은 미국 최초의 인공위성 익스플로러 1호를 띄우는 데 성공시켜 소련을 따라잡는가 싶었는데, 1961년에 소련은 사람을 우주로 보내는 데 성공하면서 다시 세계에 충격을 줄 수 있었다.

우주에 사람을 다녀오게 하면, 그 사람을 영웅으로 내세워 세계 각지를 돌아다니며 고국을 선전하도록 할 수 있었다. 그렇기 때문에 처음 우주에 다녀온 사람인 유리 가가린은 소련 정부에 어마어마한 도움이 되었다.

"모든 생명체가 태어나서 살아가는 터전이 지구인데, 그 지구의 바깥까지 나갔다가 온 사람입니다! 엄청난 한계를 깨고 인간이 탐험할 수 있으리라고는 상상도 못 했던 곳을 탐험하고 온 그런 사람이 바로 우주인이라고 할 수 있습니다!"

미국은 불과 몇 달 차이로 사람을 최초로 우주로 보냈다는 기록을 놓쳤다. 게다가 유리 가가린은 밝은 미소로 사람들에게 인사하는 모습이 특히 멋진 인물이었기에 전 세계적으로 대단한 인기를 끌었다. 미국에서는 그 인기를 꺾는 모습을 보여주기 위해 뭐라도 해내야 했다.

결국 유리 가가린이 우주에 다녀온 다음해인 1962년 미국의 케네디 대통령은 휴스턴에서 다음과 같은 연설을 발표했다.

"우리는 달에 가기로 했습니다. 그게 쉬운 일이기 때문이 아니라, 그게 어려운 일이기 때문에, 그래서 우리는 10년 안에 달에 가려고 하는 것입니다. 그리고 그 외에 다른 일도 해내려고 하는 것입니다."

우주에서 소련이 앞서고 있다는 인상을 지우고, 여전히 미국 기술이 압도적으로 뛰어나다는 것을 단번에 확인시킬 수 있는 화려하고도 거창한 목표는 달 착륙이었다. 미국은 어마어마한 돈과 온 나라의 기술력을 기울이면서 달 착륙을 목표로 로켓과 우주선을 만드는 데 한층 애를 쓰기 시작했다.

하늘아, 모자를 벗고 인사해라! 내가 간다

미국보다 한 발짝 앞서가던 소련 입장에서는 이런 미국의 추격을 따돌릴 묘수가 필요했다. 소련 당국의 공무원들은 여전히 우주에서 소련이 미국에게 앞서 있다는 느낌을 전 세계에 한 번 더 줄 수 있는 뭔가를 찾고 싶었다.

"이번에는 남성이 아닌 여성을 우주에 보낸다면 어떻겠습니까? 또 다른 세계 최초, 역사상 최초라는 기록을 세워서 온 세상에 보여줄 수 있지 않겠습니까?"

이미 케네디 미국 대통령이 휴스턴 연설을 하기 전부터 그런 생각이 소련의 기술진들 사이를 떠돌고 있었다. 그리고 미국과 소련의 우주 경쟁이 격화되면서 소련 당국은 이 생각을 현실로 만드는 데 착수했다.

"낙하산 강하를 할 줄 알고, 키 170센티미터 이하, 몸무게 70킬로그램 이하, 나이 만 30세 이하인 여성이라면 우주인이 되는 데 지원해보라!"

20대 중반이었던 공장 직원 발렌티나 테레시코바도 아마 공고를 보았을 것이다. 마침 테레시코바의 취미는 스카이다이빙이라서 낙하산 강하도 가능하다고 볼 수 있었다. 게다가 테레시코바는 당시 많은 사람들처럼 유리 가가린을 동경했다.

"내 스스로가 우주 탐험에 나서는 사람이 될 수 있을까?"

소련의 여성 우주인 모집에 지원한 사람은 400명이 넘었다고 한다. 테레시코바는 그 400명 중 한 명이었다. 소련 당국은 그중에서 자질이 뛰어난 다섯 명가량을 선발해서 우주인으로 훈련시키기로 했는데, 체력이 뛰어나며 적극적이고 용맹한 편이었던 테레시코바 역시 그 다섯 명에 드는 데 성공했다.

다섯 선발자들은 몇 달 동안 우주 비행 훈련을 받았다. 제트 전투기를 조종하는 것을 배웠고, 공중에서 떨어지면서 무중력을 느껴보는 훈련을 했는가 하면, 강한 힘으로 빙빙 도는 기계에 들어가서 그 힘을 받으며 버텨내는 훈련을 하기도 했다. 한편으로 로켓이 발사되어 날아가고 인공위성이 바닥으로 떨어지지 않고 계속 빙빙 도는 원리에 대한 이론도 익혔다.

"인공위성은 무선 장비들을 싣고 지구 주위를 도는 기계요. 이번에 띄우는 것은 무선 장치만 들어가는 것이 아니라 바로 여러분의 몸도 들어갈 것이오. 그렇게 해서 여러분이 우주에 나가 계속 지구를 도는 것이란 말이오."

"그러면 내려올 때에는 어떻게 합니까?"

"도는 각도를 잘 잡은 상태에서 속력을 떨어지게 만들면 그냥 멀리 던진 포탄처럼 언젠가는 땅으로 내려오게 될 것이오. 예를 들어 우주선이 날아가는 방향의 반대쪽으로 불을 한번 뿜어준다든가 하는 식으로 속력을 줄이면 되는 것이오."

"그러다가 바닥에 너무 빨리 떨어져 처박히게 되거나 하면 어떡합니까?"

"그렇게 되지 않도록 지상의 기술자들이 우주선의 속도와 움직이는 각도를 잘 계산해서 조종하며 혼신의 힘을 다하고 있소."

모든 훈련을 마쳤을 즈음, 선발자들은 소련 공군의 장교 대우로 편입되었다. 그리고 그중에서 발렌티나 테레시코바가 실제로 우주선을 타고 우주로 나갈 인물로 선정되었다.

테레시코바는 훈련 성적이 상당히 뛰어나기는 했다. 하지만 모든 면에서 다른 선발자들보다 월등한 것은 아니었다. 그런데도 결국 우주선을 타고 갈 당사자로 선정된 것은 테레시코바가 고위층의 자식이라거나 명문 대학의 학생 출신이 아니라 평범한 공장 직원이었기 때문이다. 게다가 그 아버지가 트랙터 기사였다가 전쟁 중에 전사한 사람이라는 점도 소련 당국에 좋은 인상을 남겼다.

"막대한 비용을 들인 프로젝트인데 아주 조금이라도 실력이 더 뛰어난 인물을 보내는 것이 낫지 않겠습니까?"

"우주 개발에 우리 당이 공을 들이고 있는 이유를 정확히

앞서 언급한 《모스크바 타임스》의 기사에서는 이때 테레시코바가 정식으로 소련 공군 장교로 임관한 것이 아니라 장교 대우가 된 것일 뿐이라는 점을 들어 테레시코바가 세계 최초의 민간인 우주 비행사라고 설명하고 있다. 이러한 논쟁과 관계없이 테레시코바는 나중에도 소련 공군에 적을 두고 군대에서 활발히 활동했으므로 존경받는 군인으로 긴 시간 생활했다.

이해하지 못하는 것 아니오? 우주 개발은 다른 나라에 우리 소련이 뛰어난 나라라고 선전하고 광고할 수 있는 기회란 말이오. 대학 졸업장도 없는 가난한 공장 직원이 우주인이 되어 가장 먼 탐험지인 우주에 대표로 가는 역할을 맡게 된다면, 소련이 모두가 평등한 나라를 건설했다는 것을 증명하며 알리는 데 정말 좋은 기회 아니겠소?"

"그것이 그 정도로 중요한 문제입니까?"

"그렇소. 그런 장면을 보고 세계의 많은 나라 사람들은 어쩌면 미국과 굳건한 동맹을 맺는 것보다, 소련의 공산주의를 본받는 편이 나라 발전에 유익할 거라고 생각하게 되지 않겠소? 그러면 저절로 우리는 미국을 이기는 위치로 가게 되오. 더군다나 테레시코바는 스스로도 충성심이 강해서 공산당 활동에도 많이 참여한 인물 아니오?"

도는 이야기를 보면, 당시 소련의 최고위 지도자였던 니키타 흐루쇼프 본인이 직접 테레시코바의 직업, 출신, 사상이 공산당 선전에 유리하다는 점을 마음에 들어해서 이런 결정을 승인했다는 말이 있을 정도다.

이것은 우주 기술의 발전이 정치와 얼마나 밀접하게 엮여 있는지를 잘 보여주는 예시다. 또한 한편으로는 우주 기술을 꾸준히 잘 발전시키기 위해서는 정치 문제가 어떻게 돌아가는지를 잘 따져야 한다는 생각이 들기도 한다.

1963년 6월 16일 보스토크-K 로켓이 바이코누르 우주 기지에 준비되었다. 보스토크는 '동쪽'이라는 뜻으로, 한국에서 가까운 러시아 도시인 블라디보스토크의 '보스토크'도 같은 의미이다.

보스토크-K 로켓은 아파트 10층 정도 높이에 무게는 자동차 이삼백 대분은 될 만한 거대한 쇳덩어리였다. 여기에 헬리콥터 한 대 정도 크기인 인공위성 역할을 하는 기계 하나가 실려 있었다. 이것이 로켓에 실려 우주를 날아다닐 우주선 부분으로, 이름을 보스토크 6호라고 불렀다.

그리고 바로 그 안에 발렌티나 테레시코바가 타고 있었다. 테레시코바는 준비가 두 시간가량 이어지는 동안 우주선에 밀봉된 채로 기다렸다. 그 시간이 얼마나 길게 혹은 짧게 느껴졌을지는 오직 한 사람만 알 것이다.

로켓은 이른 아침 발사되었다. 보스토크-K 로켓은 주 연료로 등유를 사용했다. 등유라는 물질은 아주 크게 확대해서 보면 탄소 원자들이 수소 원자들과 함께 열 몇 개, 스무 개씩 덩어리져 있는 것이 아주 많은 숫자로 모여 있는 것이다. 이 덩어리져 있던 것들은 산소 원자들을 만나게 되면 산산이 박살 나면서 산소 원자와 달라붙은 작은 조각으로 쪼개지게 된다. 조금 더 확대해서 세밀히 살펴보면 이 과정은 탄소 원자와 수소 원자들의 큰 덩어리 속에서 먼 거리를 빨리 움직여야 하던 전자 알갱이들이 산소 원자와 탄소, 수소 원자들이 붙은 작은 조각으로 나뉘어 들어가면서, 조각조각 자체를 강한 힘으로 밀어 움직이는 것이라고 말할 수도 있겠다.

즉, 이렇게 탄소와 수소 원자의 큰 덩어리가 산소 원자를 만나 작은 크기로 깨어지면서 아주 맹렬한 속력으로 튀어 나가게 된다. 로켓 속에서 이런 일들이 수천억의 수천억 배보다도 훨씬 더 많은 횟수로 일어나면 그것은 맹렬한 폭발이 된다. 로켓은 바로 엄청난 속도로 움직이는 그 쪼개진 조각들의 튀기는 힘 때문에 굉장한 온도와 압력을 받아 밀려 올라가게 된다.

"하늘아, 모자를 벗고 인사해라. 내가 간다!"

BBC에서 보도한 기사를 보면, 테레시코바는 발사 순간 경쾌하게도 그렇게 외쳤다고 한다.

그 말대로, 탄소, 수소, 산소 원자 간의 빠르고 강력한 화학 반응에 의해 로켓은 점점 더 높은 속력을 얻었고 마침내 약 200킬로미터 정도의 높이에서 한 시간 30분마다 지구를 한 바퀴씩 도는 속력으로 보스토크 6호를 밀어내는 데 성공했다. 보스토크 6호는 정확한 원이 아니라 타원 모양을 그리면서 지구에 가까워졌다 멀어졌다 하며 움직였는데, 중력, 높이, 속력을 미리 계산해놓은 바에 따르면 이 정도라면 땅에 추락하는 일 없이 한동안 계속 지구 위에 떠서 돌 수가 있었다.

"나는 갈매기(Я Чайка)."

우주에 도착한 테레시코바는 처음 그렇게 말했다. 대단한 명대사를 생각하고 말한 것은 아니고, 그저 무선 통신에 쓰는 자신의 호출 명칭이 '갈매기'였으므로 "여기는 갈매기, 지상

기지 나와라"라고 말하기 위해, "나는 갈매기"라고 맨 먼저 말한 것이다.

그렇지만, 새로운 곳에 도달하려 높이 날아가는 갈매기의 느낌이 끝없는 도전의 상징처럼 멋졌기 때문에 이 말은 얼마 지나지 않아 '우주에서 최초로 여성이 한 말'로 명대사가 되어 퍼지게 되었다. 러시아어 발음대로 "야 차이카"라는 말로도 잘 알려진 테레시코바의 이 한마디는 가끔은 속박을 벗어난 자유라든가 높은 곳을 날아가는 느낌을 나타내는 대사로 들리기도 해서 두고두고 자주 쓰이기도 했다.

그런데 자유로운 갈매기의 모습과는 달리 테레시코바의 우주 비행은 결코 쉬운 것은 아니었다.

우주선 속에서 테레시코바는 잠깐씩 의식을 잃을 때도 많았고 극심한 소화불량에 시달리기도 했다. 온몸이 이상하게 아팠고, 마이크와 헤드폰이 장착된 헬멧의 모양이 뭔가 잘못되어 있어서 아주 불편했다. 장시간 우주에서 버텨야 했으므로 지상에서 여러 가지 짐을 싸주었는데, 음식과 치약은 넣고 칫솔은 넣지 않은 우스운 일도 있었다.

제법 중대한 문제가 발생하기도 했다. 우주선 안에 머물던 중에 우주선이 땅으로 되돌아올 수 있도록 만드는 장치가 이상하다는 것을 알게 된 것이다.

"여기는 갈매기, 지상 기지 나와라."

"무슨 일인가?"

"지금 우주선이 지구를 도는 속력, 높이, 지구의 중력이 서로 균형을 이루고 있기 때문에 계속 떠 있는 것이다. 내 말이 맞는가?"

"그렇다."

"그러면 그 균형을 깨지게 하면 우주선이 지구로 떨어지게 할 수 있다. 이것도 맞는가?"

"그렇다. 예를 들어서 속력을 줄이면 우주선이 지구로 떨어지기 시작한다. 그런 식으로 균형을 깨는 방법을 이용해서 우주선을 지구로 내려오게 만들 것이다."

"여기는 갈매기. 그런데."

"말하라. 갈매기."

"그런데, 지금 착륙할 때 쓰기로 되어 있는 조종 장치를 보니, 이대로 하면 우주선이 지구로 내려오는 것이 아니라 우주로 날아가서 지구에서 영영 멀어지게 될 것 같다."

"뭐라고?"

지상에서 확인해보니 그 말은 사실이었다. 우주선의 조작계통이 무엇 때문인지 반대로 잡혀 있었다.

"당황하지 마라, 갈매기. 우리 우주선은 튼튼하다. 긴 시간 그 안에서 버틸 수 있다. 아무 장치도 쓰지 않고 아주아주 오랫동안 버티면 결국 공기와의 마찰이라든가 약간 어긋난 각도라든가 그런 것 때문에 아주 천천히 땅으로 내려오게 될 것이다. 배고프고 답답하겠지만 그런 것을 잘 버티는 사람이기 때문에 당신이 선발된 것 아닌가? 모든 것이 실패해도 악착같이 버티고만 있으면 언젠가는 돌아올 수 있는 가망이 있으니, 일단 버텨보자."

다행히 얼마 후, 지상 기지와의 협동으로 우주선의 조작 상태를 다시 돌려놓을 수 있었다. 테레시코바가 제대로 땅으로 돌아올 수 있게 된 것이다.

사상 최초의 여성 우주인이 우주선을 타고 지구를 돌며 우주에 머물렀던 시간은 족히 3일은 되었다.

그저 앉아 있을 수밖에 없는 비좁은 공간이 전부인 그 조그마한 공 모양 쇳덩어리 속에 갇힌 채 테레시코바는 3일 내내 까만 우주 공간을 홀로 날아갔다. 우주선 속에서만 3일을 머문다는 것은 지금도 쉬운 일이 아니다. 그때 당시로서는 소련과 경쟁하던 미국 우주인들이 우주에 머문 시간을 다 합쳐도 테레시코바 한 사람이 버틴 3일보다 짧을 정도였다.

다시 한 번 더, 화성으로 가는 그날까지

테레시코바는 그 속에서 그저 버티며 살아남는 것 이외에 다른 임무도 수행했다. 소련에서 발사한 다른 우주선인 보스토크 5호가 가까이 날아왔을 때 테레시코바는 무전기를 이용해 교신을 하면서, 우주에서 우주선끼리 가까이 다가가는 것, 우

주선끼리 통신하는 것에 대해 시험을 했다.

사진을 여러 장 찍기도 했는데, 그중 수평선을 찍은 사진은 공기 중의 에어로졸을 관찰하는 데 좋은 자료가 되기도 했다.

물이 위에서 아래로 떨어지듯이 원래 액체도 지구 중력 때문에 바닥으로 떨어져야 한다. 그런데 아주 작은 크기의 액체 방울이나 가루 같은 것들은 그 크기가 너무 작아서 떨어지지 않고 바람에 계속 둥둥 떠다닐 수가 있다. 이런 상태를 에어로졸이라고 하는데, 살충제나 스프레이를 뿌렸을 때 나오는 안개 모양의 상태가 여기에 해당한다. 공기 중에 떠다니는 여러 가지 성분의 에어로졸은 구름이 생기는 데도 영향을 미치고 지구온난화나 미세먼지와도 관계가 있기 때문에 요즘에는 더욱 많은 관심을 받고 있다.

테레시코바가 우주에서 찍어 온 사진은 멀리서는 에어로졸 덩어리가 어떻게 보이는지, 그 성질과 영향은 어떤지 등등의 것들을 짐작해보는 당시의 초창기 연구에 도움이 되었다.

꼬박 사흘을 우주에서 떠다닌 후, 테레시코바는 다시 지구로 돌아왔다. 보스토크 우주선은 지금의 우주선처럼 부드럽게 바닥에 착륙할 수 없었기 때문에 떨어지는 도중에 우주인이 직접 우주선 문을 연 다음 낙하산을 타고 바깥으로 뛰어내려야 했다. 테레시코바는 계획했던 대로 뛰어내리는 데 성공해서 목숨은 건졌다. 하지만 떨어질 때 얼굴을 부딪쳐 무척 아팠다고 한다.

무사히 테레시코바가 지구에 돌아오자 소련 당국은 크게 기뻐했다. 흐루쇼프가 직접 사람들이 모여 있는 광장에 테레시코바의 손을 잡고 나타났다. 그리고 그는 테레시코바를 영웅으로 칭송하며 자랑스럽게 연설했다.

"자본주의자들은 '약한 자여, 그대 이름은 여자'라는 말을 한다. 그런데 우리 공산주의자 여자가 해낸 일을 한번 보라! 멋지지 않은가?"

그러나 반대로 테레시코바를 낮추어 보려고 하거나 비난하는 사람도 세계 곳곳에서 꾸준히 나타났다. 워낙에 정치적 대결과 우주 기술이 깊게 얽혀 있던 때이니 일단 소련을 싫어하는 나라에서는 테레시코바를 좋게 평가하지 않으려는 분위기가 있었다.

게다가 테레시코바는 이때 얻은 명성을 바탕으로 나중에 스스로 정치인이 되었다. 그런 만큼 반대파에서는 테레시코바를 비판하며 공격하는 말이 계속 나왔다. 우주선에서 정신을 잃거나 실수했던 것을 지적하며 임무 수행이 완벽하지 못했다는 이야기도 나왔고, 착륙한 후에 자신을 찾아온 주민들이 준 음식을 받아먹는 바람에 우주에 나간 사람이 먹은 음식에 대한 연구가 헝클어져버렸다는 사실을 지적하는 사람도 있었다. 테레시코바는 나중에도 소련 정부, 러시아 정부를 굳건히 지지하는 젊은 시절의 태도를 계속 고수했으므로 그 반대파라면 무작정 좋아하기는 어려운 인물일 수밖에 없었다.

그렇지만 테레시코바가 평생 우주 기술을 발전시키는 일에 보탬이 되고자 애썼던 것은 사실이다. 테레시코바는 여러 가지 방법으로 노력했다. 그저 우주에 한 번 다녀온 유명인사로 머물 뿐 아니라, 러시아 군 당국에서 운영하는 대학원에 해당하는 과정에 입학하여 우주 기술에 대한 연구에 직접 손을 대기도 했다.

테레시코바는 40세 무렵이던 1977년 박사 학위를 땄으며, 그 후에도 소련 우주 개발의 곳곳에 참여했다. 특히 우주선 발사를 앞두고 우주인들을 격려해주는 역할을 자주 하는 것으로도 잘 알려졌는데, 2008년 한국의 이소연 박사가 우주정거장에 실험을 하러 떠날 때에도 같은 역할을 맡았다.

정치인으로서 테레시코바는 지금도 꾸준히 활동하고 있다. 1980년대에 필리핀 정권이 바뀌었을 무렵에는 변화하는 세계정세를 상징하는 것처럼 소련의 특사로 필리핀에 방문한 일도 있었다. 이후 1990년대 들어 필리핀보다 소련이 먼저 멸망하면서 특사로서 했던 역할은 좀 애매해져버렸지만, 러시아에서 테레시코바는 푸틴 정부를 지지하는 정치인으로 계속 일해오고 있다. 2018년 문재인 대통령이 러시아를 방문해서 연설했을 때에는 80대 노인이 된 테레시코바가 반갑게 인사를 건네는 모습이 텔레비전에 잡히기도 했다.

어느새 냉전은 끝이 났고, 소련은 사라졌다. 테레시코바 시기에는 소련이 미국을 압도하는 것만 같던 우주 기술 경쟁도 미국이 거액을 투자하여 계획대로 1969년 달 착륙을 성공시키면서 미국의 승리로 막을 내린 것 같았다. 요즘 세계정세를 흔드는 것은 로켓이나 우주 이야기보다는 전자제품 회사나 인터넷 웹사이트를 운영하는 회사의 경제력이다.

우주에 나가 고통을 견디던 테레시코바가 꿋꿋이 "나는 갈매기"라고 외쳤던 그 시절만 해도 곧 우주 곳곳에 사람들이 나가 정착하리라고 상상했을 것이다. 먼 우주를 여행하는 우주선들이 얼마 지나지 않아 하늘 밖을 뒤덮을 것이라고 상상하는 사람들도 적지 않았다. 그러나 그런 시절은 테레시코바가 80대의 정치인이 된 지금도 오지 않았다.

다만 2010년대부터 우주 기술 개발에 대한 관심이 활발히 되살아나고 있다. 게다가 이번에는 방향이 다르다.

테레시코바의 젊은 시절, 우주 기술 개발은 강대국 정부의 기술 대결과 외교 선전의 싸움을 위한 작전이었다. 하지만 현재의 우주 기술 개발은 민간인이 세운 회사들이 이끌어가고 있다. 여전히 정부 기관의 힘은 막강하지만 적어도 민간 우주 기술 회사들이 더 주목받는 중이다. 그러니까 1960년대에 우주선을 쏘아 올리던 사람들이 군대의 장교들이었다면 요즘 우주선을 쏘아 올리는 사람들은 회사의 대리와 과장 들이다.

예상하기 어려웠던 이런 새로운 우주 기술 개발의 바람을 보면서 나는 테레시코바가 다시 한 번 우주에 대한 꿈을 꾸고 싶어졌을지도 모른다고 생각한다. 몇 년 전 테레시코바는 지

금 자신은 나이가 많지만 기회만 주어진다면 화성행 우주선
을 타고 화성으로 가고 싶다고 말한 적이 있다. 그런 것을 보
면, 정보화 시대가 되면 자연히 바깥으로 나가는 탐험은 줄어
들어서 저 넓은 우주를 포기하게 된다는 페르미 역설의 해답
을 깨고 싶어 하는 사람들이 여전히 많은 것 같다.

8 1,000,000,000,000,000,000,000,000km의 세계 〜〜〜〜

우주와
베라 루빈

: 우리가 얼마나 모르는지 알아내기

하늘의 별과 광막히 펼쳐진 밤하늘을 보면서 도대체 이 모든 것이 무엇으로 만들어져 있을까 상상하는 것은 한때 시인과 작가의 일이었다. 그런 만큼 이 세상 곳곳에 퍼져 있는 여러 물질들의 정체가 무엇이며 그것이 이 드넓은 우주에 어떻게 퍼져 있는지를 생각하는 것은 거창한 공상의 주제이기도 했다.

　과학이 발전하면서 그런 막연한 상상을 넘어서 사람들은 조금 더 구체적이고 보다 쓸모 있는 생각들을 떠올리게 되었다. 학자들은 작은 알갱이인 원자와 그 원자들이 뭉쳐서 이루어진 분자 같은 것들이 모여서 덩어리진 것이 세상의 여러 물체들이라고 생각하게 되었다. 우리가 사는 땅과 하늘에서 빛나는 태양도 결국은 그런 원자, 분자들이 아주아주 많이 뭉쳐져 있는 것이다. 퀴리나 프랭클린 같은 학자들은 그런 여러 가지 원자와 분자의 성질과 특성을 자세히 밝히기도 했다.

그러던 끝에 행성과 별들이 어떻게 움직이고 그 사이를 어떻게 오갈 수 있는지에 대한 연구도 꾸준히 이루어졌다. 테레시코바의 시대쯤에는 누군가 우리 행성 바깥으로 직접 나아가 우주 공간을 돌아다니며 세상을 볼 수 있게 되었다.

그래서 20세기 중반만 해도 사람들은 세상의 모습에 대해 제법 많이 알게 되었다고 생각했다. 원자가 방사선을 내뿜고 변화할 때 일어나는 극히 작은 움직임에서부터 지구와 태양의 움직임과 그 사이를 돌아다닐 우주선의 움직임까지, 우리는 거의 모든 것을 이해하고 계산할 수 있는 것 같았다. 거대한 태양과 그 태양을 이루고 있는 원자와 분자라는 작은 알갱이들을 이해하고 있으니, 우리는 태양과 비슷한 별들에 대해서도 대충은 알고 있다고 생각했다. 그렇게 밤하늘 곳곳에 펼쳐져 있는 별에 대해서 알고 있다면, 우주에 대해서도 어느 정도 알고 있는 것이라고 할 수 있었다.

이렇게 가정해보자. 옛날 고조선 시대, 하늘이 둥글고 땅이 네모나게 생겼을까를 고민하는 수준의 고대 학자 한 사람이 냉동되어 있다가 수천 년이 흐른 뒤 20세기에 깨어났다. 이 고대의 학자가 20세기 중반 과학자 중에 자신감 넘치는 사람 한 명을 찾아가서 이렇게 물어본다.

"도대체 이 세상 전체는 무엇으로 되어 있고 어떻게 생겼습니까?"

그렇다면 그 과학자는 아마 이렇게 대답했을지도 모른다.

"아직 전부 알지는 못했지만 세상이 무엇으로 되어 있고 어떻게 돌아가는지에 대해 굵직굵직한 뼈대는 거의 다 알아냈습니다."

그리고 아마 우리가 지금껏 살펴본 것처럼 원자, 분자, 세포, 동물, 생태계, 사회, 지구와 별들에 대한 이야기들을 늘어놓을 것이다.

그러나 그런 생각은 1970년대 말과 1980년대 초에 이르러 완전히 바뀌게 되었다. 우리가 많이 알고 있고 대강을 짐작하고 있다고 생각했던 우주의 모습과 형태가 그때까지 생각하던 것과는 전혀 다르며 우리가 알고 있다고 생각했던 사실의 가장 기본조차도 진상과는 거리가 멀다는 점이 밝혀졌다.

그때까지 사람들이 이 세상에 대해 대충은 알고 있다고 생각했던 것이 사실은 일부의 작은 특징일 뿐이었다. 마치 비 오는 날 태어난 하루살이가 세상은 언제나 뿌연 구름으로 뒤덮여 빗방울이 떨어지는 축축하고 어두컴컴한 곳이라고 믿다가 세상을 떠나는 것처럼, 우리는 착각하고 있었다. 날씨는 다양하며 파란 하늘에 구름이 만들어지는 모양은 그때그때 달라져 가지각색이다. 과장해서 말하자면, 수천 년 동안 쌓아 올린 과학을 익힌 끝에 세상의 모습을 알고 있다고 생각한 학자는 사실 하루살이가 한평생 열심히 관찰한 어느 비 내리는 날의 모습을 알고 있을 뿐이었다.

1928년 7월 23일 태어난 베라 루빈은 바로 이렇게 '우리가 모른다'는 사실을 알게 해주는 데 결정적인 역할을 한 학자로 손꼽을 수 있는 인물이다. 1970년대, 과학자들이 파악하고 있던 우주의 모습을 완전히 뒤엎어놓은 암흑 물질(dark matter)이라는 것이 있다는 점을 증명하는 데 매우 중요한 공을 세웠기 때문이다.

온 우주 전체도 통째로 돌고 있는 것은 아닐까?

베라 루빈은 베라 쿠퍼(Vera Cooper)라는 이름으로 미국 필라델피아에서 태어났다. 그의 부모는 동유럽에서 미국으로 이민 온 사람들이었다. 이민을 오면서 '쿠퍼'라는 영어에 어울리는 성을 만들기 전에는 '콥셰프스키(Kobchefski)'라는 성을 썼다고 한다. 루빈의 부모는 둘 다 전화 회사로 잘 알려진 벨에서 일하던 직원이었다.

베라 루빈의 아버지가 전기 기술자로 일했기는 했지만, 어릴 때부터 과학이나 학문의 세계를 가깝게 접할 수 있는 집안과는 거리가 있었던 것 같다. 1995년 AIP(American Institute of Physics)에서 진행한 인터뷰를 보아도, 루빈은 별 보는 것과 천문학을 제외하면 특별히 과학 전반에 관심이 많은 편은 아니었다고 한다.

10대 무렵 루빈의 집은 워싱턴 D.C. 지역으로 이사를 오게 되었고, 루빈은 이후 성장해서도 오랫동안 워싱턴 D.C.에서 멀지 않은 지역에서 활동하며 살았다. 루빈의 방에는 북쪽으로 난 창문이 있었다고 한다. 베라 루빈에게는 자매가 있었는데 베라 루빈이 어린 쪽이었다. 그래서 나는 집안에서 가장 어린 루빈에게 집에서 가장 작은 방, 그 안에서도 북향의 자리를 준 것 아닌가 상상해보기도 했다. 그런데 북쪽으로 난 창문이 있는 방에서 지낸 어린 시절, 루빈은 신기한 체험을 하고 평생 마음에 남은 추억을 얻었다.

북쪽 창문을 보면서 잠이 오지 않는 긴 밤을 보낼 때, 루빈은 하늘에 북극성이 자리 잡고 있으며 다른 별들이 그 주위를 천천히 돈다는 것을 알게 되었다. 계절에 따라 별들이 바뀌고, 시간에 따라 별이 뜨고 지는 모양을 보았고, 마침 신비로운 오로라의 모습을 볼 때도 있었다. 나타났다 사라지는 그 많은 별들의 이름은 무엇이며 그 하나하나에 무슨 사연이 있는지, 도대체 왜 그런 모양으로 별이 빛나며 움직이는지 하는 생각은 어린 루빈이 떠올리는 상상의 소재가 되어 작은 머릿속을 가득 채웠을 것이다. 어린 시절 루빈이 끝도 없이 밤하늘을 보며 누워 있는 것을 워낙 좋아했기에 어머니는 2층을 향해 "베라, 밤새도록 창밖을 내다보지 마!"라고 소리쳤다고 한다.

밤하늘과 별에 대한 루빈의 관심은 점점 커졌다. 루빈은 우연히 얻은 동그란 통에 렌즈를 달아 망원경을 만들어보려고 시도하기도 했으며, 카메라를 잘 조작해서 별 사진을 찍으려고 시도해본 적도 있었다. 루빈의 아버지는 이것을 도와주기도 했다는데, 대체로 실패하기는 했지만 루빈에게는 재미있는 기억으로 남아 있었던 것 같다. 1995년 인터뷰를 보면, 사실 루빈이 어렸을 때는 세계 경제 대공황 시기라 집안 형편이 좋지 않았고 아버지가 나중에 밝힌 바로는 살림살이가 무척 어려웠다고 한다. 그러나 아버지는 내색하지 않으려고 안간힘을 썼다. 덕분에 루빈은 그저 즐거운 세월로만 어린 시절을 기억하고 있었다.

루빈은 어린 시절 밤하늘에서 자신이 본 신기한 것들을 공책에 차근차근 기록해보기도 했다. 이렇게 무엇인가 관찰한 것을 기록으로 남기고 체계적으로 정리해보려고 하는 것은 단순한 호기심이 과학으로 발전하는 첫 단계가 되는 일이다. 루빈이 어린 시절부터 얼마나 과학자로서 자질을 보였느냐 하는 것은 몇 가지 일화로 쉽게 판단할 문제가 아니긴 하다. 하지만 과학에서 이렇게 기록하고 체계적으로 정리하는 태도는 매우 중요한 것이기에, 루빈이 어린 시절 밤하늘 유성을 관찰한 것을 자기 공책에 정리해두었던 일은 자주 언급되는 이야깃거리다.

루빈은 모든 과목을 어느 정도 잘하는 학생으로 자라났다. AIP의 인터뷰를 보면, 나중에 법조계의 전문가가 된 루빈의 언니가 워낙 뛰어난 학생이었기에 얼떨결에 그 뒤를 따라간 것 같다고 스스로 언급하고 있다.

그렇다고는 해도 루빈은 퀴리처럼 친구들 사이에서 압도적인 실력을 뽐내는 최고의 학생이라거나 호퍼처럼 영재로서 학업을 빨리 수행하는 데 도전한 학생은 아니었던 것 같다. 학창 시절에는 과학자가 될 만한 인재로 두각을 뚜렷하게 나타낸다는 평가를 받지도 않았던 듯싶다. 루빈은 훌륭한 수학 교사를 만나 수학을 좋아하기는 했지만, 고등학교 물리학 시간은 마초 아이들 판이었다고 언급하기도 했다.

대학 진학을 준비할 무렵, 루빈이 그림 그리는 것을 좋아한다는 이야기를 듣고, 한 입학 사정관은 루빈에게 "별이나 밤하늘 풍경을 그리는 삽화가 같은 사람이 되는 것은 어떠냐"라고 제안했던 적도 있다고 한다. 고등학교 시절의 한 선생님이 루빈에게 "과학만 아니라면 뭘 하든 잘 살 수 있을 것이다"라고 말한 사연도 유명하다. 나중에 루빈이 놀라운 공적을 남긴 과학자가 되어 이 세상에 대한 학자들의 이해를 완전히 엎어버린 것을 생각하면, 대학 입시 때 루빈이 들었던 조언은 방향을 완전히 잘못 짚은 말처럼 들린다. 그래서인지 이런 이야기들은 훗날 더 유명해졌다. 루빈 스스로도 밤하늘 풍경을 그리는 삽화가가 되라는 말을 들었다는 것을 이후 몇십 년 동안이나 농담거리로 삼았다고 한다.

결국 루빈은 바사 대학에 장학금을 받고 진학하게 되었다. 베라 루빈은 언니를 비롯해서 친척들이 다들 대학에 가는 분위기와 어머니의 친구여서 가깝게 지냈던 골디 골드버그 (Goldie Goldberg)의 활달한 성품과 새로운 일에 도전하는 태도에 영향을 받았던 것 같다고 회고했다. 바사 대학에서 일했던 여성 천문학자 마리아 미첼(Maria Mitchell)이 미국인 최초로 새로운 혜성을 발견한 인물로 유명했던 것 역시 대학에 가서 천문학을 공부하기로 결심하는 데 도움이 되었다고 이야기한 적이 있다.

바사 대학은 그레이스 호퍼가 진학했던 학교이자 교수로 일했던 바로 그 여자 대학교였다. 다만 호퍼는 제2차 세계대전이 발발한 후 해군에 입대하면서 컴퓨터 공학자로 이곳저곳에서 활약하느라 학교를 떠난 상태였다. 때문에 바사 대학에서 호퍼와 루빈이 마주쳤을 가능성은 낮다. 어쩌면 동문 모임 같은 곳에서 루빈과 호퍼가 몇 번쯤 만났을지도 모르겠다.

바사 대학은 천문학과 학생이 많은 곳은 아니었다. 하지만 루빈은 대학 시절을 무척 즐거웠던 시기로 언급했다. 대학에서 루빈은 실제 천체 망원경으로 별을 관측하고 그 내용을 기록하고 기록한 것을 계산하는 방법을 배웠고, 그런 일을 아주 재밌어 했다. 루빈은 천문학의 즐거움에 깊이 빠졌다.

한편 대학 시절 루빈은 어머니 친구의 아들이던 로버트 루빈(Robert Rubin)이라는 코넬 대학 물리학과의 대학원생을 우연히 알게 된다. 이 즈음 해서 리처드 파인만을 비롯한 코넬 대학 사람들이 바사 대학을 방문했던 일이 있었다. 리처드 파인만은 그때 이미 인기 있는 과학자였다. 로버트 루빈은 파인만과 안면이 있었기 때문에 베라 루빈의 관심을 끌었다고 한다. 이후 베라 루빈은 로버트 루빈과 점점 가까워졌고 마침내 사랑에 빠져 결혼하게 되었다.

결혼할 무렵 루빈은 대학원에 가기로 결심했다. 루빈은 프린스턴, 하버드, 코넬 등에 지원하고자 했는데, 프린스턴은 천문학과에 여성을 받지 않는다고 해서 갈 수 없었고, 하버드와 코넬에는 합격했다고 한다. 그랬던 것을 보면 천문학을 전공한 대학생으로서 루빈의 실력은 뛰어났던 듯하다. 루빈은 결혼해서 남편과 같이 살기 위해 남편이 있는 코넬 대학을 택했다. 하버드 대학의 교수는 이때, "여자들은 말이야, 항상 일 좀 해볼까 하면 결혼한다고 도망간다니까"라고 쓴 편지를 루빈에게 보냈다고 한다.

결혼 후 코넬에서 석사 과정 학생으로 공부하던 시절, 그곳의 천문학과는 작은 곳이었고 교수도 한둘 정도밖에 없었다. 1989년 AIP에서 진행한 인터뷰를 보면 이때 코넬 대학의 한 교수는 입학해서 학교에 나타난 지 얼마 안 되는 루빈에게 다른 일을 알아보는 게 어떠냐고 말할 정도였다고 한다. 때문에 루빈은 새로운 최첨단 망원경으로 놀라운 것을 관측한다든가 하는 수준의 연구를 할 수는 없었다.

그렇지만 루빈은 도전적이고 신선한 연구 주제를 찾아나갔다. 코넬 대학에는 마사 스테이(Martha Stahr) 박사가 있었는데 루빈은 스테이로부터 많은 격려를 받았고 천문학 이론에 대해서도 잘 배울 수 있었다고 2011년의 회고문에서 밝혔다. 뿐만 아니라, 따분하고 냉소적인 줄로만 알았던 다른 교수 역시 정작 전공 과목을 가르칠 때는 대단히 인상적으로 지식을 알려주는 사람이었다고 한다.

의욕이 생긴 루빈은 직접 망원경을 보면서 연구를 할 수는 없었지만, 다른 사람이 측정하고 관측해둔 자료들을 모아놓고 거기에서 새로운 규칙성이나 일정한 경향을 찾아보는 방식의 연구를 해보려고 했다.

루빈이 석사 과정 때 연구한 문제는 대략 이런 것이다. 고대 학자들 중에는 지구가 둥글며 스스로 뱅글뱅글 돈다고 생각한 사람들이 있었다. 이후 중세 시대가 끝난 뒤 코페르니쿠스와 갈릴레이 같은 인물은 지구가 태양 주위를 돌고 있다고 생각했고 이 사실을 증명하고자 했다. 그리고 다시 세월이 흘러 태양과 같은 별들이 수백, 수천억 개가 모여 있으면 그것이 은하계라는 별들의 덩어리가 된다는 사실이 밝혀졌다. 그리고 태양과 별들이 은하계의 가운데를 중심으로 빙빙 돌고 있으며, 이에 따라 은하계라는 많은 별들의 덩어리가 통째로 팽이처럼 뱅글뱅글 돌고 있다는 사실도 발견되었다. 이렇게 우리가 아는 세상은 뭔가가 어딘가를 중심으로 도는 것들이 많아 보인다.

그렇다면 이 세상 전체, 온 우주 전체도 통째로 돌고 있는 것은 아닐까?

루빈은 은하계 각각이 움직이는 방향을 조사해보고자 했다. 은하계는 수천억 개의 별들이 덩어리진 것인데 우주에는 그런 은하계들이 매우 많은 숫자로 널려 있다. 그 많은 은하계들이 어떤 중심점을 따라 일정한 규칙에 맞춰 돌고 있다면 기막히게 멋지지 않을까? 컬럼비아 대학 교수이자 작가인 리처드 파넥의 책에 따르면 루빈은 이 연구를 위해서 108개 은하계의 움직임에 대한 자료를 조사하고 정리했다. 은하계가 움직이는 모습에서 마치 한 점을 중심으로 모든 은하계들이, 온 우주가 빙빙 도는 듯한 경향이 보이는지를 찾아보려고 한 것이다.

깔끔하고 멋진 결과가 나온 것은 아니었다. 그래도 학계에 보고할 만한 정도로 내용이 쌓였다고 생각한 대학원생 루빈은 미국 천문학회, AAS 회의에서 이 사실을 발표하려 했다. 그런데 발표를 준비하던 루빈은 마침 만삭인 상태였다.

한 교수는 루빈이 AAS에 가지 못할 테니 자신이 대신 가서 발표하면 어떻겠느냐고 제안했다. 그러자 루빈은 즉시 그 교수에게 말했다.

"제가 갈 수 있어요."

루빈의 발표 제목은 '온 우주의 회전'이라는 화끈한 것이었다. 1989년 인터뷰를 보면 환갑이 넘어 대학자가 되고 보니 자기가 생각해도 학사 학위를 딴 지 얼마 되지도 않은 어떤 학생이 그때 자기가 쓴 제목과 같은 발표 자료를 보내오면 무

슨 생각이 들지 알 만하다고 이야기했다. 실제로 학회 측에서
는 제목을 조금 수수하게 '은하계들 간의 회전'으로 고치도록
제안했다고 한다.

학회는 1950년 12월에 열릴 예정이었다. 그런데 루빈은
1950년 11월에 출산을 했다. 게다가 학회는 펜실베이니아 주
필라델피아 인근에서 열릴 예정이었는데 뉴욕 주에 있는 코
넬 대학에서는 350킬로미터 이상 떨어진 곳이었다. 루빈 가
족에게는 아직 자동차도 없었다. 결국 루빈은 부모님을 불렀
다. 코넬 대학에 온 루빈의 아버지는 루빈과 루빈의 남편, 한
달밖에 안 된 손자를 차에 태우고 필라델피아로 차를 몰았다.
마침 눈이 와서 길은 온통 눈으로 뒤덮인 상태였다고 한다. 나
중에 루빈의 아버지는 루빈에게 이렇게 말했다고 한다.

"그때 자동차 운전하는 동안 한 20년은 더 늙은 것 같다."

이때 차에 타고 있던 한 달 된 아이가 훗날의 지질학자인
데이비드 루빈(David Rubin) 박사이다.

그렇게 고생한 끝에 펜실베이니아에 도착한 루빈이었지만
정작 발표 시간은 10분 정도밖에 되지 않았다. 학자들의 반응
도 시큰둥했다. 너무 황당한 소리를 한다고 비판하는 사람이
많았던 것 같다. 실제로 당시 루빈의 연구는 '온 우주의 회전'
과 같은 거창한 결론을 내리기에는 부족한 점이 있었다. 다만
명망 높은 학자였던 마틴 슈바르츠실트(Martin Schwarzschild)
가 루빈의 발표에 대해 "구체적인 수치와 결론은 좀 더 수정

하고 개선해야 하겠지만 그래도 연구의 방향은 흥미로워 보인다"는 식으로 제법 좋게 말해주었다고 한다.

그것이 전부였고, 루빈은 발표가 끝나자마자 뛰어가서 "아기는?"이라고 물었다고 한다. 그런데 의외로 이 일이 화제가 되었는지《워싱턴 포스트》에서 이 일을 신문 기사로 보도하기도 했다. 기사 제목은 "애 엄마가 창조의 심연을 계산해내다"였다.

천문학의 변두리에서 안드로메다 은하계 연구로

석사 학위를 받은 후 루빈은 코넬을 떠나 다시 워싱턴 D.C.로 이사하게 된다. 남편이 워싱턴 D.C. 인근에서 일자리를 얻은 것이다. 워싱턴 D.C.에서 루빈은 한동안 전업주부로 지내며 아기를 돌보았다. 그러면서도 틈틈이 천문학 학술지를 살펴보았다고 한다.

그러나 20대 후반의 천문학 석사 루빈은 한편으로는 안타까운 마음을 갖고 있기도 했다.

루빈은 훌륭한 고등학생으로 바사 대학에 진학했고 탁월한 학생으로 하버드와 코넬 대학에 합격했으며 그 후에는 도전정신과 모험심이 넘치는 대학원생으로 연구했다. 점점 성장해가며 밝은 길을 달리고 있었다. 그러던 루빈이 이제 갑자기 모든 공부를 그만두게 된 것이다. 분명히 갑갑한 마음이 있었을 것이다. 어떤 기사를 보면 이 시절 루빈은 집에서 주부로 지내면서 우편으로 배달된 학술지를 읽다 말고 눈물을 흘릴 때도 있었다고 한다.

그때 루빈의 남편이 먼저 루빈을 설득하고 응원했다.

"천문학 공부를 계속 해보는 게 어때?"

루빈은 인근에서 다닐 수 있는 학교 중에 천문학 과정이 있는 곳을 찾았다. 마침 조지타운 대학에서 천문학 공부로 박사 학위를 받을 수 있는 과정이 개설되어 있었다. 그렇게 해서 경력이 완전히 단절될 뻔했던 루빈은 조지타운 대학의 박사 과정 대학원생이 되었다.

다행히도 이때 조지타운 대학의 천문학 강좌는 밤하늘의 별을 보아야 한다는 이유로 대부분 밤에 개설되어 있었다. 그래서 루빈은 낮에는 육아일을 하고 일주일에 두 번씩 밤에는 강의를 들으러 갔다. 루빈의 남편은 퇴근길에 루빈의 부모님 댁에 들러 루빈의 부모를 차에 태운 채 집에 돌아와서 육아를 부탁하고 다시 루빈을 차에 태워 학교로 갔다. 루빈이 강의를 듣는 동안 남편은 차에서 쉬거나 학교 도서관에서 일을 하며 기다렸다고 한다.

루빈의 강의가 끝나면 둘은 같이 별을 보며 고단한 하루에 대해 대화하면서 돌아왔을 것이다.

그런 식으로 베라 루빈은 네 명의 아이를 키우면서 박사 과정 대학원생으로 학위를 따는 데 성공했다. 이것을 보면 루빈은 암흑 물질의 증거를 찾는 일이 아니라 뭘 해내도 해냈을 인물이라는 생각이 든다. 또한 과학 발전을 위해 대학에 필요한 것은 최신형 망원경이기도 하지만 한편으로는 대학 안에 있는 어린이집이기도 하다는 생각도 같이 해본다.

조지타운 대학에서 루빈의 학위 논문 지도 교수는 빅뱅 이론을 창시한 인물로 종종 거론되는 유명한 물리학자 조지 가모프였다. 가모프는 루빈의 남편이 먼저 일터에서 알게 된 인물이었다. 마침 은하계의 회전에 대한 루빈의 발표를 보았던 슈바르츠실트로부터 가모프는 루빈에 대해 전해들은 적이 있었다. 가모프는 아마 루빈을 재미있는 연구를 한 학생이라고 기억하고 있었을 것이다.

가모프는 베라 루빈의 남편을 통해 베라 루빈이 박사 과정 대학원생이 되었다는 말을 들었다. 그리고 곧 루빈과도 연락하고 지내게 되었으며, 결국 학위 논문 주제로 연구해볼 만한 문제를 루빈에게 하나 던져주었다. 그것은 "은하계들이 서로 떨어져 있는 거리가 대체로 비슷한 수준인가 어떤가" 하는 질문이었다.

1989년 AIP 인터뷰를 보면 루빈은 가모프를 이상한 사람으로 기억하고 있다. 가모프는 회의나 세미나에서 계속 졸고 있어서 주변을 당황시키기도 했고, 간단한 산수 계산을 자꾸 틀려서 제대로 문제를 풀지 못하는 사람이었다고 한다. 주변을 찬찬히 챙기며 자상하게 이끌어주는 인물과는 거리가 있었던 것 같다. 심지어 가모프는 조지타운 대학의 교수도 아니었다. 가모프가 루빈의 지도 교수가 된 것은 조지타운 대학 측의 특별한 배려 덕분이었다.

그렇지만 한편으로는 학교에서 가져온 수치와 자료를 집에서 검토하고 식탁 앞에 앉아 밤새 계산하고 논문을 쓰고 연구하며 버텨나가는 루빈의 대학원 생활에는 가모프 같은 지도 교수가 더 어울렸을지도 모른다는 생각도 든다. 루빈처럼 스스로 용감하게 개척해나가는 인물에게는 간섭하지 않고 조금은 헐렁한 가모프 같은 스승이 어울릴 만하다. 루빈은 가모프에 대해 "문제를 푸는 것은 정말 못하지만, 정곡을 찌르면서도 흥미 있는 문제를 던져주는 능력은 놀라운 인물"이라고 말했다.

루빈은 은하계의 위치에 대한 자료를 모아 가모프가 말한 문제의 답을 풀어내고자 했다. 루빈은 특이하게도 프랑수아 프렝키엘(Francois Frenkiel)이라는 유체역학에 정통한 학자의 도움을 받았다. 유체역학은 물이나 공기의 흐름이 어떤 모양을 이루는지를 계산하고 탐구하는 분야다. 루빈은 은하계들이 서로 몰려 있거나 퍼져 있는 모양을 따질 때에, 물결이 굽이치거나 휘어지는 모양을 계산하는 방식을 적용해본 것이다.

계산 결과 루빈은 여러 은하계들은 온 우주에 비슷비슷하게 퍼져서 일정한 간격으로 떨어져 있다기보다는 어느 정도

서로 뭉쳐 가까이 몰려 있는 부분이 군데군데 있다는 결론을 내렸다. 당시로서 크게 충격적인 내용은 아니었다. 하지만 그 결론은 우주의 은하계들이 모여 있는 형태를 아주아주 멀리서 본다면 어떤 무늬를 이룬다는 현대의 관찰 결과에 대체로 맞아 드는 이야기였다.

루빈은 결국 이 논문으로 박사 학위를 땄다. 루빈은 남편과 연구 주제에 대해서도 많은 대화를 나누는 편이었고, 먼저 박사 학위를 딴 남편은 루빈이 논문을 쓰면서 형식을 잘 갖춘 글을 쓰는 데도 도움을 주었다고 한다. 때문에 논문에서 도움을 준 사람들을 언급할 때에도 루빈은 남편의 이름을 빠뜨리지 않았다.

이때까지만 해도 루빈은 자기를 과연 정통파 천문학자라고 할 수 있는지, 진정한 천문학자라고 해도 되는지 자신감을 갖지 못했다. 하버드나 프린스턴에서 최신형 망원경으로 누구도 보지 못했던 별을 보는 정통파 천문학자라기보다는, 천문학의 변두리에서 특이하고 이상한 연구를 하는 학생 정도로 자신을 생각할 때가 있었던 것 같다.

이후 박사 학위를 받은 지 10년이 좀 안 되는 시간 동안 루빈은 조지타운 대학과 그 인근의 학계에서 일했다. 전문대학에 가까운 인근의 교육기관에서 학생들을 가르치는가 하면, 모교인 조지타운 대학에서 강사로 일하기도 했다. 학위를 받는 도중에 아예 노벨상을 탈 수 있는 연구를 해낸 퀴리나, 학위를 받은 후에 바로 뛰어난 학자로 최신 기술을 익히며 성장해나간 프랭클린과는 다른 길을 걸었다.

그러나 루빈은 중견 학자로 착실히 성장해나갔다. 루빈의 자녀들은 이 무렵 어머니와 아버지의 모습을 다음과 같이 기억하고 있다. 베라 루빈과 남편 로버트 루빈은 저녁에 집에 오면, 큰 잔치를 할 때 외에는 결코 쓸 일이 없어 보였던 커다란 식탁 위에 온갖 자료를 가득 늘어놓은 채 공부하고 계산하고 연구하는 데 몰두했다.

루빈의 삶에 전환점이 찾아온 것은 1965년이다. 비틀즈의 명곡 〈Yesterday〉가 세상에 처음 발표된 그해에 루빈은 카네기 연구소로 직장을 옮기게 되었다.

1960년대 초 루빈은 버비지(Burbidge) 부부로 불린 부부 과학자들과 어울리며 그들에게 초청을 받은 적이 있었다. 루빈은 버비지 부부가 머무는 미국 서쪽 끝 샌디에이고에 자동차를 타고 가면서 네 명의 자녀와 함께 며칠간 캠핑을 하며 여행했다고 한다. 2011년의 회고에서 루빈은 이것을 무척 즐거운 기억으로 이야기했다. 이때 루빈은 버비지 부부와 어울리면서 몇 번 천문대에서 별을 관찰하는 일을 했다. 그리고 자신이 얼마나 별을 관찰하는 일을 좋아하는지 다시 깨닫게 되었다. 결국 루빈은 대학의 교수로 차차 자리를 잡아가는 것도 좋겠지만, 그보다 최신 장비로 다시 별을 보고 싶다는 생각을 하게 된다.

루빈은 대뜸 카네기 연구소에 찾아가 평소 안면이 있었던 한 동료에게 이렇게 말했다고 한다.

"여기에 천문학 연구하는 팀도 있잖아요. 저도 여기서 일자리를 얻고 싶은데요."

다행히도 일이 잘 풀리려고 했는지 이 동료는 연구소의 천문학 팀에 루빈의 경력과 루빈이 뭘 잘하는 사람인지를 소개할 수 있는 자리를 마련해주었다고 한다.

바로 이 자리에서 30대 후반의 루빈은 자신의 최전성기를 함께할 동료인 켄트 포드(Kent Ford)를 만나게 된다. 포드는 루빈보다 서너 살 정도 젊은 천문학자로 망원경에 연결해서 별빛의 색깔을 나누어보는 장치인 분광기를 잘 다루었다.

특히 포드는 분광기를 개조해서 별빛의 색깔을 이전에는 잘 보기 어려웠던 수준까지 세밀하게 나누어보는 장치를 만들었다. 햇빛을 프리즘에 통과시키면 일곱 색깔 무지갯빛으로 나뉜다. 그것처럼 먼 곳의 희미한 별빛을 나누어보면 어떻게 보이는지 정확히 측정할 수 있는 기술을 더 편리하게 개량한 것이다. 나는 포드의 이런 재주가 문제를 포착하고 결과를 계산해내는 루빈의 능력과 맞아 떨어져서 뛰어난 발견을 해나갈 수 있었다고 생각한다.

포드가 처음 루빈을 만났을 때, 포드는 윌슨 산 천문대에서 자신이 개조한 기구로 측정한 몇몇 별에 대한 자료를 갖고 있었다.

"루빈 박사님, 그러면 이런 자료를 보고 별이 어느 정도 빠르기로 움직이는지 속도도 계산하실 수 있나요?"

"그럼요. 계산할 수 있죠."

포드가 묻자, 루빈은 자료를 들고 돌아가 그 길로 바로 포드가 측정한 별의 속도를 계산해서 연락해주었다. 몇 달 후 루빈은 정말로 카네기 대학에서 일하게 되었고, 그곳에서 이후 수십 년간 거의 평생을 머물렀다.

나는 이 무렵의 루빈을 성격이 굳건하며 자신감 넘치고 새로운 것을 두려워하지 않는 30대 후반에서 40대 초반의 인물로 상상해본다. 온갖 역경을 뚫고 세계 최고 수준의 유명 우주론 학자인 조지 가모프의 지도로 박사 학위를 받았으며, 그 후에도 10년간 많은 일을 거치며 학교 바닥에서도 버텨본 사람이었다. 한편으로 개인사에서도 세 명의 남자아이와 한 명의 여자아이를 15년째 기르고 있어서 이제 첫아이가 사춘기를 다 보낼 즈음이었다.

루빈은 여성으로서는 처음으로 팔로마 산 천문대에 머물며 별을 관측하기도 했는데, 천문대에 남자 화장실밖에 없자 직접 여자 화장실 그림으로 표지판을 만들어 화장실 문에 붙였다는 유명한 일화를 남긴 것도 바로 이 시절이었다.

한 팀이 된 루빈과 포드는 외딴 천문대에서 밤을 새우며 자료를 측정해 이런저런 논문을 썼다. 초창기에는 당시 사람들이 관심을 가졌던 문제에 대해서도 적극적으로 연구했기에 두 사람은 퀘이사 같은 신비롭고 이상한 별에 대해 측정하고 그 측정 결과를 계산해보기도 했다. 둘은 서로 장단이 잘 맞았으며 같이 일할 때 좋은 결과를 내는 편이었다. 외딴 천문대에서 긴 겨울밤 내내 별을 관찰할 때에는 한 사람이 라디에이터에 붙어 몸을 녹이고 있는 동안 다른 사람이 망원경 앞을 지키고 있고, 몸을 좀 녹인 사람이 교대해주면 이번에는 다른 사람이 라디에이터에 붙어 몸을 녹이는 식으로 밤하늘을 살펴보았다고 한다.

루빈은 그러던 중 여러 사람들이 다 달라붙어서 서로 싸우고 있는 주제 말고, 조금 관심에서 벗어나 있지만 그래도 연구를 시작하면 의미 있는 결과는 꾸준히 낼 수 있는 주제로 시선을 돌려보기로 했다.

루빈은 우리 태양이 속한 은하계 바깥에 있는 은하계 중에 가장 가까운 안드로메다 은하계에 대해서 조사해보겠다는 계획을 세웠다. 연구하고자 하는 주제는 단순하면서 간단했다. 안드로메다 은하계는 소용돌이 모양으로 생겼고 빙빙 도는 것처럼 보인다. 실제로도 돌고 있다. 그렇다면 어느 정도로 빨리 돌고 있을까? 어느 부분은 얼마나 빨리 돌고 어느 부분은 얼마나 늦게 돌까?

은하계가 돌아가는 속도를 잴 때에는 밤하늘의 은하계를 동영상으로 녹화한 뒤에 도는 모양을 보는 방식을 사용할 수 없다. 은하계가 도는 속도는 그렇게 하기에는 너무 느리게 보인다. 우리의 태양이 우리 은하계를 한 바퀴 도는 데 2억 년에서 3억 년 정도의 시간이 걸린다. 한 바퀴 도는 데 2억 년이나 걸리는 것을 동영상으로 지켜보면서 그 속도를 알아보는 것은 어려운 일이다.

그래서 사용하는 수법은 도플러 효과를 이용하는 것이다. 도플러 효과란 빛을 뿜는 물체가 보는 사람 쪽으로 빠르게 다가올 때 약간 파란색으로 변하고, 보는 사람으로부터 멀어질 때 약간 빨간색으로 변한다는, 빛이 갖고 있는 성질이다. 예를 들어서 흰 자동차가 내 쪽으로 달려오고 있다면 빨리 달려올수록 아주 미세하게 약간 더 푸르스름한 빛깔을 띠게 되고, 흰 자동차가 나로부터 멀어지고 있다면 빨리 멀어질수록 아주 미세하게 불그스름한 빛깔을 더 띠게 된다. 근본적으로 이 현상은, 길가에 서서 자동차가 지나가는 소리를 들어보면 다가오는 소리는 높게 들리고 멀어질 때 소리는 낮게 들리는 것과 같은 원리다. 소리의 경우에는 소리를 내는 물체의 속도에 따라 소리가 높아지거나 낮아지고, 빛의 경우에는 빛을 내는 물체의 속도에 따라 빛의 색깔이 붉은빛으로 변하게 되거나 푸른빛으로 변하게 된다.

그런데 어지간한 속도가 아닌 다음에야 이렇게 속도 때문에 색깔이 달라 보이는 것은 아주 약간의 변화일 뿐이다. 때문에 이것을 정확히 재기란 쉽지 않은 일이다. 분광기를 이용해서 색깔을 나누어보고 정밀하게 색을 측정해야 색이 바뀌는 정도를 조금이라도 알아낼 수 있다. 마침 포드는 다름 아닌 분광기를 개조해서 더 쓰기 좋게 만들어놓은 경험이 있었다. 루빈은 이것을 할 만한 연구라고 생각했을 것이다.

안드로메다 은하의 어떤 부분을 분광기로 섬세하게 측정했을 때, 약간 불그스름하게 보인다면 그 부분은 지구로부터 멀어지는 방향으로 움직인다는 뜻이었다. 반대로 약간 푸르스름하게 보인다면 그 부분은 지구에 가까워지는 방향으로 움직인다는 뜻이었다. 어느 정도 불그스름한지 푸르스름한지를 섬세하게 측정하면, 그 움직이는 속도도 비교해볼 수 있다. 만약 안드로메다 은하계가 팽이처럼 돌고 있고 그 모습을 우리가 옆에서 본다고 해보자. 도는 방향에 따라 안드로메다 은하계의 오른쪽 끄트머리는 우리에게 다가오는 것처럼 보일 것이고, 왼쪽 끄트머리는 우리로부터 멀어지는 것처럼 보일 것이다. 그렇다면 오른쪽 끄트머리는 조금 더 푸르게 보일 것이고, 왼쪽 끄트머리는 조금 더 붉게 보일 것이다.

이런 식으로 안드로메다 은하계의 여러 부분을 측정해서 각각의 부분이 움직이는 방향과 속도를 정리해보면, 안드로메다 은하계가 전체적으로 어떤 모양으로 돌고 있는지 계산해낼 수 있다. 물론 안드로메다 은하계가 딱 팽이처럼 돌고 있는 것도 아니고, 우리가 안드로메다 은하계를 정확히 옆쪽에서만 보고 있는 것도 아니기 때문에, 계산하는 것이 간단한 문제는 아니다. 그렇지만 루빈과 포드 팀은 긴긴 밤 안드로메다 은하계를 망원경으로 이곳저곳 들여다보고 측정하면서 이런 계산을 꾸준히 해낼 수 있는 실력이 있는 사람들이었다.

2011년의 회고에 따르면 루빈과 포드는 처음 안드로메다 은하를 보고 속도 측정을 해본 바로 첫날, 뭔가 신기한 것이 있다는 사실을 직감했다고 한다.

무거운 것을 중심으로 우주에서 돌고 있는 물체가 있다면 그것은 가까이서 돌수록 빨리 돌고 멀리서 돌수록 천천히 돌아야 한다. 예를 들어 지구는 초속 30킬로미터 정도의 속력으로 태양을 돌고 있다. 그런데 지구보다 훨씬 더 태양 가까이에 있는 수성은 초속 48킬로미터 정도의 속력으로 태양을 돌고 있다. 그에 비해 토성이 태양을 도는 속력은 초속 10킬로미터 정도밖에 되지 않는다.

이런 속력의 차이는 중력과 속력에 대한 관계를 따져보면 계산해낼 수 있다. 테레시코바가 우주선을 타고 지구 주위를 돌 때는 얼마 정도의 속력으로 날아야 추락하지도 않고 지구 바깥으로 영영 튕겨 날아가지도 않는지 미리 계산해두고 우주선도 그 속력대로 날도록 했다. 그 속력 역시 같은 방식으로 계산한다.

그런데 베라 루빈과 켄트 포드가 안드로메다 은하가 스스로 돌아가는 속도를 도플러 효과로 측정해보니, 이상하게도 은하계의 바깥쪽 부분을 도는 속도가 별로 느려 보이지 않았다. 루빈은 은하계 안쪽 부분이 도는 속도와 바깥쪽 부분이 도

는 속도를 그래프로 그려보면 속도가 줄어드는 그래프 모양
이 나오는 것이 아니라 평평하게 보일 정도였다고 회고하고
있다. 신기한 것을 관찰했다고 생각한 루빈과 포드는 꾸준히
관찰을 계속해서 그 결과를 1968년 12월 텍사스 오스틴에서
열린 미국 천문학회 회의에서 발표했다.

　루빈이 '온 우주의 회전'이라는 발표를 한 지 어느새 18년
이 흐른 뒤였다. 18년 전, 20대 초반의 루빈이 우주의 회전에
대해서 발표했을 때에 비교해본다면, 마흔이 다 된 루빈이 안
드로메다 은하가 회전하는 속도는 많은 사람들이 예상하는
바와는 다르게 이상하게 보인다고 발표한 것에 대해서 큰 반
응은 없었던 것 같다.

　그런데 발표가 끝나고 잠시 쉬는 시간이 되었을 때, 원로 천
문학자 루돌프 민코프스키가 루빈을 찾아왔다고 한다.

　"방금 발표한 거 언제쯤 논문으로 발표할 계획인가요?"

　"아, 안녕하세요? 아직은 잘 모르겠습니다. 안드로메다 은
하를 더 관찰해볼 만한 데가 여기저기 아직 많이 있고요, 그렇
기도 하고……."

　"내 생각엔 논문을 지금 당장 내야 해요."

　아닌 게 아니라, 루빈과 포드의 발견은 이후로 점차 이목을
모았다. 1969년 학회 발표 결과가 처음 출판물에 실렸고,
1970년 초에는 루빈이 정리한 논문이 나오게 되었다.

시간이 흐르면서 루빈의 발견은 점점 더 충격적인 것으로 평가받게 된다. 이 무렵 학자들 사이에서는 우주에 우리에게 관찰되지 않고 있지만 그 양은 매우 많은 이상한 물질이 있지 않느냐는 생각이 점차 인기를 얻고 있었다. 그러니까 무게를 갖고 있어서 중력으로 다른 물체를 잡아 이끌기는 하지만, 눈에 보이지도 않고 빛을 반사하거나 흡수하지도 않고 아무런 화학 반응을 일으키지도 않는 이상한 투명 물질 같은 것이 세상 곳곳에 퍼져 있지 않느냐 하는 생각이 퍼져가고 있었던 것이다.

본래 1930년대에 프리츠 츠비키라는 스위스 출신의 학자는 은하계들끼리 서로 당기는 정도에 대해서 계산을 하다가 그런 신비한 물질이 있다고 가정하면 계산이 더 잘 맞게 된다고 생각한 적이 있었다. 츠비키는 그 신비한 정체불명의 투명 물질을 '암흑 물질'이라고 부르기도 했다. 그렇지만 보이지도 않고 감지되지도 않으면서 무게만은 있는 물질이 세상에 있다는 것은 너무 황당한 생각인 것 같았다. 어떤 학자들은 그것을 "투명하고 아주 가볍고 입은 느낌도 거의 없는 벌거숭이 임금님의 옷"과 비슷한 이상한 생각이라고 비유할 정도였다.

그런데 1960년대, 1970년대가 되면서 그런 물질이 정말로 있을 것 같다는 생각이 점점 더 유행하게 되었다. 그 와중에 은하계가 회전하는 속도가 이상하다는 루빈의 관찰 결과가 다름 아닌 암흑 물질이 있다는 뜻 아닌가 하는 생각을 하는 사람들이 나타났다. 그러니까, 만약 암흑 물질이 주변에 적당히 있어서 안드로메다 은하를 중력으로 어느 정도 잡아당겨 준다면 은하계의 바깥쪽 부분이 도는 속도가 별로 느려지지 않을 수도 있다는 것이다.

이후 이런 생각은 더 설득력을 얻게 되었다. 루빈과 포드의 관측 이외에도 암흑 물질에 대한 증거와 추측에 대한 연구는 계속해서 나타났다. 루빈 역시 가만히 구경만 하고 있지 않았다. 루빈은 안드로메다 은하계 이외의 다른 은하에 대해서도 돌아가는 모양을 꾸준히 관찰했고, 많은 은하계들의 돌아가는 속도가 안드로메다 은하계와 비슷하게 이상해 보인다는 점을 발표했다. 루빈이 이러한 사실을 모두 정리해서 발표하는 1978년경이 되자, 학자들은 이제 우주에 우리가 전혀 알지 못하는 무엇인가가 더 있다는 사실에 대해서 대체로 수긍할 수밖에 없게 되었다.

만약 은하계의 도는 모양을 바꾸어버리는 이 이상한 투명 물질이 세상에 정말로 있다면, 그 양은 어느 정도로 많을까? 루빈의 관찰 결과를 비롯해서 여러 가지 관찰 결과를 종합해 보면, 엉뚱하게도 그 양은 어마어마하게 많다는 결론이 나온다. 보이지도 않고 냄새도 나지 않고 아무 화학 반응도 일으키지 않는 신비로운 물질이지만 그 물질이 희귀하게 숨겨진 것이 아니라, 오히려 보통 물질보다도 훨씬 더 많아서 우주 전체로 보면 그런 암흑 물질이 이곳저곳에 널려 있는 것에 가깝다는 이야기다.

그 비율을 따져보면 우리가 지금까지 우주의 전부라고 짐작했던 우리 주변의 보통 물질보다도 암흑 물질이 다섯 배 정도는 더 많다. 그러니까 우주 전체를 다 살펴보면, 망원경으로 볼 수 있는 모든 별들, 빛을 반사해서 빛나는 달과 행성들, 우리가 우주선을 타고 가까이 다가간다면 우리가 만지거나 냄새 맡거나 먹거나 태우거나 유리병에 담을 수 있는 보통 물질로 되어 있는 것들, 이런 것들을 모두 합쳐봐야 우주 전체 물질의 15퍼센트 정도밖에 되지 않는다. 나머지 85퍼센트는 정체불명의 이상한 암흑 물질로 되어 있다는 뜻이다.

정확한 것은 알 수 없지만 어쩌면 아마 지금 이 순간에도 수억, 수십억의 어마어마하게 많은 암흑 물질 알갱이들이 우리 몸을 뚫고 지나가며 날아다니고 있을 수도 있다는 이야기다. 다만 보이지도 않고 만질 수도 없고 아무 반응도 하지 않기 때문에 모를 뿐이다.

암흑 물질의 정체를 밝히고 그 성질을 알아내는 것은 아직까지도 과학계의 중대한 수수께끼다. 우주가 처음에 어떻게 탄생했으며 어떤 모습으로 변해가고 있는지를 따질 때에 암흑 물질을 연구하는 것은 매우 중요하다. 우주에 있는 물질의 85퍼센트가 암흑 물질인 만큼, 이것이 무엇이고 어떤 성질을 갖고 있는지를 무시해서는 안 된다. 우리가 성질을 아는 15퍼센트만으로 우주가 어떻게 생겼고 어떻게 변해가는지 계산해 보려고 한들 정확한 결과를 얻을 수 없다.

게다가 우리 은하계가 왜 이런 모양으로 생겼는지, 앞으로 우리 은하계가 어떤 모양으로 변해갈지를 알아볼 때에도 암흑 물질이 은하계를 어떻게 붙잡고 있는지를 따져야 한다. 우리 태양이 은하계를 빙빙 돌고 있는 그 속력과 방향 또한 결국은 암흑 물질이 만든 중력 때문에 지금과 같은 모양이 된 것이다. 그러니, 밤하늘에 보이는 별들이 지금의 위치에 자리잡은 이유도 따지고 본다면 그 역시 결국 암흑 물질의 힘 때문이다. 최근 리사 랜들 같은 학자는 암흑 물질이 당기는 힘에 간접적으로 영향을 받는 바람에 지구에 가끔 유성과 운석이 떨어지는 현상이 벌어질 수 있다고 추정하기도 했다.

아직까지도 도대체 암흑 물질이 구체적으로 무엇인지, '보이지 않고 만질 수도 없다'는 것 이외에 그 세부적인 성질이 어떠한지는 수수께끼로 남아 있다. 루빈의 연구 때문에 세상에 암흑 물질이 있으며 양으로 보면 그 암흑 물질이 세상의 대부분이라는 학설이 대세가 되기는 했다. 그러나 그 이후, 많은 학자들이 불나방처럼 암흑 물질의 정체를 밝히기 위해 달려들고 있지만 아직까지도 암흑 물질의 정체와 성질에 대해 명쾌한 답은 나오지 않고 있다.

1977년 이휘소 박사가 생전에 마지막으로 남긴 논문이 암흑 물질의 정체를 파헤칠 수 있는 단서로 자주 언급되고 있지만 40년이 넘게 흐른 지금까지도 문제의 해답은 나오지 않고 있다. 그러므로 세계 각국에서 거대한 실험 장치를 만들어서 암흑 물질이 무엇인지 확인하겠다는 연구는 지금도 진행되고 있다. 그 역시 아직까지 답을 주지는 못했다. 강원도 양양에 있는 양양 양수발전소의 한 터널에는 코사인-100(COSINE-100)이라는 실험장치가 지하 700미터 깊이에 설치되어 있다. 그런데 이 실험장치가 지금까지 밝혀낸 것은 이제까지 암흑 물질을 찾아낸 것 아닐까 싶었던 과거 다른 나라의 실험이 오류였던 것 같다는 사실 정도다.

다만 정작 루빈 본인은 이에 대해 다소 느긋한 태도였던 듯하다. 루빈은 50대가 되었을 때 암흑 물질이 있음을 증명한 장본인이라는 평을 듣는 대학자가 되어 있었다. 하지만 자신이 찾아낸 증거가 '암흑 물질이 있다'라는 뜻이라고 단정하려 하지 않았다.

학자들 중 소수의 몇몇은 우주에 정체불명의 보이지 않는 물질이 아주 많이 있다는 암흑 물질 이론을 따르지 않는 경우가 있다. 이들은 대신에 아예 역학법칙 자체를 수정해야 한다고 생각했다.

이 학자들의 주장을 설명하자면 이렇다. 우리가 물체의 움직임을 계산할 때 쓰는 방법은 테레시코바가 탄 우주선의 움직임을 계산하는 정도일 때에는 별 문제 없이 잘 들어맞지만,

사실은 작은 오차가 있기는 있다고 보자는 것이다. 이 학자들은 은하계나 우주 전체와 같은 아주 커다란 문제에 같은 방식을 적용하면 그 오차가 상당히 크게 나타나 틀리게 되고, 때문에 계산 방식 자체를 바꿔야 한다고 주장한다.

이런 주장 중에는 수정 뉴턴 역학 또는 몬드(MOND, MOdified Newtonian Dynamics)라고 부르는 것이 있으며 또 다른 생각들도 있다. 보통 이런 것을 연구하는 과학계의 이단아들은 대체로 인기 없는 이론에 몰두하는 사람들로 무시되는 일이 많다. 루빈의 연구를 비롯해서 암흑 물질에 대한 여러 분야의 다양한 연구가 쌓이면 쌓일수록 수정 뉴턴 역학의 설득력은 점점 줄어드는 것처럼 보이기도 한다. 그런데 정작 루빈 본인이 수정 뉴턴 역학도 완전히 배척하는 입장은 아니라고 발언한 것이다.

나는 루빈의 이러한 열린 태도가 어쩌면 젊은 학생 시절 터무니없이 거창한 주제를 제시했다가 온갖 말을 듣고, 그 후에는 대조적으로 신중한 학자로 차근차근 성장해온 삶을 반영하는 것 아닌가 싶기도 하다. 본인 스스로는 겸손하고 신중하면서도 남들의 주장에 대해서는 과감하고 엉뚱한 것도 경청하려 하는 모습이 루빈의 언행에서 드러나는 것 같다.

한 가지 예를 들자면, 1990년대 이후 과학계에서는 암흑 물질보다도 우주 전체의 변화에 더욱더 큰 영향을 미치고 있는 더 이상한 암흑 에너지(dark energy)라는 것이 있지 않느냐는 주장이 연구 주제로 급부상했던 일이 있었다. 현재에도 대체로 암흑 에너지란 것이 있다는 사실은 널리 인정받고 있다. 하지만 그 정체는 역시 밝혀지지 않았다. 리처드 파넥의 책에 따르면 암흑 에너지를 두고 격렬한 논쟁이 벌어졌을 때, 베라 루빈은 유대인 우화 중 하나를 인용해서 부부 싸움을 하는 사람을 두고 남편 말도 맞고, 아내 말도 맞다고 했다는 랍비 이야기를 언급했다고 한다.

이 우화는 한국의 황희 정승 이야기와 같은 것인데, 유대교 신자인 루빈이 꺼낸 이야기가 황희 정승 이야기와 같다는 것이 신기하기도 하거니와, 논쟁을 한 발자국 떨어져서 지켜보는 루빈의 성향을 보여주는 것이라는 생각도 든다.

이후에도 루빈은 꾸준히 천문학 분야에서 연구를 계속해나갔다. 1970년대 중반 포드와 함께 발표한 논문에서 루빈은 '루빈-포드 효과(Rubin-Ford Effect)'라는 것을 제시하면서 아주 멀리서 보면 많은 은하계들이 단체로 어떤 특이한 방향으로 움직이는 경향이 있는 것 같다는 추측을 언급해서 이후 긴 시간 또 다른 많은 논란을 불러오기도 했다. 그 외에 여러 은하계의 다양한 모습에 대해 관찰한 결과들을 모으고 정리하는 데에도 루빈은 늦은 나이까지 힘을 기울였다. 1990년대 전후로는 천문학자가 된 자신의 딸, 주디스 영(Judith Young)과 함께 같이 공동 연구를 한 적도 있었다.

1980년대 후반 무렵부터 루빈은 뛰어난 후배 과학자들을 채용하고 더 잘 성장할 수 있는 환경을 만들어주기 위해서 노력하기도 했다. 1996년 캘리포니아 버클리 대학 졸업 축사에서 루빈이 연설한 내용 등을 보면, 기회의 균등에서 소외되었다고 할 수 있는 소수 인종을 비롯한 소수자들이 과학계에서 성장할 수 있도록 제도를 가꾸어나가는 일에도 관심이 많았던 것으로 보인다.

한편 천문학자 이석영 교수의 책에는 이런 일화도 소개되어 있다. 1994년 과학 학술 행사의 기념 강연을 할 때 강연의 결론이라면서 루빈이 스스로 유쾌하게 직접 노래를 불렀고 청중이 노래를 따라 했다는 것이다. 이런 것을 보면 노년에 접어들어서도 루빈의 적극적이고 유쾌한 성격은 그대로였던 것 같다.

베라 루빈은 2016년 12월 25일, 88세의 나이로 세상을 떠났다. 그저 "저는 베라라고 해요"라고 가볍게 자신을 소개하곤 하던 이 노학자가 생전에 얼마나 새로운 젊은 학자들을 따뜻하게 맞아주고 그들의 연구에 격려가 되어주었는지를 많은 후배 학자들이 언급하며 그 삶을 추모했다.

루빈은 캘리포니아 버클리 대학 졸업 축사에서 무엇인가 꿈을 좇을 때 항상 최고의 길을 걸어야만 하는 것은 아니며, 최고의 길을 걷는 데 실패한다고 하더라도 인생을 살면서 차선책을 찾기도 하고 조금 돌아가기도 하면서 곁다리로 조금씩 조금씩 꿈을 꾸준히 따라가는 방법도 있다고 언급한 적이 있었다. 돌아보면 스스로의 경험에서 우러나온 격려이자 조언으로 들린다.

일찍이 그의 아들 데이비드 루빈은 자신이 열 살 정도였을 때, 어머니 베라 루빈이 어느 날 저녁 자신에게 문득 이렇게 말한 적이 있다고 했다.

"엄마는 천문학에 관한 것 중에 세상 다른 사람들은 아무도 모르는 것을 알고 있어."

데이비드 루빈은 이것을 특별한 기억으로 마음속에 담고 있다고 했다. 우리에게 우주를 구성하는 물질의 80퍼센트 이상이 정체불명이라는 사실을 알려준 베라 루빈의 말 중에서는 과연 기억에 남을 만한 말이라는 생각도 든다.

❾ 무한대의 세계

새로운 세상과
마리암 미르자하니

: 세상의 밑바탕을 단 한 가지로 설명하는 방법

눈으로 볼 수도 없는 작은 알갱이인 원자부터, 온 밤하늘을 가로지르며 몇만 년 전의 까마득한 시간을 넘어 우리에게 별빛을 비추어주는 거대한 은하계까지 세상 곳곳을 관찰하다 보면 가끔 답이 없을 것 같은 질문도 품게 되기 마련이다. 왜 애초에 세상이라는 것이 있는가, 하는 질문도 그중 하나다.

왜 애초에 세상이라는 것이 있게 되었을까? 그냥 원자도, 은하계도, 지구도, 사람도, 시간도, 공간도, 너도, 나도 아무것도 없어도 되지 않았을까? 세상 자체가 애초부터 없어서 그저 아무것도 없어도 되지 않았을까? 도대체 왜, 무엇 때문에 이 세상이라는 것이 있게 된 것인가?

SF에서는 우리가 사는 세상과는 완전히 다른 우주에 있는 상상도 못 하게 신비로운 이상한 외계인 같은 것이 있다고 가정하기도 한다. 그 외계인이 뭔가 좋은 것을 만들어보기 위해 이리저리 시간과 공간이 돌아가는 방법을 개발하고 원자들이 움직이고 쪼개지는 규칙을 만드는 놀이를 한다는 이야기가 나올 때가 있다. 이런 어마어마한 외계인들은 마치 게임 회사에서 새로 개발한 게임을 실행하듯이 우리 우주를 만들어서 실행시킨다.

그런데 이런 이야기 역시 진짜 대답이라고 하기는 어렵다. 그렇다면 재미 삼아 우주를 만든다는 그 말도 안 되게 신비한 외계인은 도대체 왜 어쩌다가 생겼느냐는 질문이 바로 이어지게 되기 때문이다. 우주가 생긴 이유라는 이해하기 어려운 이야기에 대한 해설이랍시고 더 이해할 수 없고 더 상상하기도 힘든 다른 세상의 외계인을 들먹이는 것이 좋은 대답이 된다고 생각하지는 않는다.

어떤 SF에서는 조금 꾀를 부려서, 아주아주 먼 미래에 놀랍도록 기술을 발전시킨 미래의 사람들이 시간 여행까지 할 수 있게 되었고, 그래서 바로 그런 미래의 사람들이 우주가 처음 시작되는 머나먼 과거로 돌아가서 우주를 만들어버렸다는 배배 꼬인 이야기를 하기도 한다. 나 자신조차도 이런 소재를 내 소설에서 써먹어본 적이 있다. 그렇지만 이것 역시 원인과 결과가 뱅뱅 돌고 도는 이상한 이야기라서 재미있을 뿐이지, 정말로 명쾌한 대답이 되는 이야기라고는 할 수 없다.

한 발자국 물러서서 그나마 대책이 있을 것 같은 문제부터 먼저 풀어보자는 생각을 해볼 수도 있을 것이다. 왜 아무것도 없지 않고 우주가 있느냐는 너무 어마어마한 질문 대신에, 왜 우리가 사는 세상이 이런 모양인가에 대한 설명의 바닥을 찾아보자는 것이다.

우리는 여러 학자들의 연구 덕분에 원자에 대해서는 제법 많이 알고 있다. 그렇다면 원자가 왜 그런 모양이 되었는지 그 이유를 찾아보자는 이야기다. 왜 중성자와 양성자라는 두 가지 알갱이가 있어서 원자의 핵을 만들고 있는지, 원자 속에서 핵 주변에 있는 전자는 왜 그렇게 중성자나 양성자보다 가벼운지, 그 이유를 찾아볼 수는 있을까? 혹은 인공위성과 행성을 움직이고 은하계의 모양을 유지하게 만드는 중력이라는 힘에 대해서도 이것저것 알아낸 것이 있는데, 그 중력이 왜 그런 정도의 세기로 그런 정도의 모양이 되었는지 그 이유를 찾아보는 데 도전해볼 수 있지 않을까?

세상에 있는 모든 것들과 그것들이 서로 움직이고 주고받는 모든 힘들이 어떻게 그런 모양이 되었는지 등에 대해서 간단한 하나의 방식으로 설명할 수 있을까? 어쩌면 온 세상을 한번에 설명할 수 있는 그런 멋진 방법을 우리가 찾아내는 데 성공하고 나면, 그다음에는 애초에 그런 것이 왜 생겼는가라는 마지막 질문에도 도전해볼 수 있지 않을까?

이런 질문들은 많은 학자들의 호기심을 부추겼다. 그랬기 때문에 온 세상이 어떻게 이런 모양이 되었는지 그 맨 밑바탕을 단 한 가지 방법으로 설명한다는 이 환상적인 꿈에는 여러 학자들이 뛰어들었다.

　이 환상은 말하자면 이런 모습이다. 세상에서 가장 신비로운 내용이 적혀 있는 한 페이지의 종이가 있다. 봉인을 뜯고 이 종이를 펼쳐보면, 이 종이에는 딱 하나의 설명이 적혀 있다. 그런데 이 설명에 나와 있는 단 하나의 이유 때문에 전자는 가벼운 무게를 가진 모습으로 양성자를 끌어당기고 양성자는 중성자와 붙어 있고 어떤 중성자들은 가끔 방사능을 내뿜으며 이 모든 것들은 중력으로 서로 끌어당기고 있다는 결론이 나온다는 이야기다. 이 환상 속의 종이 한 장에 세상 모든 것이 움직이는 방식에 대한 원리가 다 적혀 있다.

　이러한 꿈에 도전한 연구들 중에서도 1980년대부터 특히 인기를 끈 한 가지 연구 분야는 바로 '끈이론'이라는 것이다. 나는 이 끈이론과 엮여 있는 문제들을 풀면서 새로운 가능성을 보여준 학자들 중에 한 번쯤 언급해볼 만한 인물로 마리암 미르자하니를 꼽고 싶다.

나는 수학도 잘할 수 있어

미르자하니는 1977년 5월 12일 이란의 수도 테헤란에서 태어났다. 공교롭게도 이 해에 대한민국 서울의 강남에 테헤란로라는 길이 생겼다. 이 시기 이란은 미국의 굳은 동맹이었으므로, 냉전 시기에 공산주의와 맞서는 입장인 대한민국과도 관계가 좋은 편이었다. 그런 까닭에 테헤란의 시장이 서울을 방문한 기념으로 강남의 중앙을 가로지르는 10차선 도로에 테헤란로라는 이름이 붙었다. 당시에는 지금처럼 빌딩이 가득한 도심 지역은 아니었지만, 그때 테헤란로라는 이름을 붙이며 세웠던 비석이 지금도 그대로 테헤란로에 남아 있다.

그런데 이란의 정치 상황은 2년 후인 1979년에 완전히 뒤바뀐다. 종교계 지도자였던 호메이니를 중심으로 혁명이 일어나 이란의 임금이었던 팔레비 국왕이 도망치게 된 것이다. 이란의 나라 분위기도 바뀌어서, 이전까지는 비교적 자유분방한 분위기였던 나라가 종교 생활에 좀 더 집중하는 엄격한 모습으로 변했고 한편으로는 각계각층에서 이전 시대의 부정부패를 몰아내는 데 공을 들이기도 했다. 미국의 동맹국이었던 이란이 미국의 적에 더 가까운 위치로 돌아서게 된 것도 이때부터다.

나라가 뒤집히는 혼란을 이웃나라들이 그대로 놓아두지 않았다. 다른 여러 문제 때문에 이란과 갈등을 빚고 있던 이웃나라 이라크는 그 유명한 사담 후세인이 군인 출신으로 대통령이 되어 있던 상황이었다. 후세인은 이란이 혁명으로 혼란스러운 형편이니 전쟁을 벌여서 이란을 정복할 수 있을 것이라고 생각했던 것 같다. 그런 상황에서 이란-이라크 전쟁이 터졌고, 후세인의 상상대로 전쟁 시작 무렵 이란군은 이라크군을 막아내기가 쉽지 않았다.

이란-이라크 전쟁은 1980년부터 1988년까지 8년 동안이나 계속되었다. 작은 전쟁이 아니었으므로 수만 명 단위는 월등히 넘어가는 막대한 사람들이 전쟁 중에 목숨을 잃었다. 두 나라의 전쟁을 두고 국제 정세도 대단히 어지럽게 돌아갔다. 예를 들어 이 전쟁에서 미국은 주로 이라크 편을 드는 입장이었지만 한국은 미국과 동맹 관계는 동맹 관계대로 유지하면서도 반대로 이란을 지원하는 사업에 많이 참여하기도 했다.

이때 미르자하니는 만 3세에서 만 11세 정도였다. 유치원생, 초등학생 무렵의 삶이 전쟁 시기와 겹친다. 미르자하니는 생계에 어려움이 없는 집안에서 태어났지만, 이때를 전쟁의 여파 때문에 모든 물자가 부족했던 시기로 기억하고 있다.

후세인의 상상과 달리 이란군도 굳건히 버텼다. 때문에 미르자하니가 살던 수도 테헤란은 피해가 적은 편이었다. 다행히 미르자하니에게도 특별히 처참한 비극이나 각별히 슬픈 일이 생기지는 않았다. 오히려 미르자하니는 가난하고 힘겨운 시기, 주변 사람들과 가족들이 서로를 돌봐주며 헤쳐 나가던 이때를 따뜻하고 좋은 어린 시절로 기억하고 있는 듯하다.

전쟁이 끝나고 이란 사회도 차차 안정될 무렵, 미르자하니는 상급 학교에 진학하게 되었다. 《가디언》에 실린 인터뷰를 보면 미르자하니는 이것을 운때가 잘 맞은 행운으로 생각하고 있었다.

"만약 내가 10년만 먼저 태어났다면, 전쟁의 혼란 통에 학교도 제대로 못 다녔을 것이고, 특별히 좋은 교육을 받을 기회도 없었을 겁니다."

미르자하니는 모든 과목에서 우수해서 마치 어린 시절의 마리아 스크워도프스카 퀴리와 비슷한 어린이였다. 때문에 미르자하니는 이란에서 우수한 학생들을 특별히 교육시키는 학교에 입학할 수 있었다. 지금의 대한민국 제도에 견주어보자면 영재학교에 입학한 것과도 비슷하다고 볼 수 있을 듯하다.

그렇지만 미르자하니가 어릴 적부터 수학이나 과학을 특별히 좋아한 것은 아니었다. 자신이 수학에 대단한 재능이 있다고 생각하지도 않았다. 물론 평균보다는 좋은 실력을 갖고 있었겠지만, 뛰어난 학생들이 워낙 많은 학교에서 지내다보니 자신이 딱히 수학을 잘하는 편은 아니라고 생각했던가 보다.

《뉴욕 타임스》 기사에서는 미르자하니가 모든 과목에 최고 수준의 성적을 받았지만 오직 수학만 예외였던 적이 있었다고 했다. 한번은 시험을 쳤는데 20점 만점에 16점, 그러니까 100점 만점에 80점을 받고 미르자하니가 시험지를 갈기갈기 찢어서 가방에 넣은 적이 있었다는 이야기도 실렸다. 그러니 실제로 수학을 정말 못했다기보다는 다른 과목에 비해 수학을 지겨워하고 싫어하며 자신감 없어 했던 쪽에 더 가까웠을 거라고 생각한다.

미르자하니가 어린 시절 좋아했던 것은 문학이었다. 미르자하니는 친구와 함께 테헤란의 유명 서점들을 다니며 소설책을 읽었다고 한다.

중학교에 입학한 첫 주에 로야 베헤슈티(Roya Beheshti)라는 친구를 만나 단짝이 되었는데 그런 친구들 덕분에 학창 시절을 즐겁게 보낸 편으로 추억했다. 좋은 선생님들을 많이 만난 것이 행운이었다고 말하기도 했다. 이 베헤슈티라는 친구역시 현재 미국 세인트루이스의 워싱턴 대학에서 수학 교수로 재직하고 있다.

이 시절 미르자하니는 소설책 같은 것들이라면 뭐든 뽑아들고 재미있게 읽었다고 하는데, 그래서 한때는 자신이 글을 쓰는 직업을 갖게 될 거라고 상상했다고 한다.

미르자하니는 고등학교 무렵이 되어서 수학에 정말로 빠져든 듯싶다. 나중에 어른이 되어 한국을 방문하였을 때 미르자하니는 언론 인터뷰에서 "수학에서 중요한 것은 재능도 재능이지만 '재능이 있다고 느끼는 것'이다, 즉 자신감이 중요하다"고 말한 적이 있다. 많은 청소년과 여학생들이 '나는 원래 수학에 재능이 없다'고 생각하면서 수학을 점점 싫어하게 되고 그러다 포기하는데, 그런 마음을 바꿀 수 있는 계기만 있어도 수학을 더 잘할 수 있는 기회가 된다고 이야기한 것이다.

그런 말을 한 것을 보면, 미르자하니 자신 역시 처음에는 수학을 싫어하다가 점차 자신감을 갖게 되면서 '사실 나는 수학도 잘할 수 있어'라고 슬며시 돌아선 학생이었을 것이다. 앞서

《가디언》의 인터뷰를 보면 미르자하니는 고등학교 졸업반이 될 때까지도 자신이 수학을 전공할 줄은 몰랐다고 한다.

그러나 미르자하니가 한번 수학에 자신감을 갖고 좋아한다는 눈길을 보내기 시작하자, 수학 실력은 폭발하는 것처럼 발전해 놀라운 모습을 보여주었다.

1994년 만 17세의 학생이던 시절, 좋은 수학 성적을 보여 줄 수 있게 된 미르자하니와 단짝 베헤슈티는 세계의 학생들이 수학 실력을 겨루는 국제 수학 올림피아드 대회에 나가겠다는 생각을 하게 된다. 이란에서 국제 수학 올림피아드 대표에 여학생을 포함시키는 것은 처음 있는 일이었다.

이 일에 학교의 교사 한 사람이 대단히 적극적으로 나섰다.

"여학생이 나간다고요? 그런 관례가 있습니까?"

"관례가 다 무슨 상관이에요? 이 학생들만큼 수학 잘하는 학생들이 없는데 우리나라 이란의 대표로 이 학생들 말고 누구를 또 보낸단 말입니까?"

미르자하니는 이 교사의 적극적이고 과감한 태도에 감명을 받았고 나중에도 그 모습을 기억하고 있었다고 한다.

1994년 수학 올림피아드 대회는 홍콩에서 열렸다. 마리암 미르자하니는 금메달을 땄고, 성적은 당시 만점에서 단 1점이 모자라는 41점이었다. 만점을 딴 학생들이 많았으므로 등수로는 23등이었지만 그것만으로도 높은 성적이었다. 참고로 이때 참가한 한국 선수 중에 최고 성적을 낸 학생은 이승준으로 35점을 땄다. 이 사람이 지금의 부산대학교 전기컴퓨터공학부의 이승준 교수다. 같이 대회에 나간 미르자하니의 친구 베헤슈티 역시 35점으로 은메달을 땄다.

미르자하니는 그다음 해인 1995년 대회에도 참여했다. 캐나다 토론토에서 열린 이 대회에서 미르자하니는 드디어 만점을 받아 1위를 했다. 역대 이란 참여자들 중에서 최고점이었다. 마침 한국 선수 중에서도 한국 사상 처음으로 만점자가 나왔다. 이 대회에서 만점을 받았던 신석우는 지금 미국의 캘리포니아 버클리 대학에서 수학 교수로 일하고 있다.

청소년 시절 미르자하니는 도전을 좋아하는 사람이었다. 아마 어려운 것을 해내는 즐거움, 승리의 기쁨을 즐기는 사람이었던 것 같다. 그런 사람에게 전 세계 최고의 학생들이 겨루는 수학 올림피아드는 멋진 기회였을 것이다. 미르자하니는 더 어려운 문제, 더 골치 아픈 문제에 도전해서 풀어내는 즐거움에 빠져 들었고, 그것이 결국 수학을 전공하는 학자의 삶으로 이끌었다.

혁명 이후 이란 사회에 대해 많은 사람들은 모든 것이 전통의 엄격한 사회로 돌아가는 경향이 있었다고들 언급하곤 한다. 그렇지만 대학 교육에서는 약간 독특한 현상이 나타났다.

평범한 과거의 전통 사회를 떠올린다면 남학생들이 여학생들에 비해 과학, 공학, 수학을 더 많이 전공하리라고 상상하게 될 것이다. 그런데 이란에서는 여학생들이 과학, 공학, 수학 분야에 더 많이 참여하는 경향이 있었다. 2015년《포브스》의 보도를 보면 이란에서는 과학과 공학 전공자의 70퍼센트가 여성이다. 남학생보다도 여학생이 과학, 공학, 수학을 많이 전공하고 있다. 이것은 한국의 과학, 기술, 공학, 수학 분야 전공자의 여학생 비율이 20~30퍼센트 정도에 머물고 있는 것에 비하면 매우 많은 숫자다.

과학 분야의 여학생 비율은 나라 별로 특색을 보이는데 나는 이런 경향이 한 나라의 발전 상태나 잠재력, 그 문화의 특성을 분석하는 데 좋은 연구 대상이라고 생각한다. '이란 현상'이라는 이름을 붙여볼 만한 이런 문제에 더 많은 관심을 가질 필요가 있겠다는 생각도 든다.

샤리프 공과 대학에 입학한 미르자하니는 그곳에서 화려한 수학 실력을 본격적으로 보여주기 시작했다.

미르자하니는 대학의 수학 동아리 같은 곳에서 특히 즐겁게 활동했는데, 이 무렵 수학의 다양한 분야를 경험하며 도전했던 것이 미르자하니를 더욱 자라나게 만들었다. 미르자하니는 이 시절 단순히 새로운 수학을 배우고 그것을 적용해보는 것뿐만 아니라, 여러 사람들이 자유롭게 토론하고 상상하면서 문제를 풀어나가는 것이 좋았다고 한다. 미르자하니는 이것을 매우 가치 있는 일로 기억했다. 대학 시기 미르자하니는 처음으로 짧은 수학 논문을 써서 국제 학술지에 게재한 일도 있었다. 나중에 다른 나라의 학자들이 논문에 대해 연락을 해올 때, 미르자하니가 대학생인 것을 모르고 '미르자하니 교수님'이라고 불렀다는 일화도 있다.

최고 수준의 수학과 학생이 된 미르자하니는 미국으로 유학을 갈 결심을 하고 하버드 대학의 대학원에 진학한다.

미국 대학원에 온 초기에는 테헤란의 대학 시절 들었던 과목과 미국 학생들이 들었던 과목들이 달라서 고생도 많았다고 한다. 영어에 익숙하지 않은 것도 힘들었다. 초창기 미국에서 강의를 들을 때에는 페르시아어로 오른쪽에서 왼쪽으로 글자를 쓰며 필기를 했다고 하는데, 가끔 어떤 강좌는 처음부터 끝까지 한마디도 못 알아들을 때도 있었다고 한다.

"이란에서도 여자가 대학에 갈 수 있냐?"

이런 몇몇 사람들과는 어울리는 일 자체도 피곤할 때가 있었다. 미국과 그다지 관계도 좋지 않은 낯선 국가에서 온 유학생으로 지내며 힘든 일은 적지 않았을 것이다.

그러나 나중에 미르자하니의 남편이 회고한 바에 따르면, 미르자하니는 무슨 일에건 별 불만이 없는 사람이었다고 한다. 미르자하니는 결국 하버드 대학의 대학원 생활에도 적응해나가기 시작했다. 게다가 미르자하니에게는 세계 최강의 수학 실력이 있었다. 처음 하버드 대학 수학과는 어리둥절한 곳이었지만 시간이 흐르고 내용을 조금씩 알아가자 미르자하니의 실력은 그곳에서 더 피어날 뿐이었다.

대학원생 시절 미르자하니가 연구한 문제에서 가장 쉬운

부분만 골라서 이야기해본다면, 나는 지도를 보고 지름길을 그리는 문제로 설명해보고 싶다.

복잡한 도시를 그린 지도가 있다고 해보자. 우리는 그 지도 위의 집에서 직장까지 가는 가장 빠른 길을 찾고 있다. 그 지도가 평범한 지도이고 우리는 헬리콥터를 타고 날아서 움직일 수 있다면, 가장 빠른 길은 집에서 직장까지 직선으로 곧장 날아가는 길이 될 것이다.

그런데 만약 지구처럼 둥글게 생긴 곳을 움직이고 있다고 해보자. 한국을 중심에 그린 세계지도를 보고 있다면, 미국 하버드 대학에서 이란 테헤란까지 가는 길은 얼핏 하버드 대학에서 서쪽으로 계속 날아가서 태평양을 건너고 아시아 대륙을 지나 날아가는 길 같아 보인다.

그렇지만 사실은 그렇지 않다. 지구는 둥글기 때문에 그 반대편으로 날아가야 더 짧은 지름길이 된다. 하버드 대학에서 동쪽으로 계속 날아가서 대서양을 건너고 유럽 대륙을 지나는 길이 더 빠르다는 이야기다. 한국에서 하버드 대학으로 갈 때도 지도에서 그냥 직선을 그린 길이 아니라, 곡선을 그리면서 북극에 가까운 쪽을 거치는 것이 가장 빠르다.

현대 수학에서는 이런 문제를 훨씬 더 복잡한 공간에서 훨씬 더 다양한 문제로 생각해볼 수 있다.

예를 들어 그저 지구처럼 둥근 모양의 행성이 아니라 도넛 모양, 8자 모양 등 온갖 이상한 형태의 외계 행성 같은 모양

위에서 길이 지나가는 문제를 고민해보기도 하고, 그 외의 온갖 다른 모양에도 적용해볼 수 있는 공통된 규칙을 찾으려고 하기도 한다. 여러 가지 다른 모양으로 굽어져 있는 독특한 모양에 대해서 그 위를 지나가는 길은 그 길이가 얼마나 긴지 짧은지, 어떤 모양의 길이 몇 가지나 있을 수 있는지, 그런 것을 계산하는 데에 어떤 규칙이 있는지, 그런 규칙을 활용해서 무엇을 계산할 수 있는지에 대한 문제도 고민해볼 수 있다.

이런 문제에서 길을 측지선이라고 한다. 미르자하니가 많은 관심을 가졌던 것은 쌍곡 곡면(hyperbolic surface)이라고 하는 묘한 모양으로 부드럽게 굽어 있는 형태에서 측지선을 따져보는 문제였다. 어찌 보면 이런 문제는 성냥개비 몇 개로 만들 수 있는 삼각형 모양이 몇 가지냐를 따져보는 수수께끼와도 비슷한 면이 있다. 다만, 성냥개비의 개수를 다르게 하여 다른 수수께끼를 내더라도, 그리고 삼각형이 아니라 다른 모양을 만들어보라고 수수께끼를 바꿔도 어떤 경우에도 항상 무조건 답을 만들어낼 수 있는 공통 방법을 찾아내야 하는 문제에 조금 더 가깝다.

이란에서 하버드 대학에 온 20대 후반의 한 대학원생은 굽어 있는 면 위를 걷는 길의 길이에 대해 고민하는 이런 문제를 점점 더 깊이 파헤쳐가면서 더 높은 곳으로 날아갔다. 그러면서 그 고민은 조금 다른 문제의 한편에 도달하게 되었다.

바로 끈이론의 문제와 미르자하니의 문제가 만난 것이다.

끈이론은 이 세상 모든 것들을 단 한 가지 설명으로 다 이야
기해내기 위해서, 세상 모든 것이 아주아주 작은 끈(string)으
로 되어 있다고 치고 모든 과정을 설명한다. 원자 속의 전자와
원자핵도 결국은 끈이 하나 혹은 몇 개가 서로 붙어 있는 것
이고, 방사능 물질이 뿜어내는 방사선도 결국 자세히 보면 작
은 끈이 날아다니는 것이라는 이야기다. 그런 식으로 단 한 알
갱이의 쇳가루부터, 태양과 같이 커다란 별까지 세상 모든 것
은 작은 끈이 모여서 이루어져 있다고 본다.

　다만 그 성질과 모양이 저마다 다른 것은 그런 끈들이 서로
다른 형태로 떨릴 수 있기 때문이라는 것이다. 이것이 끈이론
의 대략적인 바탕이다. 이것은 같은 기타 줄이라도 빠르게 떨
린다면 높은 소리를 내고 느리게 떨린다면 낮은 소리를 낸다
는 것과도 비슷하다. 다 같은 끈이지만 방사능 물질이 뿜어내
는 어떤 방사선은 약하게 떨리고 있는 끈이고, 전자는 그보다
강하게 떨리고 있는 끈이라고 해보자. 그러면 그 차이 때문에
방사선은 무게가 가볍게 느껴지고 전자는 무겁게 느껴진다는
식이다.

　끈이론에서는 단순히 우리가 만질 수 있을 것 같은 물질을
넘어서, 물질들이 서로 밀고 잡아당기는 힘도 모두 끈 때문
에 일어난다고 설명한다. 예를 들어서 끈이론대로라면, 자석

의 N극과 S극이 서로 잡아당기는 것은 특이하게 떨리고 있는 끈을 자석의 N극과 S극이 서로 주고받고 있기 때문에 나타나는 현상이다. 그런 식으로 끈이론의 설명은 이어진다.

이렇게 끈이론은 마리아 스크워도프스카 퀴리가 관찰했던 원자핵의 방사능과 같은 문제부터, 베라 루빈이 연구했던 은하계의 움직임까지 그 모든 현상들을 끈이라는 한 가지의 여러 가지 떨림과 그 떨림을 주고받는 성질로 모두 나타내려고 한다. 그렇게 해서, 세상 모든 것을 단 한 장 속에서 설명한다는 그 환상 속의 종이에 오직 끈 하나가 어떤 성질을 갖고 있는지만 설명해서 써놓으면 그것으로 그 끈들이 서로 엮이고 뭉쳐지면서 이 세상의 모든 일들이 다 일어난다고 이야기할 수 있다는 이야기다.

끈이라는 단 한 가지로 그 많은 현상들을 설명하는 것이 간단할 리가 없었다. 온갖 과학 분야에 완전히 잘 들어맞는 설명을 만들어내려고 도전하는 것은 대단히 골치 아픈 일이었다. 그중에서도 원자들의 가장 기본적인 움직임을 계산할 때 사용하는 양자론 방식과 세상 모든 물질들이 서로 끌어당긴다는 중력 이론을 한 가지로 엮어서 설명해내는 것은 특히 어려운 대목이었다. 이것은 예로부터 '세상에서 가장 어려운 문제'로 악명 높은 일이었다.

끈이론을 연구하는 학자들은 몇십 년째 별별 해괴한 계산 기법들을 다 동원하여 양자론과 중력 이론을 한 가지 방식으로 설명해보려고 노력하고 있다. 예를 들어, 요즘의 끈이론에서는 세상의 공간이 10차원이라고 가정하기도 한다. 그냥 생각해보기에는 이 세상에서 물체가 움직이는 방향의 종류는 앞뒤, 좌우, 위아래, 세 가지 방법밖에 없다. 그게 아닌 것처럼 보이는 것도 그 세 가지 방향의 조합으로 설명할 수 있다. 오른쪽 대각선으로 비스듬히 앞으로 움직이는 것은 앞으로 움직이는 일과 오른쪽으로 움직이는 일이 동시에 일어난다고 보면 된다. 앞뒤, 좌우, 위아래, 세 가지 방향의 조합으로 움직이는 것 말고 다른 방식으로 움직이는 방향이 있다고 생각할 수는 없다. 세 가지 종류의 방향이 있다는 이야기는 곧 세상의 공간이 3차원이라는 이야기다.

그런데 끈이론에서는 여러 가지 힘과 물질들을 한 가지 방식으로 설명하기 위한 방법을 개발하다가, 사실 세상에 뭔가가 움직이는 방법은 세 가지만 있는 것이 아니라고 본다. 세 가지 말고도 일곱 가지 정도의 다른 방법이 더 있을 거라고 치고 계산을 한다. 그렇게 계산해야 계산이 맞아들면서 한 가지 설명 방식으로 여러 가지 힘과 현상을 한번에 설명하는 방법을 개발할 수 있는 길이 보였기 때문이다. 대신에 우리가 일상생활에서 물체가 움직이는 방향을 세 가지 방법 외에는 찾지 못하고 알지도 못하는 것은, 다른 특별한 이유가 있어서 잘 느끼고 볼 수 없기 때문이라고 본다.

이런 갖가지 복잡한 방법을 개발하다보니 몇몇 끈이론을 연구하는 학자들은 아예 스스로 수학 분야까지 연구해서 발전시킬 지경이었다. 에드워드 위튼 같은 학자는 끈이론을 연구하다가 수학을 너무 많이 발전시킨 나머지, 세계 수학계에서 가장 영광스러운 상이라는 필즈 메달을 딸 정도였다.

끈이론은 그 정도로 내용을 채워나가는 것이 골치 아픈 이론이었다. 그런데도 몇십 년 동안 끈이론은 밤하늘의 전등처럼 빛나면서 불나방처럼 모여드는 학자들의 관심을 계속 끌었다. 아주 복잡하기는 하지만 그나마 끈이론이 양자론과 중력 이론을 엮어 하나로 설명할 수 있는 방법 중 몇 안 되는, 가능성이 높은 방법으로 보였기 때문이다.

지금까지는 양자론으로 무엇인가를 계산하려면 중력에 대한 계산은 포기해야 하고, 중력 이론으로 무엇인가를 계산하려면 양자론을 포기해야 할 수밖에 없을 때가 많았다. 그런데 만약 끈이론이 완성되어 두 이론을 한 가지로 설명할 수 있다면 두 가지를 한꺼번에 계산할 수 있을 것이다.

그렇다면 두 가지를 한꺼번에 계산해야만 하는 상황에서 이 계산 방법은 매우 유용하다. 예를 들어, 온 세상이 맨 처음 생겨나는 대폭발의 순간, 온갖 힘이 서로 섞여서 돌아가는 그 격렬한 상황에 대해서 무엇인가를 따져보려면 바로 그런 끈이론 같은 것이 필요하지 않을까 싶었던 것이다. 세상이 맨 처음 생겨날 때 뭐가 어떻게 되었는지를 따져볼 수 있는 방법을 만들어낸다는 것은 과연 수십 년간 학자들을 유혹할 수 있을 만한 불빛이었다.

그리고 에드워드 위튼은 끈이론으로 양자론과 중력 이론을 결합시켜 한번에 설명하는 바로 그 방법을 개발하는 도중에서 몇 가지 특이한 계산 수법을 활용했다. 그런데 위튼이 그중에 정확하게 확인할 수 없는 과정 몇 가지를 생략하면서, "정확하게 증명할 수는 없지만 대충 이럴 것 같다"고 그냥 짐작으로 넘어간 대목이 있었다. 이런 대목 몇 군데를 '위튼의 추측'이라고 이름을 붙여 부르기도 하는데, 위튼이 사용한 계산 방법이 대단히 화려해서 배울 점이 많고 멋져 보였기 때문에 그 추측 역시 많은 주목을 받고 있었다.

그런데 미르자하니가 이상한 모양의 외계 행성에서 길을 어떤 모양으로 그릴 수 있는가를 따져보던 그 연구 결과를 이용하면 그 위튼의 추측 하나를 정확하면서도 멋들어지게 증명할 수 있었다. 즉 끈이론으로 양자론과 중력 이론을 한 가지 방식으로 설명하려는 도전의 과정에서 설명이 쉽지 않았던 곳 한 군데를 미르자하니가 채운 셈이었다. 그리고 그것이 대학원생 시절 미르자하니가 쓴 박사 학위 논문의 한 대목이었다.

정확히 따져보자면, 위튼의 추측을 미르자하니가 맨 먼저 증명한 것은 아니다. 필즈 메달 수상자인 콘체비치라는 학자가 먼저 증명해낸 적이 있었다. 그런데 미르자하니는 콘체비치와 다른 방식으로 이 대목을 증명해냈다. 그렇게 해서 대단히 복잡하고 연구하기 어려운 대상으로만 생각했던 문제 영역을 쉽게 생각할 수 있는 방법을 보여주었다. 아마도 앞으로 다른 계산을 해나가고 다른 방법을 궁리하는 데에도 미르자하니의 수법은 여러 가지로 활용될 수 있을 것이다.

그런 방법으로 연구를 계속해나간 결과, 미르자하니는 그전까지는 별로 관련이 없을 것 같다고 생각했고 그저 복잡할 것이라고만 생각했던 수학의 영역들이 서로 관련이 있으며, 그렇게 엮어서 생각하면 훨씬 간단한 결론으로 갈 수 있을 것이라는 점을 보여주었다. 그렇게 해서, 미르자하니는 세계 수학계의 주목을 받는 학자로 나서게 되었다.

1999년 박사 학위를 딴 미르자하니는 클레이 수학 연구소의 일자리와 프린스턴 대학의 교수 자리를 거쳐 2009년 스탠퍼드 대학의 교수가 되었다. 그런 중에도 미르자하니의 수학 연구는 점차 영역을 넓히면서 더 많은 분야에서 더 높이 발전해나갔다. 그리고 마침내 2014년에는 세계 수학계에서 가장 공적이 높은 학자에게 주는 상이라는 명성이 자자한 필즈 메달까지 땄다.

2014년 필즈 메달 시상식은 대한민국 서울 삼성동의 코엑스에서 열렸다. 누가 재미 삼아 미르자하니에게 알려주었는지도 모를 일이지만, 테헤란에서 미르자하니가 태어나던 해에 생긴 서울 테헤란로의 맨 끝자락 언저리인 곳이었다. 대한민국 대통령이 직접 미르자하니의 목에 필즈 메달을 걸어주었는데, 필즈 메달 90년 역사에서 여성 수학자가 수상한 것은 그때가 처음이어서 더욱 세간의 화제가 되었다.

당시 언론에서는 필즈 메달을 수학계의 노벨상이라고 부르기도 했다. 4년에 한 번씩 시상하는 데다가 만 40세를 넘긴 학자에게는 필즈 메달을 시상하지 않으니, 노벨상보다 오히려 더 따기 어려운 상이라고도 홍보했다.

이전부터 이미 명망이 있는 학자였지만 필즈 메달 수상으로 미르자하니는 더 많은 사람들에게 알려졌다. 그렇지만 대부분의 사람들이 미르자하니를 항상 겸손하고 소박한 사람으로 평했다. 친구 베헤슈티는 나중에 미르자하니에 대해 이야기하면서, 대단히 큰 꿈을 갖고 사는 친구였다고 하면서도 "누구든 곁에 있는 사람이면 미르자하니가 아주 겸손하고 소박한 사람이라는 것을 알 것이다"라고 밝히기도 했다.

"문제를 딱 보면 저절로 머리가 돌아가는 그런 사람은 아니고요. 저는 아주 천천히 고민하면서 문제를 푸는 편입니다."

미르자하니는 자신이 수학을 연구하는 방식을 그렇게 설명하기도 했다. 미르자하니의 어린 딸은 자신의 어머니가 하는 일이 큰 종이에 계속 그림을 그리는 것이라고 여기고 있었다. 미르자하니에게는 수학 문제를 고민할 때 집 방바닥에 아주 커다란 종이를 펼쳐놓고 그 위에 엎드려서 이런저런 그림을 그리며 문제에 대해 생각하는 버릇이 있었기 때문이었다.

한 가지 아주 애석한 점은 2014년 수상 당시에 이미 미르자하니는 암으로 투병 중이었다는 것이다.

암 진단을 받은 것이 30대 중반이었던 2013년이었다고 하는데, 그때에도 이미 증세가 가볍지는 않았던 것 같다. 수학자 정경훈 교수로부터 전해들은 바에 의하면, 2014년 서울에서 필즈 메달 시상식을 준비하던 중에 한국 수학자들 사이에서 미르자하니가 과연 시상식에 무사히 다녀갈 수 있을까 걱정하는 이야기도 있었다고 한다. 그렇지만 미르자하니는 남편, 어린 딸과 함께 시상식장에 왔고, 시상식에서 보고 있는 사람들도 저절로 웃음을 짓게 할 만한 멋진 웃음을 세상에 보여주었다.

남편이 회고한 바를 들어보면, 미르자하니는 젊은 나이에 암에 걸렸다고 해서 뭔가가 불공평하다고 생각하지는 않았던 것 같다.

"나는 넉넉한 가정에서 좋은 두뇌를 갖고 태어나 사랑하는 사람들 사이에서 살면서 좋은 기회를 얻었는데, 그때 뭔가가 불공평하다는 생각을 하지는 않았어. 이제 내가 암에 걸렸다고 불공평하다고 할 수는 없지."

사망하기 6개월 전까지도 수영 대결을 하면 미르자하니는 남편을 이길 정도였다고 하는데, 결국 2017년 7월 14일 세상을 떠났다. 이제 갓 40대에 접어든 나이였다.

미르자하니가 세상을 떠나고 시간이 흐른 지금까지도 끈이론 완성을 향한 돌파구를 찾는 길은 멀게만 보인다. 세상 모든 것을 한 장으로 설명해놓은 종이는 아직도 계속 환상 속에 있다. 어떤 사람들은 이렇게 완성될 가망도 보이지 않고, 도대체 맞는 길로 가고 있는 것인지, 얼마나 맞는지 틀리는지도 도중에 확인하기 어려운 이론을 공들여 연구하는 것은 부질없는 짓이라고 주장하기도 한다. 그 외에도 여러 가지 이유로 끈이론에 도전하는 것은 무모한 짓이라고 반대하는 학자들이 세계 곳곳에 적지 않다.

끈이론이 완성되면 구체적으로 어떤 형태가 될 것이냐에 대한 의견들도 이리저리 나뉘어 있다. 에드워드 위튼은 끈이론이 완성되면, 결론적으로 끈이 이러저러한 성질을 갖고 있기 때문에 세상은 이런 모양이 될 수밖에 없다는 이야기가 어느 정도 나올 것이라고 이야기한 적이 있었다. 예를 들어, 끈이론이 완성된 후에 계산을 해보면 지금 우리 몸과 우리 주변의 모든 물질, 원자들마다 들어 있는 전자의 무게가 저절로 0.0000000000000000000000000009그램이 될 수밖에 없다고 결론이 딱 떨어지게 나올 거라고 추측했다. 끈이론만 완성되면, 도대체 세상이 왜 이렇게 생겼는지 설명해줄 수 있을 거라는 뜻이다. 말하자면 끈이론이 답을 준다는 이야기다.

그렇지만 끈이론이 답을 주는 것이 아니라 단지 가능성과 방식만을 알려주는 것으로 결론이 날 거라고 보는 사람들도 있다. 예를 들어 끈이론의 창시자 중 한 사람이라고 해도 과언이 아닐 학자, 레너드 서스킨드는 끈이론이 완성되어도 지금 우리가 사는 세상의 모양이 왜 이렇게 되었는지 정해지지는 않을 것이라는 이야기를 꺼내기도 한다. 끈이론이 완성되더라도 여전히 이리저리 바뀔 수 있는 부분이 많이 있어서, 그게 어떻게 바뀌느냐에 따라서 이런 세상이 태어날 수도 있고, 다른 세상이 태어날 수도 있다는 이야기다.[*]

막연한 상상으로, 이 세상이 맨 처음 만들어질 때 끈을 만들어주는 기계가 있었고 그 기계에서 와르르 쏟아져 나온 끈이 이리저리 뭉쳐져서 세상이 되었다고 해보자. 앞에서 소개한 에드워드 위튼의 말에 가까운 의견에 따르면, 이런 기계는 딱 한 가지 형태밖에 있을 수 없고 여기서 만들어지는 끈도 딱 하나로 정해져 있으며 그럴 수밖에 없다는 것이다.

그러나 서스킨드의 말에 가까운 의견에 따르자면, 이런 끈 만들어주는 기계에는 조절 손잡이나 스위치가 몇 개쯤 달려 있다. 그래서 그것을 어떻게 조작한 뒤에 실행 단추를 누르느냐에 따라 다른 형태의 끈이 쏟아져 나오게 된다. 잘 조작한

---

[*] 이 대목이 끈이론의 결론에 대해 에드워드 위튼의 입장과 레너드 서스킨드의 입장이 완전히 상반되어 있다는 뜻은 아니다. 다만 에드워드 위튼이 언급한 전자의 무게에 대한 발언과 레너드 서스킨드가 이야기한 바뀔 수 있는 정도에 대한 발언만을 놓고 보면 서로 반대되는 점을 지적하고 있다는 뜻이다.

뒤에 실행 단추를 누르면 지금 우리가 살고 있는 세상과 같은 모양의 세상이 생기지만, 또 다르게 조작한 뒤에 실행 단추를 누르면 세상에 별이라고는 하나도 빛나지 않는 다른 세상이 생기기도 한다. 다시 다르게 조작한 뒤에 실행 단추를 누르면 온 세상 전체가 하나의 덩어리로 붙어 거대한 단 하나의 별이 되어 있는 세상이 생길지도 모른다. 어쩌면 별빛 대신에 숯가루를 내뿜는 별들이 떠 있는 세상이 만들어질지도 모른다. 만약 환상 소설 속에 나올 법한 세상이 생기게 하는 끈들을 만들어낸다면, 마법과 요정이 존재하는 세상을 만들게 된다는 이야기를 떠올릴 만도 한 이야기다.

끈이론을 대하는 방법 중에 어떤 것이 좋은 방법일까? 지금 꺼내든 이야기들과 좀 다른 시각이기는 하지만, 나는 마리암 미르자하니의 태도에서 본받을 만한 점을 찾을 수 있다고 생각한다.

미르자하니는 애초에 끈이론을 완성하겠다고 도전해서 필즈 메달을 받은 것이 아니다. 미르자하니는 끈이론을 처음부터 끝까지 파헤쳤던 것도 아니었고, 모든 이론을 한번에 묶어서 하나의 가장 화려한 이론을 만들겠다는 꿈에 도전하지도 않았다. 미르자하니는 그저 자신이 도전해볼 수 있을 만한 문제에 도전해서 해결해나갔는데 그 도중에 끈이론의 고민거리 하나를 해결했을 뿐이다. 말하자면 좀 더 재미있는 문제를 풀어보려고 했던 것일 뿐이다. 우주의 신비를 내 손으로 해결해내겠다는 비장한 각오나 사명감으로 끈이론에 자신을 바친 것이 아니다.

나는 그 미르자하니의 입장에 가까운 태도에서 더 얻는 게 많을 거라고 생각한다. 세상의 공간이 10차원이라는 증거를 찾기는 어렵고 수많은 학자들이 끝없는 시간을 쏟았지만 아직까지도 실제 세상에서 일어나는 현상을 끈이론을 활용하여 예상해낼 수는 없다. 그렇지만 그 연구를 하는 과정에서 나온 결과 중 여러 분야의 수학계에 새로운 생각을 던져주거나, 과학 연구에 새로운 생각을 던져준 쓸모가 있는 것들이 몇 가지 있다. 그렇다면 오히려 그런 곁다리에서 알게 되는 쓸모 있는 것들을 좀 더 중요하게 생각해야 한다고도 나는 생각한다.

그런 태도가 좋고 또한 어찌 보면 존경스럽기도 하다. '모든 것의 이론(theory of everything)'을 찾아내겠다는 거창한 관념을 내세우고, 과학 연구를 통해 세상이 만들어지고 끝나가는 데 대한 가장 숭고하고 심오한 비밀을 밝혀내겠다고 외치면서 한없이 무거워지기보다는, 미르자하니의 어린 딸이 "우리 엄마는 그림 그리는 사람이에요"라고 말하던 느낌 그대로, 그저 경쾌한 마음으로 또 하나의 신선한 생각을 찾아 수수께끼를 풀어나가는 모습이 적어도 나에게는 더 멋져 보인다.

참고문헌

1.

Adloff JP. "THE LABORATORY NOTEBOOKS OF PIERRE AND MARIE CURIE AND THE DISCOVERY OF POLONIUM AND RADIUM". CzechosJovak Journal of Physics, 1999;49. Suppl1 .

Grammaticos PC. "Pioneers of nuclear medicine, Madame Curie". Hell J Nucl Med, 2004;7(1):30-1.

Jardins JD. "Madame Curie's Passion". SMITHSONIAN MAGAZINE, OCT/2011.

강석기, "방사능의 어머니 퀴리부인 노벨상 100년 외손녀 랑주뱅졸리오 핵물리학 박사 인터뷰", 《동아일보》, 제2면, 2011년 6월 22일.

강선일, "대구시, 오늘부터 라돈 측정기 대여", 《대구신문》, 2018년 8월 16일.

나오미 파사초프, 『라듐의 발견과 마리 퀴리』, 강윤재 옮김, 바다출판사, 2002.

데니스 브라이언, 『퀴리 가문』, 전대호 옮김, 지식의숲, 2008.

동아일보, "라디움發見者 큐리夫人逝去 享年六十八歲", 《동아일보》, 제1면, 1934년 7월 5일.

리처드 로즈, 『원자 폭탄 만들기』, 문신행 옮김, 사이언스북스, 2003.

올라 묄징, 『천재 부부들의 빛과 그림자』, 유영미 옮김, 지호, 2002.

이해성, "'희귀 원소' 만드는 중이온가속기 난치병 해결하고, 노벨상 안겨줄까", 《한국경제》, 제21면, 2019년 4월 26일.

2.

Frize M. The Bold and the Brave: A History of Women in Science and Engineering. University of Ottawa Press, 2010.

Garman E. "What crystallography has done for the world". Rosalind Franklin Lecture 2016, 2016.

Encyclopaedia Britannica. "Rosalind Franklin BRITISH SCIENTIST". (https://www.britannica.com/biography/Rosalind-Franklin)

U.S. National Library of Medicine. "The Rosalind Franklin Papers Biographical Information". (https://profiles.nlm.nih.gov/ps/retrieve/Narrative/KR/p-nid/183)

브렌다 매독스, 『로잘린드 프랭클린과 DNA』, 나도선, 진우기 옮김, 양문, 2004.

3.

조선왕조실록(http://sillok.history.go.kr).

로제타 셔우드 홀, 『로제타 홀 일기』, 김현수, 강현희 옮김, 홍성사, 2016.

마이클 비디스, 프레더릭 F. 카트라이트, 『질병의 역사』, 김훈 옮김, 가람기획, 2010.

신돈복, 『국역 학산한언 1』, 김동욱 옮김, 보고사, 2006.

양화진외국인선교사묘원 홈페이지(http://m.yanghwajin.net).

최혜정, 『큰 별 되어 조선을 비추다』, 초이스북, 2014.

4.

Flaum F, et al. "Miss Goodall and the Wild Chimpanzees". National Geographic Specials, 1965.

Goodall J, Kawasaki G. "INTERVIEW Dr. Jane Goodall, DBE, with Guy Kawasaki". TEDxPaloAltoSalon, 2018.

Goodall J. "V.O. Complete. Life lessons of an indomitable spirit. Jane Goodall, primatologist". BBVA, 2019.

Goodall J. "What separates us from chimpanzees?". TED, 2002.

경향신문, "男性(남성)보단 動物(동물) 좋아 美女(미녀)가 「장글」 生活(생활)", 《경향신문》, 1962년 4월 17일.

데일 피터슨, 『제인 구달 평전』, 박연진, 이주영, 홍정인 옮김, 지호, 2010.

송윤경, "제인 구달 최재천 '에코 토크' 정치인들이 세계를 파괴하도록 놔두지 않겠다고 다짐", 《경향신문》, 2017년 8월 10일.

제인 구달, 『인간의 그늘에서』, 최재천, 이상임 옮김, 사이언스북스, 2001.

5.

Kim SS. "Photochemical inactivsrtion of taka-amylase A". 九州大学大学院
農学研究院紀要. 1966;13⑷, pp.729-741.

Tomita G, Kim SS. "Inhibition of Photo-inactivation of Taka-amylase A by
Halogen Ions". Nature. 1965;207, pp.975-976.

경향신문, "8旬(순)에 「韓國産(한국산) 버섯도감」 펴낸 金三純(김삼순)할머니 박사",
《경향신문》, 1990년 2월 19일.

경향신문, "金三純(김삼순) 박사 「버섯圖鑑(도감)」 완성", 《경향신문》, 1990년 2월
16일.

경향신문, "韓國菌學會(한국균학회)월례회", 《경향신문》, 1973년 4월 21일.

경향신문, "韓國最初(한국최초)의 女子(여자) 農博(농박)", 《경향신문》, 1966년 6월
1일.

김삼순, "균학회 창립 20주년 회고", 《균학회소식》, 1992;4⑵.

김삼순, "나의 青春(청춘)시절", 《매일경제》, 1990년 8월 25일.

김삼순, "성지 김삼순 박사 회고록", 《균학회소식》, 1989;1⑵

김삼순, "학회발전을 기원하는 마음", 《균학회소식》, 1992;4⑴.

김삼순, "학회와나 -한국균학회편", 《균학회소식》, 1975;8⑾.

김삼순, "한국산 Natto 제조에 관한 연구(韓國産 Natto 製造에 관한 研究)", 《균학회소
식》, 1971;1.

김태호, "[구석구석 과학사]⑷3)문과와 이과의 구분 어디서 비롯되었나", 『주간경
향』, 2019;1300.

東京映画映像学校のイベント情報. 業界用語辞典「かまぼこ」. TMS 東京映像
映画学校. (이 자료를 소개해주신 트위터의 yoonshun님께 감사드린다.)

동아일보, "女子水泳講習(여자수영강습) 明日(명일)로 閉會(폐회)", 《동아일보》,
1935년 7월 31일.

동아일보 "農博學位(농박학위) 탄 57歲(세)의 할머니 植物學者(식물학자)", 《동아일
보》, 1966년 6월 2일.

동아일보, "新八道紀(신팔도기) (32) 潭陽(담양) 〈4〉", 《동아일보》, 1978년 5월 17일.

동아일보, "인터뷰『한국산 버섯도감』펴낸 金三純(김삼순) 박사", 《동아일보》,
1990년 2월 20일.

매일경제, "韓國産(한국산) 버섯도감 펴내", 《매일경제》, 1990년 2월 19일.

맹경환, "[이회창 누구인가 (2) 친인척] 政官財법조계 망라", 《국민일보》, 2002년 5월 9일.

박태규, 김삼순, "원로와의 대담-우리나라 여성농학박사 1호 김삼순 박사", 《과학과 기술》, 1993;26(5).

여성신문사 편집부, 『이야기 여성사』, 여성신문사, 2000.

정후섭, 「추도문 : 김삼순 명예 회장님을 추모함 – 김삼순 박사 (1909~2001)」, 『韓國菌學會誌』, 2002;30(1).

한국경제, "[부음] 학술원 회원 김삼순 박사 별세", 《한국경제》, 2001년 12월 12일.

6.

Finley K. "TECH TIME WARP OF THE WEEK: WATCH GRACE HOPPER, THE QUEEN OF SOFTWARE, CRACK JOKES WITH LETTERMAN". WIRED, 10/OCT/2014.

Lantero A. "Five Fast Facts About Technologist Grace Hopper". Department of Energy, 12/MAR/2015.

Marx C. Grace Hopper: The First Woman to Program the First Computer in the United States. The Rosen Publishing Group, 2004.

O'Connor JJ, Robertson EF. "Grace Brewster Murray Hopper". School of Mathematics and Statistics, University of St Andrews, Scotland, JOC/EFR. 1999.

Riha J. "How Grace Hopper's career cracked the code for Women in Science". Intel iQ, 2015.

Office of the President, Yale University. "Biography of Grace Murray Hopper".

7.

BBC NEWS Magazine. "Valentina Tereshkova: The Greta Garbo of space". BBC NEWS Magazine, 8/JUN/2013.

ESA. "50 years of humans in space". ESA history 〉 50 years of humans in space, 16/JUN/2013. (https://www.esa.int/About_Us/Welcome_to_ESA/ESA_history/50_years_of_humans_in_space/First_woman_in_space_Valentina)

Ghosh P. "Valentina Tereshkova: USSR was 'worried' about women in space". BBC News, 17/SEP/2015.

McKie R. "Valentina Tereshkova, 76, first woman in space, seeks one-way ticket to Mars". The Guardian, 17/SEP/2013.

Smith KN. "Valentina Tereshkova Made One Giant Leap For Womankind". Forbes, 16/JUN/2017.

The Moscow Times. "Soviet Union Launched First Woman Into Space Without a Toothbrush". The Moscow Times, 18/SEP/2015.

The Moscow Times. "The First Woman in Space, Russia's Valentina Tereshkova Turns 80". The Moscow Times, 6/MAR/2017.

레지널드 터닐, 『달 탐험의 역사』, 이상원 옮김, 성우, 2005.

팀 퍼니스, 『우주선의 역사』, 채연석 옮김, 아라크네, 2007.

8.

Grant A. "Vera Rubin in the pages of Physics Today". Physic Today, 27/DEC/2016.

Rubin VC, DeVorkin D. "Oral History Interviews - Vera Rubin - Session I". American Institute of Physics, 21/SEP/1995.

Rubin VC, DeVorkin D. "Oral History Interviews - Vera Rubin - Session II". American Institute of Physics, 9/MAY/1996.

Rubin VC, Lightman A. "Oral History Interviews - Vera Rubin". American Institute of Physics, 3/APR/1989.

Rubin VC. "A Century of Galaxy Spectroscopy". Astrophysical Journal, 1995;451:pp.419

Rubin VC. "An Interesting Voyage". Annual Review of Astronomy and Astrophysics, 2011;49:pp.1-28.

Rubin VC. "Male world of physics?". Physics Today, 1982;35(5).

Rubin VC. "ONE HUNDRED YEARS OF ROTATING GALAXIES". Astronomical Society of the Pacific, 2000;112:pp.747-750.

Rubin VC. "Seeing dark matter in the Andromeda galaxy". Physics Today, 2006;59(12).

Rubin VC. "Sexism in science". Physics Today, 1978;31(1).

Scoles S. "How Vera Rubin confirmed dark matter". Astronomy Magazine, JUN/2016.

리처드 파넥, 『4퍼센트 우주』, 김혜원 옮김, 시공사, 2013.

9.

Adams A. "Colleagues, friends and family gather to remember Stanford Professor Maryam Mirzakhani". Stanford University News, 23/OCT/2017

Dehghan SK. "Maryam Mirzakhani: Iranian newspapers break hijab taboo in tributes". The Guardian, 16/JUL/2017.

Fima CS. "Maryam Mirzakhani and her work". Mathematics TODAY, OCT/2017.

Guttman A. "Set To Take Over Tech: 70% Of Iran's Science And Engineering Students Are Women". Forbes, 9/DEC/2015.

International Mathematical Olympiad. (https://www.imo-official.org)

Jacobson H. "The world has lost a great artist in mathematician Maryam Mirzakhani". The Guardian, 29/JUL/2017.

McMullen CT. "The work of Maryam Mirzakhani". Fields Medal laudatio, 2014 International Congress of Mathematicians, 18/AUG/2014.

Mirzakhani M. "Maryam Mirzakhani: 'The more I spent time on maths, the more excited I got'". The Guardian, 13/AUG/2014.

Susskind L, Wasserman M. "Future Talk with guest Leonard Susskind". The Midpen Media Center, 31/OCT/2018.

Wilkinson A. "With Snowflakes and Unicorns, Marina Ratner and Maryam Mirzakhani Explored a Universe in Motion". The New York Times, 7/AUG/2017.

국제수학올림피아드 한국대표팀 기록(https://imo-korea.github.io/#imo).

맥스 테그마크, 『맥스 테그마크의 유니버스』, 김낙우 옮김, 동아시아, 2017.

브라이언 그린, 『우주의 구조』, 박병철 옮김, 승산, 2005.

우리가 과학을 사랑하는 법

초판 1쇄 발행 2019년 8월 16일
초판 2쇄 발행 2021년 5월 21일

지은이 곽재식
펴낸이 이승현

편집1 본부장 배민수
에세이3 팀장 오유미
디자인과 일러스트 풀밭의 여치

펴낸곳 (주)위즈덤하우스 출판등록 2000년 5월 23일 제13-1071호
주소 경기도 고양시 일산동구 정발산로 43-20 센트럴프라자 6층
전화 031)936-4000 팩스 031)903-3891 홈페이지 www.wisdomhouse.co.kr

ⓒ 곽재식, 2019

값 16,000원
ISBN 979-11-90182-76-8 03400